Linux 系统应用与开发教程

CentOS 8 | 第2版

高月芳 ◎ 主编
邝颖杰 李舜鹏 黄玲 ◎ 副主编

人民邮电出版社
北京

图书在版编目（CIP）数据

Linux系统应用与开发教程 : CentOS 8 : 微课版 / 高月芳主编. -- 2版. -- 北京 : 人民邮电出版社, 2024.2
（Linux创新人才培养系列）
ISBN 978-7-115-63721-5

Ⅰ. ①L… Ⅱ. ①高… Ⅲ. ①Linux操作系统－高等学校－教材 Ⅳ. ①TP316.89

中国国家版本馆CIP数据核字(2024)第026180号

内 容 提 要

本书基于 CentOS 8 系统地介绍 Linux 系统的使用与开发，全书共 4 部分，主要内容包括 Linux 概述、Linux 桌面环境的使用、Linux 文本编辑器、Shell 环境与命令基础、系统管理、网络管理、Shell 程序设计、基于 Linux 的 C 编程、GTK+图形用户界面程序设计、SSH 服务、Linux 网络防火墙、Linux 日志分析工具及应用、Linux 数据备份等。此外，为了使读者更好地掌握各章知识，本书提供相应的习题及实验指导，同时针对书中的重难点部分配备讲解视频，读者可通过扫描对应的二维码进行查看。

本书可作为高等院校计算机类专业相关课程的教材，也可作为从事相关领域工作的人员的参考书。

◆ 主　　编　高月芳
　副 主 编　邝颖杰　李舜鹏　黄　玲
　责任编辑　张　斌
　责任印制　陈　犇

◆ 人民邮电出版社出版发行　　北京市丰台区成寿寺路 11 号
　邮编　100164　　电子邮件　315@ptpress.com.cn
　网址　https://www.ptpress.com.cn
　涿州市京南印刷厂印刷

◆ 开本：787×1092　1/16
　印张：14　　　　2024 年 2 月第 2 版
　字数：399 千字　　　　2024 年 2 月河北第 1 次印刷

定价：59.80 元

读者服务热线：(010)81055256　印装质量热线：(010)81055316
反盗版热线：(010)81055315
广告经营许可证：京东市监广登字 20170147 号

前言

Linux 作为一种可免费使用和自由传播的类 UNIX 系统，现阶段已经得到了世界各地软件爱好者、组织的认同和支持，它不仅在服务器领域保持着强劲的发展势头，在个人计算机、移动终端及嵌入式系统上均有长足的进步。随着 Linux 在各个行业的广泛应用，业界越发需要大量具备相关 Linux 应用技术背景的各类专业人才从事基于 Linux 系统的应用管理和应用开发方面的工作。

Linux 所涉及的知识体系庞大，新特性和实践应用更新速度快，让初学者，如高等院校计算机、大数据、人工智能、自动化、电子信息等专业的大二及以上的学生，保持学习兴趣的同时，在短时间（如一学期）内掌握 Linux 核心技能并学以致用非常重要。

本书是以应用较为广泛的 Linux 发行版 CentOS 8 作为基础来进行讲授 Linux 系统应用和实战的教材。本书按照初学者学习路径进行编排，由浅入深地介绍 Linux 系统的应用与管理、基于 Linux 平台的程序设计、企业应用实战及实验指导等内容，涵盖详尽的实践和操作指南，可使读者在短时间内掌握 Linux 的使用技能，学会在 Linux 系统上进行软件开发的基本技术。

本书是在 2012 年出版的教材的基础上修订而成的。本书 Linux 系统版本由原来的 RHLE 6 更新为当下主流的 CentOS 8，编者根据教学反馈对全书内容进行修订，如重新编写第 2 章以满足当下 Linux 桌面环境的使用需求、删除目前较少使用的 Glade 的相关内容、新增企业应用实战内容及引入素质教育内容等。本书分为 4 部分，阐述内容时注重基础知识与实践应用相结合。第一部分介绍 Linux 系统应用，包括第 1 章～第 6 章，帮助读者快速认识 Linux，熟悉 Linux 桌面环境，掌握 Linux 基本命令、编辑器使用、系统管理及网络管理等。第二部分介绍基于 Linux 系统的程序设计，包括第 7 章～第 9 章，内容涉及 Shell 脚本设计，Linux 平台 C 程序开发过程、开发工具及 Linux 平台图形用户界面软件开发技术等。第三部分是 Linux 应用实战，包括第 10 章～第 13 章，主要讲解生产环境下必备的 Linux 系统实战知识，使读者能够掌握企业级 Linux 系统日常运维所需的实用基本技能。第四部分是实验指导，包括针对书中主要内容所设计的综合性实验，以便读者从实践中学习。此外，对于比较重要的操作命令，本书在解释的同时给出相应的二维码，读者通过扫码即可观看演示操作过程，便于学习和操作。

由于编者水平有限，书中不足之处在所难免，敬请读者批评指正。

编　者

2023 年 10 月

目录

第一部分 Linux 系统应用

第1章

Linux 概述

第2章

Linux 桌面环境的使用

第6章 网络管理

第二部分 基于 Linux 系统的程序设计

第7章 Shell 程序设计

第8章 基于 Linux 的 C 编程

第9章 GTK+图形用户界面程序设计

第三部分 Linux 应用实战

第 10 章 SSH 服务

第 11 章 Linux 网络防火墙

第 12 章 Linux 日志分析工具及应用

第13章

Linux 数据备份

第四部分 实验指导

第一部分

Linux 系统应用

本部分包括第 1 章～第 6 章，讲述 Linux 系统的基础知识，使读者了解 Linux 系统的结构特点、图形用户界面的使用、指令系统、常见的系统管理、网络服务管理和 vi 编辑器的使用，并对 Linux 系统的 Shell 运行原理、文本系统运行原理和网络服务工作原理等重要知识进行详细描述。通过本部分的学习，初学者应能快速了解 Linux 系统的结构，初步掌握管理和维护 Linux 系统的技能，为后面进行软件开发和应用实战方面的学习打好坚实的基础。

第1章 Linux 概述

本章将介绍 UNIX 和 Linux 的发展历程，Linux 与 UNIX、自由软件的关系，Linux 作为自由软件的特性和优势，常见的 Linux 发行版本，Linux 系统结构以及安装过程。本章的目标是让初学者认识 Linux，掌握使用 Linux 系统的简单技能。

1.1 UNIX 系统

1.1.1 什么是 UNIX 系统

UNIX 系统的历史漫长而曲折，如图 1-1 所示。它的第一个版本是 1969 年由被称为"UNIX 之父"的肯·汤普森（Ken Thompson）在贝尔实验室开发的，运行在一台 PDP-7 计算机上。这个系统非常粗糙，与现代 UNIX 相差甚远，只具有操作系统基本的一些特性。后来，肯·汤普森与被称为"C 语言之父"的丹尼斯·里奇（Dennis Ritchie）使用 C 语言对整个系统进行再加工和重构，使得 UNIX 能够很容易地移植到其他计算机上。自此，UNIX 系统开始了令人瞩目的发展。

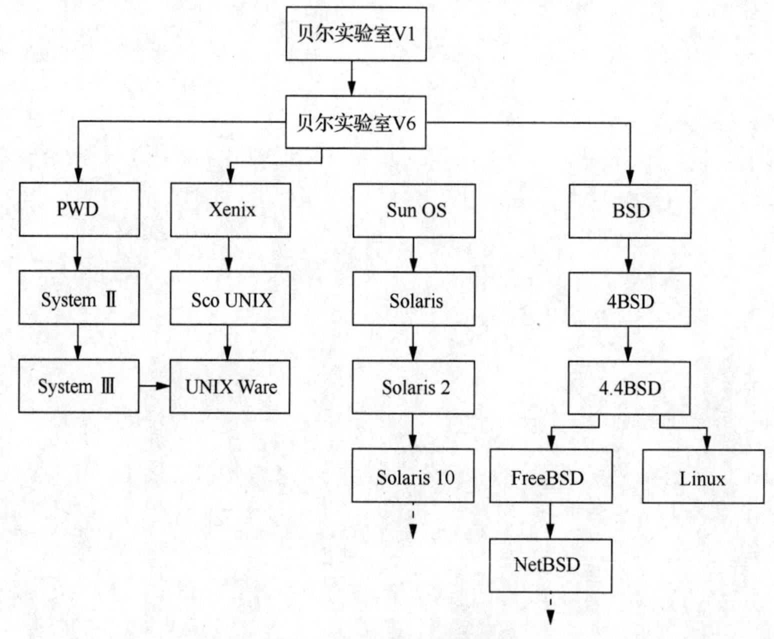

图 1-1　UNIX 系统的历史

20 世纪 70 年代末，在 UNIX 发展到版本 6 之后，AT&T（美国电话电报公司）认识到 UNIX 的价值，成立了 UNIX 系统实验室（UNIX System Lab，USL）继续发展 UNIX。一方面 AT&T 继续发展内部使用的 UNIX 版本 7，另一方面 USL 开发对外正式发行的 UNIX 版本，同时 AT&T 宣布对 UNIX 产品拥有所有权。几乎在同时，加州大学伯克利分校计算机系统研究小组使用 UNIX 对操作系统进行研究，研究成果就反映在他们使用的 UNIX 中。他们对 UNIX 进行了相当多的改进，增加了很多当时非常先进的特性，包括更好的内存管理、快速且稳健的文件系统等，大部分原有的源代码都被重新编写，以支持这些新特性。很多其他 UNIX 使用者，包括其他大学和商业机构，都希望能得到这种改进的 UNIX 系统。因此伯克利的研究人员把他们的 UNIX 集成一个完整的 UNIX 系统——BSD（Berkeley Software Distribution，伯克利软件发行版），并向外发行。

BSD 在 UNIX 的发展历史中具有相当大的影响力，被很多商业机构采用，成为很多商用 UNIX 的基础。同期很多研究项目也以 BSD 为研究系统，例如美国国防部的 ARPANET 项目（ARPANET 后面慢慢发展为今天的 Internet），而 BSD 最先实现了 TCP/IP，使 Internet 和 UNIX 紧密结合在一起。

与此同时，USL 也在不断改进他们的商用 UNIX 版本，但一直起色不大，直到他们吸收了 BSD 中各种先进特性，并结合自身的特点，推出了 UNIX System V 之后，情况才有了改变。从此以后，BSD 和 UNIX System V 成为当今 UNIX 的两大主流，当前的 UNIX 大部分都是这两个版本的衍生版本。

1992 年，AT&T 与一些商业 UNIX 公司产生了关于许可权的官司，这些与 UNIX 系统版权相关的问题影响了 UNIX 的发展。随后，USL 被 AT&T 卖给 Novell 公司，Novell 公司为平息版权争端，将 UNIX 商标赠送给 X/Open——一个由众多 UNIX 公司组成的联盟，这样这个联盟内的所有成员均可使用 UNIX 商标。从此，UNIX 不再是专有产品了。后来 Novell 公司由于自身经营问题，又将 UNIXware 卖给 SCO 公司。

严格来说，UNIX 是由 The Open Group（开放组织）管理的一个商标，它指的是一种遵循特定规范的计算机操作系统。这个规范也称为单一 UNIX 规范（The Single UNIX Specification），它定义了所有 UNIX 系统必需的函数名称、接口和行为。

1.1.2 类 UNIX 系统

类 UNIX 系统（UNIX-like）指各种传统的 UNIX 系统（如 FreeBSD、OpenBSD、Sun 公司的 Solaris 等）以及各种与传统 UNIX 类似的系统（如 Minix、Linux、QNX 等）。它们虽然有的是自由软件，有的是商业软件，但都相当程度地继承了原始 UNIX 的特性，有许多相似之处，并且都在一定程度上遵守 POSIX（Portable Operating System Interface，可移植操作系统接口）规范。

类 UNIX 系统多为商用系统，如 SCO 公司的 UNIXware、IBM 公司的 AIX、HP 公司的 HP-UX 和 Sun 公司的 Solaris 等。免费的类 UNIX 系统有 FreeBSD 和 Linux 等。

1.2 认识 Linux

1.2.1 什么是 Linux

严格来讲，Linux 是一个类 UNIX 内核的可自由发布的实现版本，是一个操作系统的底层核心。用户可以获得内核源代码，编译并安装，然后获得并安装许多其他自由发布的软件，从而创建一个完整的 Linux，通常称为 Linux 系统。

1.2.2 Linux 的发展历程与特点

1. Linux 的发展历程

Linux 最早是芬兰人林纳斯・本纳第克特・托瓦兹（Linus Benedict Torvalds）在 1991 年开始设

计、开发的。

1990 年的秋天，林纳斯在赫尔辛基大学计算机系学习 UNIX 课程，该课程是用 Minix（一种小型 UNIX 操作系统，主要用于操作系统教学）作为例子来讲解的。刚开始他在 Minix 环境下写了一个处理多任务切换的程序，用他自己的话来描述该程序："这个程序包括两个进程，都是向屏幕上写字母，然后用一个定时器来切换这两个进程。一个进程写 A，另一个进程写 B，所以我就在屏幕上看到了 AAAA、BBBB，如此循环重复地输出结果。"林纳斯在练习使用 Minix 时，发现其功能很不完善。于是他就有了一个目标：开发一个比 Minix 更好的系统，并把它命名为 Linux，即 Linus's UNIX。

1991 年，林纳斯参考、借鉴 UNIX 和 Minix 系统的设计，独立编写出与 UNIX 兼容的 Linux 系统内核，并在 GPL（General Public License，通用性公开许可证）条款下发布了 Linux 系统内核。之后 Linux 在网上广泛流传，许多程序员参与了开发与修改。Linux 内核已从初期的 1 万多行代码发展到现在的几千万行代码，其中不乏国内优秀开发者和企业组织的贡献，而华为等企业对 Linux 内核的代码贡献量更是在众多企业之中脱颖而出。

2. Linux 的特性

Linux 系统在很短的时间之内就得到迅猛的发展，这与 Linux 系统的良好特性分不开。Linux 系统包含 UNIX 系统的全部功能和特性，简单地说，Linux 系统具有以下主要特性。

（1）开放性：开放性是指系统遵循国际标准，特别是遵循开放系统互连（Open System Interconnection，OSI）国际标准。凡遵循国际标准所开发的硬件和软件，都能彼此兼容，可方便地实现互连。

（2）多用户：多用户是指系统资源可以被不同用户使用，每个用户对自己的资源（例如文件、设备）有特定的权限，互不影响。Linux 和 UNIX 都具有多用户的特性。

（3）多任务：这是现代计算机最主要的一个特点。它是指计算机同时执行多个程序，而且各个程序运行时互相独立。Linux 系统调度每一个进程平等地访问微处理器。由于微处理器的处理速度非常快，启动的应用程序看起来好像在并行运行。事实上，从微处理器执行一个应用程序中的一组指令到 Linux 调度微处理器再次运行这个程序只有很短的时间延迟，用户是感觉不出来的。

（4）良好的用户界面：Linux 的传统用户界面是基于文本的命令行界面，即 Shell，它既可以联机使用，又可以保存在文件中脱机使用。Shell 适用于程序设计，用户可方便地用它编写程序，从而为用户扩充系统功能提供更高级的手段。Linux 还为用户提供了图形用户界面（Graphical User Interface，GUI），通过鼠标指针、菜单、窗口、滚动条等，给用户呈现一个直观、易操作、交互性强的友好图形化界面。

（5）设备独立性：设备独立性是指操作系统把所有外部设备统一当作文件来看待，只要安装它们的驱动程序，任何用户都可以像使用文件一样操纵、使用这些设备，而不必知道它们的具体存在形式。

（6）完善的网络功能：完善的内置网络是 Linux 的一大特性。Linux 把网络连接能力和内核紧密结合在一起，在保证性能的同时也兼顾了灵活性，使得 Linux 在通信和网络功能方面优于其他操作系统。

（7）可靠的系统安全：Linux 采取了许多安全技术措施，包括读写控制、带保护的子系统、审计跟踪、核心授权等，这为多用户环境中的用户提供了必要的安全保障。

（8）良好的可移植性：可移植性是指将操作系统从一个平台转移到另一个平台并使其仍然能按其自身方式运行。Linux 是一种可移植的操作系统，能够在从微型计算机到大型计算机的任何环境和任何平台上运行。可移植性为运行 Linux 的不同计算机平台与其他任何机器进行准确而有效的通信提供了手段，不需要额外增加特殊的通信接口。

1.2.3 自由软件简介

1. 自由软件分类

软件按其提供方式和是否营利可以划分为 4 种类型。

（1）商业软件

商业软件（Commercial Software）由开发者复制、出售并提供技术服务，用户只有使用权，不得进行非法复制、扩散和修改，不提供源代码。用户想升级就只能等待它的升级版本发布。

（2）共享软件

共享软件（Shareware）由开发者提供软件试用程序复制授权，用户在试用该程序一段时间之后，必须向开发者交纳使用费用，开发者则提供相应的升级和技术服务，不提供源代码。

（3）自由软件

自由软件（Free Software）由开发者提供软件全部源代码，任何用户都有权使用、复制、扩散、修改和再发布。但自由软件不一定免费，它可以收费也可以不收费。

（4）免费软件

免费软件（Freeware）是不要钱的，但免费软件不一定提供源代码，可以提供也可以不提供。

Linux 可以说是开放源代码的自由软件的代表。作为自由软件，它有如下两个特点：一是开放源代码并对外免费提供；二是开发者可以按照自己的需求自由修改、复制和发布程序的源代码，并公布在 Internet 上，因此 Linux 系统可以从 Internet 上很方便地免费下载得到。由于可以得到 Linux 的源代码，所以其内部逻辑可见，这样就可以准确地查明故障原因，及时采取相应对策。在必要的情况下，用户可以及时地为 Linux“打补丁”，这是其他操作系统所没有的。

2. GNU 计划

Linux 项目在 1994 年加入了 GNU 组织，这里简单介绍一下 GNU 计划。

GNU（GNU's Not UNIX）计划是由理查德·斯托尔曼（Richard Stallman）在 1983 年发起的。它的目标是创建一套完全自由的类 UNIX 系统。1985 年，理查德·斯托尔曼创立了自由软件基金会（Free Software Foundation，FSF）来为 GNU 计划提供技术、法律及财政支持。FSF 提倡自由地使用软件，自由使用权的 3 个意义是：

① 可自由复制 GNU 的软件；

② 可自由修改源代码；

③ 可自由发布修改过的源代码，但不得收取任何版权费用。

GNU 包含如下 3 个许可证。

GPL：通用公共许可证（General Public License）。

LGPL：较宽松公共许可证（Lesser General Public License）。

GFDL：GNU 自由文档许可证（GNU Free Documentation License）。

其中 GPL 主要的规定如下。

① GPL 保证任何人有共享和修改自由软件的自由，还可以把修改后的软件向公众发布。但是发布者要无条件开放其源代码，这样就保证了自由软件的低价。

② GPL 规定自由软件的衍生软件必须以 GPL 为重新发布的许可证。这样就保证了自由软件的持续性。

③ GPL 规定允许商业公司销售自由软件。这就为商业公司介入自由软件事业敞开了大门。

采用 GPL 的主要 GNU 项目软件有 GCC、G++、GDB、GNU Make、GNU Emacs 及 bash 等。

Linux 能够快速从一个个人项目进化成一个由全球数千人参与开发的项目，最为重要的决策之一是采用了 GPL。在 GPL 的保护之下，Linux 内核可以防止被商业公司使用。事实证明，加入 GPL 之后，许多软件公司就介入其中，开发了多种 Linux 的发行版本，如 Red Hat、Mandrake 等。他们增加了许多实用软件和易用的图形用户界面。

1.2.4　Linux 的主要版本

Linux 的版本分为内核版本和发行版本，其中内核版本号由林纳斯等人制定和维护，全球统一；而发行版本号则由各个发行公司或者组织自行制定，不同公司的发行版本号之间无可比性。

内核版本号格式：

x.y.z　　　（x 为主版本号，y 为次版本号，z 为次次版本号）

内核版本号有一个规则，即次版本号为偶数的是稳定版本，为奇数的是开发版本。所谓稳定版本是指内核的特性已经固定，代码运行稳定、可靠，不再增加新的特性，要改进也只是修改代码中的错误，如 Linux Kernel 2.6.12。自 2.6.8 内核开始，较小的内核隐患和安全补丁被赋予又一个小数点版本号，因此整个内核版本号变为由 4 部分构成，如 2.6.35.13。

从内核版本 3.x 开始，内核版本号发生了较大的变动，次版本号不再作为判断稳定版本和开发版本的依据，所有在官网上发布的版本都可以被认为是稳定版本。

撰写本书时，Linux 最新的稳定内核版本号为 6.1，读者可以在官方网站查阅当前最新的内核版本，还可以下载到 Linux 源代码。

Linux 内核对普通用户来说是很难使用的，因此一些组织和公司在 Linux 内核基础上加入软件和相关文档，并集成图形用户界面、系统配置和管理工具，这样就形成了一种发行版本。发行版本号与系统的内核版本号相互独立，由各个发行者自己定义，例如 CentOS 7.0、CentOS 8.0、Ubuntu 20.04、Fedora 34 等。用户一般使用 Linux 的发行版本，而不是使用非常专业的内核版本。发行版本因许多不同的目的而制作，包括对不同计算机结构的支持、对一个具体区域或一种语言的本地化、实时应用和嵌入式系统，甚至许多版本只加入免费软件。目前，超过 300 个发行版本被积极开发，广泛被使用的发行版本大约有十几个。

1. Fedora

Fedora是众多Linux发行版本之一。它是一套从Red Hat Linux发展出来的免费Linux系统。Fedora 的前身就是 Red Hat Linux。Fedora 是一个基于 Linux 的、开放的、创新的、具有前瞻性的操作系统和平台，允许任何人自由地使用、修改和重发布。它由一个强大的社群开发，其成员提供并维护自由、开放源代码的软件和开放的标准。Fedora 项目由 Fedora 基金会管理和控制，得到了 Red Hat 公司等的支持。Fedora 是一个独立的操作系统，可运行的体系结构包括 x86（即 i386～i686）、x86_64 和 PowerPC。

2. Debian

Debian 项目诞生于 1993 年，它的目标是提供一个稳定容错的 Linux 发行版本。支持 Debian 的不是某家公司，而是许多在其改进过程中投入了大量时间的开发人员。由于在改进中吸取了早期 Linux 的经验，因此 Debian 以其稳定性著称。虽然它的早期版本 Slink 有一些问题，但它的现有版本 Potato 已经相当稳定，该版本更多地使用可插拔认证模块（Pluggable Authentication Modules，PAM），并综合一些更易于处理的需要认证的软件。

3. Mandrake

MandrakeSoft 公司是 Mandrake 的发行商，在 1998 年由一个推崇 Linux 的小组创立，它的目标是尽量让工作变得更简单。Mandrake 为人们提供了一个优秀的图形安装界面，且它的最新版本包含许多 Linux 软件包。作为 Red Hat 的一个分支，Mandrake 将自己定位在桌面市场的最佳 Linux 发行版本上，同时支持服务器上的安装。Mandrake 对桌面用户来说是一个非常不错的选择，此外，它可作为一款优秀的服务器系统，尤其适合 Linux 初学者使用。

4. Ubuntu

Ubuntu 是一个以桌面应用为主的 Linux 系统，其名称来自非洲南部祖鲁语或豪萨语的"ubuntu"一词（译为吾帮托或乌班图），意思是"人性""我的存在是因为大家的存在"，代表非洲传统的一种价值观，类似"仁爱"思想。Ubuntu 基于 Debian 发行版和 GNOME 桌面环境开发，与 Debian 的不同在于它每 6 个月会发布一个新版本。Ubuntu 的目标在于为一般用户提供一个最新的、稳定的、主要由自由软件构建的操作系统。Ubuntu 具有庞大的社区，用户可以方便地从社区获得帮助。

5. Red Hat

Red Hat 是非常知名的 Linux 发行版本。Red Hat 公司在 1994 年创立，当时聘用了全世界 500 多名员工，致力于开放的源代码体系。Red Hat 是公共环境中表现上佳的发行版本，能向用户提供一套完整的服务，这使得它特别适合在公共网络中使用。Red Hat 使用最新的内核，拥有大多数人需要使用的主体软件包。

6. CentOS

CentOS 是一个稳定的、可预测的、可管理的和可复制的平台。该平台源自红帽企业 Linux（Red Hat Enterprise Linux，RHEL），与 RHEL 在功能上兼容，其发行版本由 Red Hat 公司免费提供给公众。此外，CentOS 由一群不断壮大的核心开发人员开发，是社区支持的发行版本。同时，这些活跃的用户社区也为核心开发人员提供支持，这些社区中的人员包括来自世界各地的系统管理员、网络管理员、核心 Linux 贡献者和 Linux 爱好者等。

7. SUSE

总部设在德国的 SUSE Linux AG 公司一直致力于创建一个连接数据库的最佳 Linux 发行版本。为实现这一目的，SUSE Linux AG 公司与 Oracle 公司和 IBM 公司合作，以使产品能稳定地工作。在 SUSE 操作系统下，用户可以非常方便地访问 Windows 磁盘，这使得两种平台之间的切换及使用双系统启动变得更容易。SUSE 的硬件检测非常优秀，该版本在服务器和工作站上都运行得很好。此外，SUSE 拥有界面友好的安装过程，还有图形化管理工具，可方便地访问 Windows 磁盘，对终端用户和管理员来说使用它同样方便，这使它成为一个强大的服务器平台。

8. Linux Mint

Linux Mint 是基于 Ubuntu 的发行版本，它与 Ubuntu 软件仓库兼容，其目标是提供一种更完整的即刻可用体验，包括提供浏览器插件、多媒体编解码器、数字通用光碟（Digital Versatile Disc，DVD）播放支持、Java 和其他组件等。Linux Mint 是一个为个人计算机和 x86 计算机设计的操作系统。因此，一个可以运行 Windows 系统的计算机也可以使用 Linux Mint 来代替 Windows 系统，或者两个都运行。既有 Windows 系统又有 Linux 就是"双系统"。同样，MacOS、BSD 或者其他的 Linux 发行版本也可以和 Linux Mint 共存。

9. Gentoo

Gentoo 是 Linux 最"年轻"的发行版本之一，因此它能吸取在它之前的所有发行版本的优点。Gentoo 最初由丹尼尔·罗宾斯（Daniel Robbins，FreeBSD 的开发者之一）创建，其首个稳定版本发布于 2002 年。由于开发者对 FreeBSD 的熟识，因此 Gentoo 拥有可媲美 FreeBSD 广受赞誉的 Ports 系统——Portage 包管理系统。Gentoo 是所有 Linux 发行版本中安装最复杂的版本之一，但又是安装完成后最便于管理的版本之一，也是在相同硬件环境下运行最快的版本之一。

10. Red Flag Linux

Red Flag Linux 是北京中科红旗软件技术有限公司发布的一个全中文化的 Linux 发行版本。在国内市场上，Red Flag Linux 占有领先的地位。Red Flag Linux 主要有服务器版本与桌面版本，其在教育等行业中应用广泛。

11. EulerOS

EulerOS 又被称为华为欧拉 Linux，是华为公司基于开源技术开发的企业级 Linux 系统，具备高安全性、高可扩展性、高性能等技术特性，能够满足客户信息技术（Information Technology，IT）基础设施和云计算服务等多业务场景需求。EulerOS 是适用于 ARM64 和 x86 计算机的性能最好的操作系统之一，能够运行在高度可扩展的多核系统上，支持严苛的工作负载。EulerOS 在编译系统、虚拟存储系统、中央处理器（Central Processing Unit，CPU）调度、输入输出 I/O（Input/Output，IO）驱动、网络和文件系统等方面做了大量的优化，其性能优化功能允许用户调整基础架构，以便精确满足服务的负载需求。

12. NewStart Carrier-Grade Server Linux

NewStart Carrier-Grade Server Linux 是中兴新支点操作系统，是广东中兴新支点技术有限公司研发的一款 Linux 系统。它基于开源 Linux 技术，源于社区并贡献于社区，深度解剖并优化、改进其源代码，致力于打造适合中国人使用的操作系统。

1.3 Linux 系统结构

Linux 系统的结构可以划分为两个层次，如图 1-2 所示。上面是用户（或应用程序）空间，这是用户应用程序执行的地方。用户空间之下是内核空间，包含了系统调用接口、内核、依赖于体系结构的内核代码及硬件平台，它提供了连接内核和应用程序的系统调用接口，还提供了在用户空间的应用程序和内核之间进行转换的机制。这点非常重要，因为内核和用户空间的应用程序使用的是不同的保护地址空间，每个用户空间的应用程序都使用自己的虚拟地址空间，而内核则占用单独的地址空间。

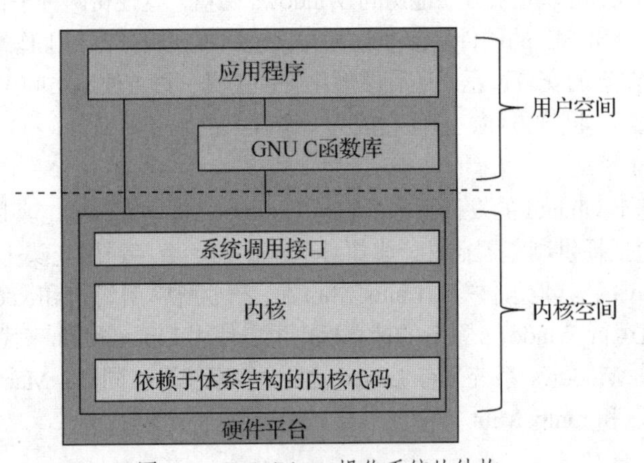

图 1-2 GNU/Linux 操作系统的结构

Linux 内核可以进一步划分成 3 层。其最上面是系统调用接口，它实现一些基本的功能，例如 read 和 write。系统调用接口之下是内核，可以更精确地定义独立于体系结构的内核代码，这些代码对 Linux 支持的处理器体系结构通用。内核之下是依赖于体系结构的内核代码，通常称为板级支持包（Board Support Package，BSP）部分，这些代码服务于特定体系结构的处理器和平台。

Linux 内核实际上仅是一个资源管理器，对进程、内存、磁盘等系统资源进行管理，内核负责管理并裁定多个竞争用户对资源的访问（既包括内核空间也包括用户空间），如图 1-3 所示。

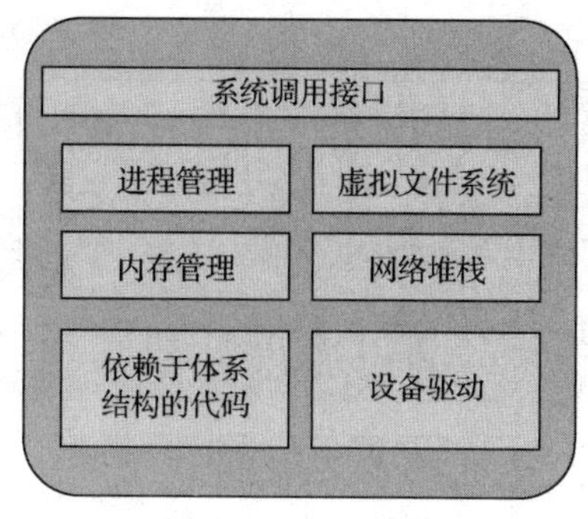

图 1-3　Linux 内核

它包括以下几个主要部分。

1．系统调用接口

系统调用接口（System Call Interface，SCI）提供某些机制执行从用户空间到内核的函数调用。SCI 依赖于体系结构，相同 CPU 架构的不同系列也可以不同。SCI 实际上是一个非常有用的函数调用接口，它提供多路复用和多路分解服务。在 Linux 源代码的 kernel 子目录下可以找到 SCI 的实现，此外，在 Linux 源代码的 arch 子目录下可以找到依赖于体系结构的部分。

2．进程管理

进程管理（Process Management，PM）的重点是进程的执行。在内核中，进程称为线程，代表了单独的处理器虚拟化（线程代码、数据、堆栈和 CPU 寄存器）。在用户空间，通常使用进程这个术语，不过 Linux 实现并没有区分进程和线程这两个概念。内核基于 SCI 提供了一个应用程序接口（Application Program Interface，API），通过 API 可以创建一个新进程（fork、exec 或 POSIX 函数）、停止进程（kill、exit），并在它们之间进行通信和同步（signal 或者 POSIX 机制）。

进程管理还包括处理活动进程之间共享 CPU 的需求。内核实现了一种新型的调度算法，不管有多少个线程竞争 CPU，这种算法都可以在固定时间内进行操作。这种算法称为 O(1)调度程序，表示它调度多个线程所使用的时间和调度一个线程所使用的时间是相同的。O(1)调度程序也可以支持对称多处理机（Symmetric Multi processor，SMP）。用户可以在 Linux 源代码的 kernel 子目录下找到进程管理的源代码，在 Linux 源代码的 arch 子目录下找到依赖于体系结构的源代码。

3．内存管理

内核所管理的另外一项重要资源是内存。为了提高效率，如果由硬件管理虚拟内存，则内存是按照所谓的内存页方式进行管理的（对大部分体系结构来说都是 4KB）。Linux 内核提供管理可用内存的方式以及物理和虚拟映射所使用的硬件机制。

不过，内存管理要管理的不止 4KB 缓冲区。Linux 提供了对 4KB 缓冲区的抽象，例如 slab 分配器，这种内存管理模式使用 4KB 缓冲区为基数，然后从中分配结构，并跟踪内存页使用情况，例如哪些内存页是满的、哪些内存页没有完全使用、哪些内存页为空等。这样就允许该模式根据系统需要动态调整内存使用。

为支持多个用户使用内存，有时会出现可用内存耗尽的情况，这时内存页会被移出内存并放入磁盘中，这个过程称为交换，即内存页会被从内存交换到磁盘上。内存管理的源代码可以在 Linux 源代码的 mm 子目录下找到。

4．虚拟文件系统

虚拟文件系统（Virtual File System，VFS）是 Linux 内核中非常有用的一个部分，它为文件系统提供一个通用的接口抽象。VFS 在 SCI 和内核所支持的文件系统之间提供了一个交换层，如图 1-4 所示。

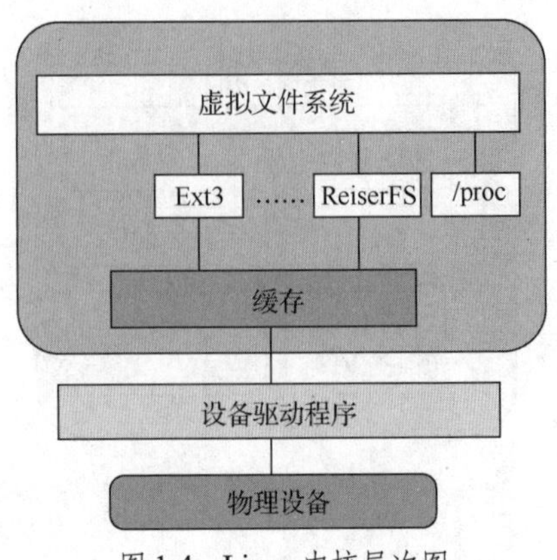

图 1-4　Linux 内核层次图

在 VFS 层之上，是对诸如 open、close、read 和 write 之类函数的一个通用 API 抽象。在 VFS 层之下是文件系统层，定义了上层函数的实现方式具体实现的源代码可以在 Linux 源代码的 fs 子目录下找到。文件系统层之下是缓冲区缓存，它为文件系统层提供了一个通用函数集（与具体文件系统无关），通过将数据保留一段时间（或者随机预先读取数据以便在需要时可用）优化对物理设备的访问。缓冲区缓存之下是设备驱动程序，这些设备驱动程序是特定物理设备接口的具体实现。

5．网络堆栈

网络堆栈（Network Stack，NS）在设计上遵循模拟协议本身的分层体系结构。回想一下，互联网协议（Internet Protocol，IP）是传输控制协议（Transmission Control Protocol，TCP）下面的核心网络层协议。TCP 上面是 Socket（套接字）层，它通过 SCI 进行调用。

Socket 层是网络子系统的标准 API，它为各种网络协议提供一个用户接口。从原始帧访问到 IP 协议数据单元（Protocol Data Unit，PDU），再到 TCP 和用户数据报协议（User Datagram Protocol，UDP），Socket 层提供一种标准化方法来管理连接，并在各个终端之间传输数据。网络堆栈的源代码可以在 Linux 源代码的 net 子目录下找到。

6．设备驱动

Linux 内核中有大量代码属于设备驱动，它们能够驱动特定的硬件设备。设备驱动程序的代码可以在 Linux 源代码的 drivers 子目录下找到，这个目录根据设备的类型又进一步划分为如 Android、Bluetooth、GPU（Graphics Processing Unit，图形处理单元）、USB（Universal Serial Bus，通用串行总线）等子目录。

7．依赖体系结构的代码

尽管 Linux 很大程度上独立于所运行的体系结构，但有些元素必须考虑体系结构才能正常操作并实现更高效率。Linux 源代码的 arch 子目录定义了内核源代码中依赖于体系结构的部分，其中包含各种特定体系结构的子目录（共同组成了 BSP）。每个体系结构子目录都包含很多其他子目录，每个子目录都关注内核中的一个特定方面，例如引导、驱动程序、内存管理等。对一个典型的桌面系统来说，使用的是 i386 目录。

1.4　Linux 的安装

Linux 系统可以通过多种方式进行安装，旧版本的 Linux 系统安装较复杂，需要用户具备一些专业知识。当前的 Linux 发行版本安装起来非常简单、方便。

常见安装方式有如下几种。

（1）按安装文件获取方式

安装方式可以分为本地安装和远程安装。

① 本地安装：包括光盘安装和硬盘安装。光盘安装是指直接通过光盘进行安装。硬盘安装则是复制 ISO 安装文件到硬盘后，再进行安装。

② 远程安装：包括 HTTP（Hypertext Transfer Protocol，超文本传送协议）、NFS（Network File System，网络文件系统）和 FTP（File Transfer Protocol，文件传送协议）服务网络安装，系统安装文件分别部署在 HTTP 服务器、NFS 服务器和 FTP 服务器上，安装时从服务器上下载。

（2）按自动程度

安装方式可以分为手动安装和自动安装。

① 手动安装：安装过程需用户逐步进行配置安装。

② 自动安装：安装时由计算机帮助用户配置安装。

本节以本地安装的形式展示 CentOS Linux 8（以下简称 CentOS 8）的安装过程，本书后续内容均基于该版本来讲解。

在开始安装进程之前，计算机必须满足以下条件。

（1）计算机必须有足够的未分区的磁盘空间来安装 CentOS 8，必须有一个或多个可以删除的分区，以空出足够的空间来安装 CentOS 8。

（2）系统安装对内存空间有一定的要求，文本模式推荐最小内存 128MB；图形模式最小内存 192MB，推荐 256MB 或更高。安装 CentOS 8 需要 2GB 以上的空闲空间，安装全部软件包需要 9GB 以上的硬盘空间。

1.4.1 Linux 安装步骤

CentOS 8 所提供的安装光盘或安装文件（安装文件可以从 CentOS 官方网站下载）已对某些配置选项进行默认配置，安装时只需完成对部分配置选项进行配置即可。下面将详细描述 CentOS 8 的具体安装过程及注意事项，具体操作过程可扫描二维码观看。当所有准备工作完成后，就进入系统的正式安装过程。

1. 安装提示

安装 CentOS 8 时，首先看到的是 CentOS 启动信息，提示正在启动 CentOS 安装程序，如图 1-5 所示，在此选择“Install CentOS Linux 8”进行安装。

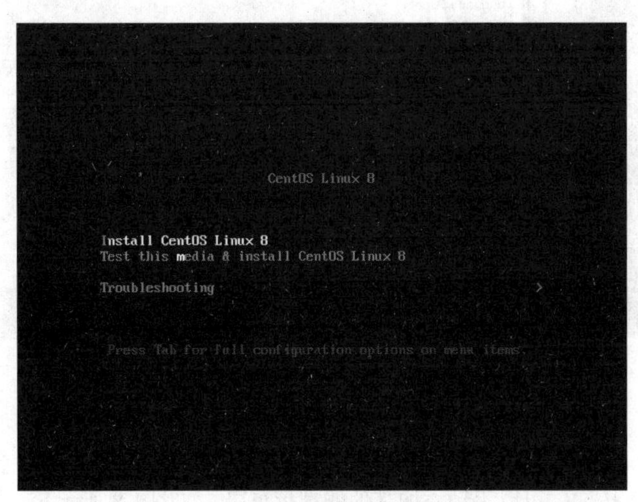

图 1-5　CentOS 启动信息

2. 语言选择

紧接着进入安装程序的语言选择界面，如图 1-6 所示。

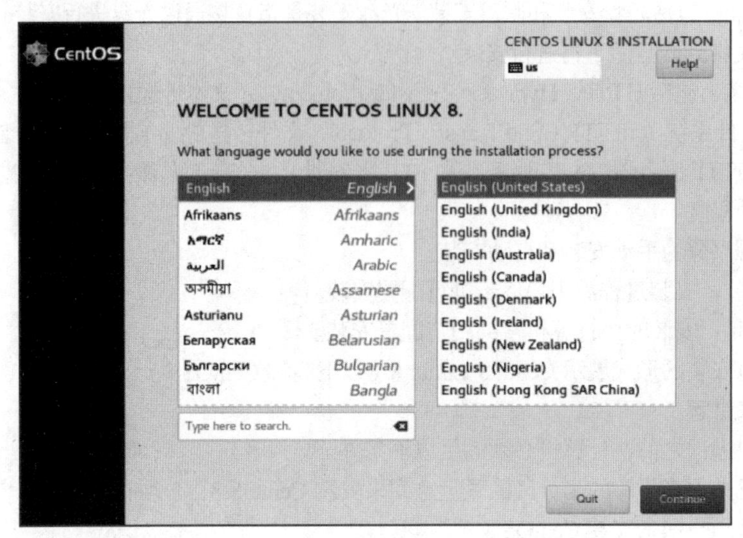

图 1-6　语言选择界面

3. 安装配置

在选择系统语言后，安装程序会进入安装配置界面，如图 1-7 所示。在安装配置界面，可以进入以下几个子模块：键盘配置（Keyboard）、时区配置（Time & Date）、磁盘配置（Installation Destination）、网络和主机配置（Network & Host Name）、软件包和软件源配置（Installation Source）。下面分别介绍上述模块。

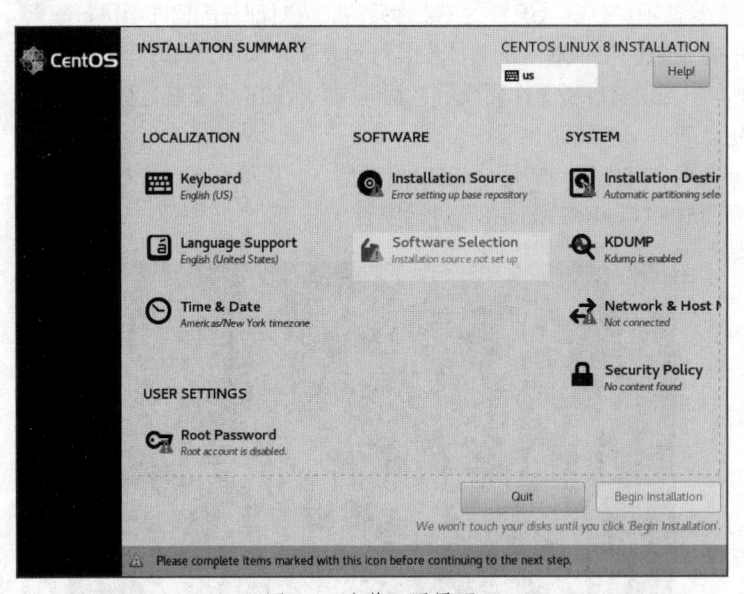

图 1-7　安装配置界面

（1）键盘配置

在安装时，Keyboard 子模块用于选择默认的键盘布局，根据选择的语言，会默认安装一种键盘布局，不过通过“+”按钮，可以手动添加其他的键盘布局，如图 1-8 所示。

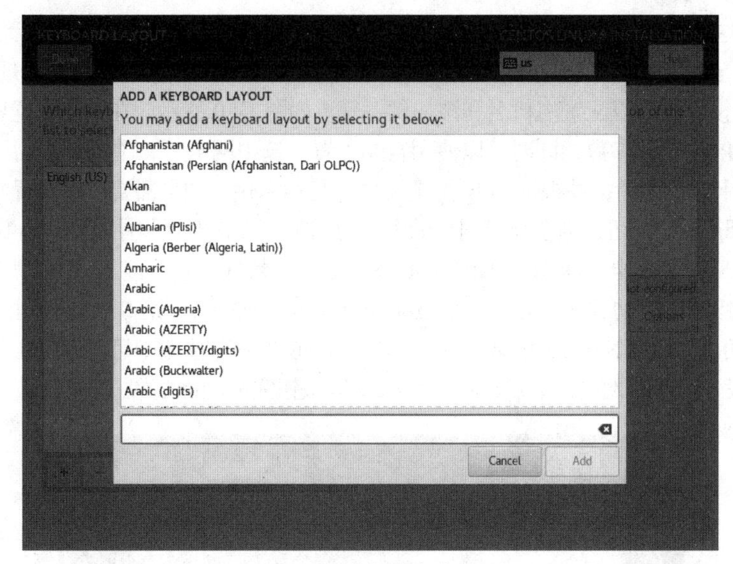

图 1-8　选择键盘布局

（2）时区配置

通过图 1-7 所示的界面，可以进入 Time & Date 子模块。在此可以通过区域（Region）和城市（City）选择系统时区，也可以通过鼠标在地图上选择合适的位置下锚定位，安装程序会自动生成一个该时区的时间。如果选择通过网络自动同步时间（将右上角的 Network Time 开关开启），则下方的时间调整框将变成灰色，否则需要利用按钮调整时间。需要利用网络同步时间时，通过 Network Time 开关旁边的按钮可以查看网络时间协议（Network Time Protocol，NTP）服务器的状态，以及手动添加新的服务器。如果安装时并未连接网络，可将 Network Time 开关关闭，通过左下方的按钮手动设置时间。

（3）磁盘配置

安装程序会引导用户选择安装操作系统的目标磁盘，在磁盘配置界面中，有多种设备可以选择。这里可以选择默认的自动配置，如图 1-9 所示。

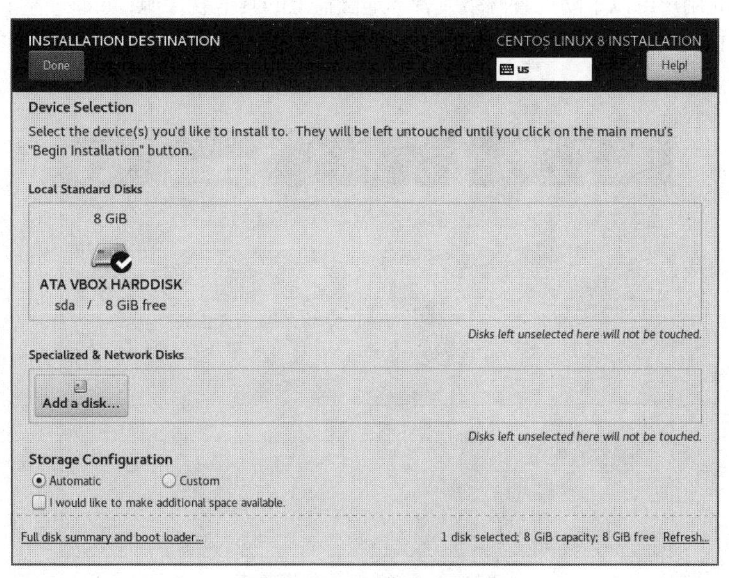

图 1-9　磁盘配置界面

（4）网络和主机配置

该子模块用于配置系统中的网卡，可以通过自动配置和手动配置为网卡设置合理的 IP 地址等参数，同时，该子模块还可以配置主机名和添加网桥等。如图 1-10 所示，在网络配置界面中，可以手动为网卡配置 IP 地址和参数，同时可以使用自动配置。选中网卡后，单击右边的开关将其调节到 ON 时，所选网卡即被激活，并根据 ifcfg 配置文件进行初始化。如果需要手动配置网卡，可以单击右下角的“Configure”按钮，则会弹出网卡的配置对话框，在该对话框中，可以为网卡配置常规、网卡物理参数、802.1x 安全、DCB（Data Center Bridging，数据中心桥接）、IPv4（Internet Protocol version 4，第 4 版互联网协议）、IPv6（Internet Protocol version 6，第 6 版互联网协议）等参数。图 1-10 中左下角的“Host Name”用于配置主机名称，而“+/–”按钮则可在新弹出的对话框中添加/删除新的网络设备。配置网络参数后，单击“Done”按钮完成网络配置。

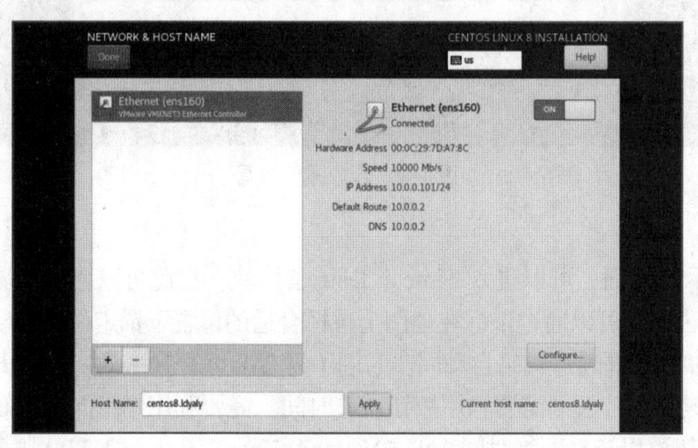

图 1-10　网络配置界面

（5）软件包和软件源配置

该子模块能够引导用户对操作系统所要安装的软件包和软件源进行选择。该模块包含软件源的配置（INSTLLATION SOURCE）和软件包的选择（SOFTWARE SELECTION）两个子界面，分别用于选择软件源和需要安装的软件包。软件源的配置界面如图 1-11 所示，通常安装程序已经配置好一个软件源，同时用户可以手动配置网络或者本地磁盘上的其他软件源，如通过左下方的“+”按钮，或通过 HTTP/HTTPS（Hypertext Transfer Protocol Secure，超文本传输安全协议）/FTP 等协议添加额外的软件源。

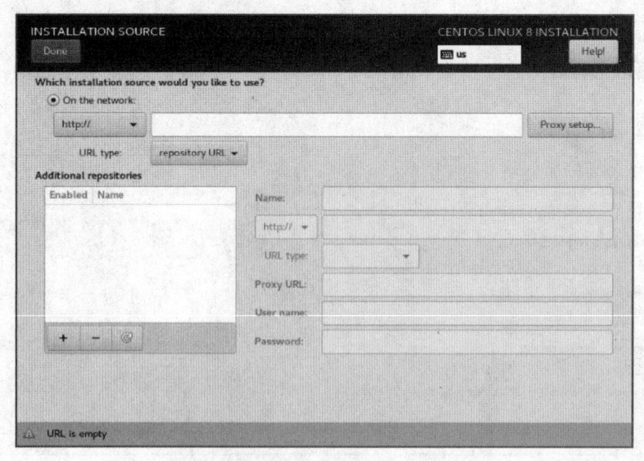

图 1-11　软件源的配置界面

而在软件包的选择界面中，可以手动为所要安装的操作系统选择软件包。如图 1-12 所示，如在左侧可以通过目标机器的使用用途为操作系统选择软件包，而在右侧则可以进一步在该软件包配置中进行选择。

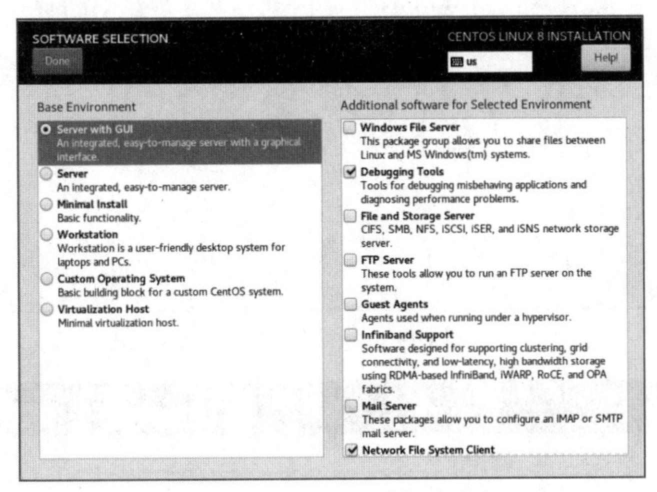

图 1-12　软件包的选择界面

4．设置 root 密码和创建普通用户

完成安装配置界面的所有设置后，单击“Begin Installation”按钮，即可开启操作系统的安装过程。在随后出现的安装界面上，用户可以为 root 创建密码和创建普通用户。设置 root 的密码是安装过程中非常重要的步骤之一，root 拥有对操作系统的绝对控制权，可以进行升级软件包、配置系统参数以及执行系统维护工作等。如图 1-13 所示，该界面同时显示一个进度条和相关文字，用于显示安装程序所处的流程。

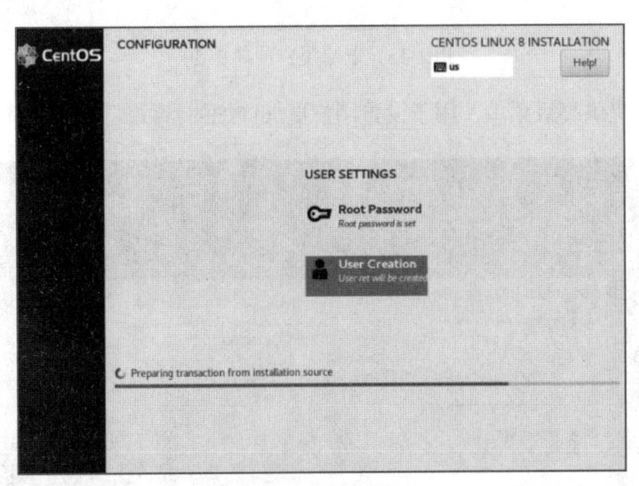

图 1-13　安装界面

创建 root 密码时，如果输入安全性比较差的密码（Weak Password），安装程序会强制用户双击“Done”以确定是否一定要使用弱密码。在此建议使用 8 位以上的密码，并且其中包含大小写字母、数字。root 密码配置界面如图 1-14 所示。在手动安装时，用户能为操作系统创建一个普通用户，包括全名（Full name）、用户名（User name）、密码（Password，勾选“Require a password to use this account”复选框）等，如图 1-15 所示。

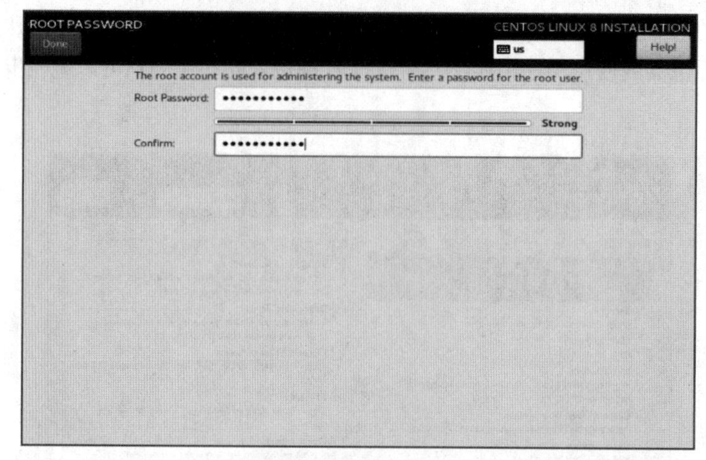

图 1-14　root 密码配置界面

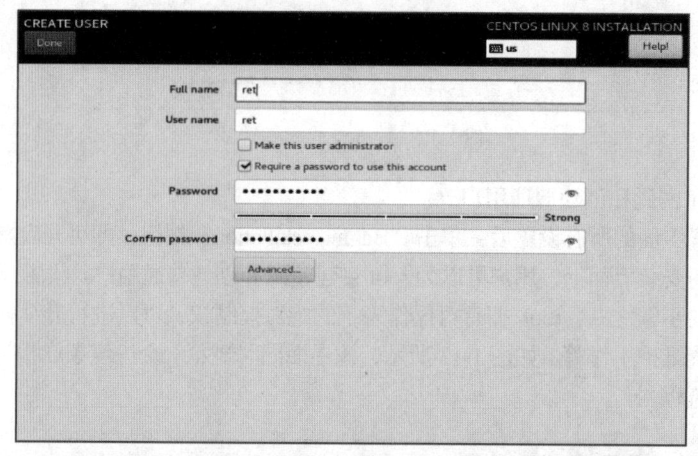

图 1-15　普通用户创建界面

同时，安装程序提供高级菜单，用于设置用户更加详细的参数，如图 1-16 所示。

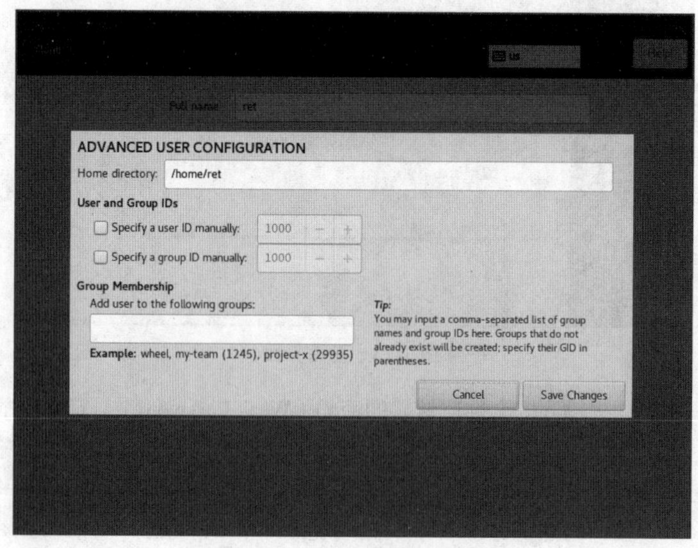

图 1-16　用户详细参数配置界面

5．完成安装

系统安装完成后，右下角会出现“Reboot”按钮，单击该按钮，可以重启系统，从磁盘启动 CentOS 8，完成安装界面如图 1-17 所示。

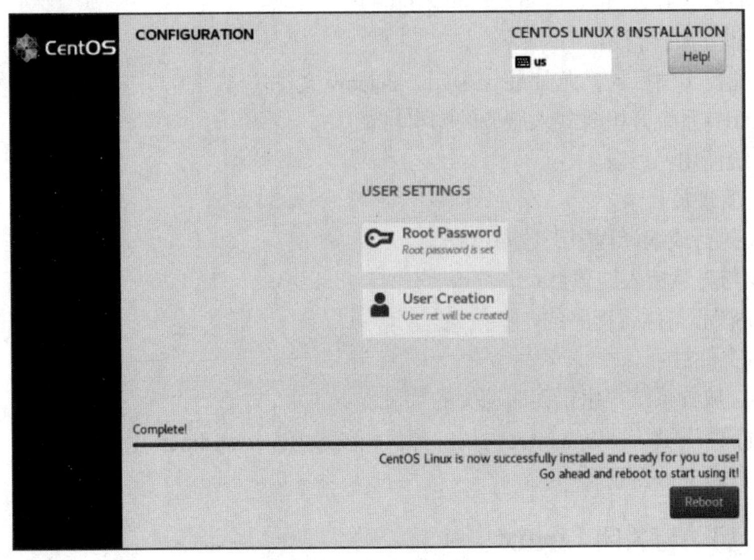

图 1-17　完成安装界面

这样 CentOS 8 就成功地完成安装，按照提示重新启动即可进入系统。有关系统界面的内容将在第 2 章详细介绍。

1.4.2　Linux 目录介绍

Linux 系统以目录的方式组织和管理系统中的所有文件。Linux 系统通过目录将系统中所有的文件分级、分层组织在一起，形成了 Linux 文件系统的树型层次结构。以根目录“/”为起点，所有其他的目录都由根目录派生而来。图 1-18 展示了 Linux 的目录树结构。

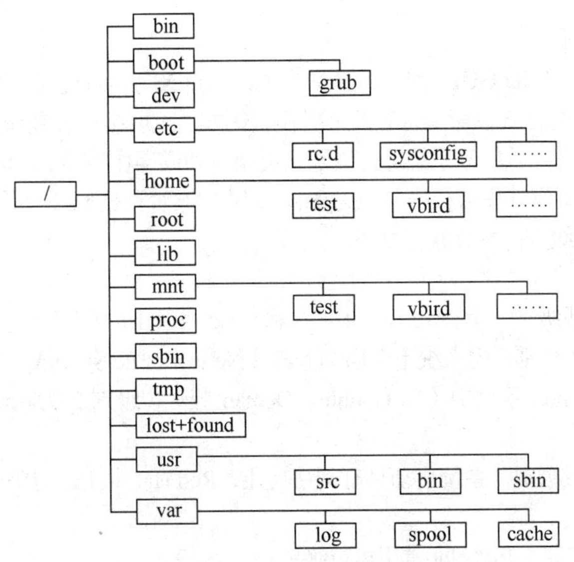

图 1-18　Linux 目录树结构

Linux 下常用的目录及主要作用如下。

/bin、/usr/bin：一般放置执行文件。

/sbin、/usr/sbin：系统管理员常用指令集目录。

/boot：开机设定目录，也是放置 vmlinuz 的地方。

/dev：系统设备文件目录。

/etc：系统配置文件目录，尤其是 passwd、shadow 文件。

/etc/rc.d/init.d：系统开机时载入服务的脚本目录。

/home：系统使用者目录。

/root：系统管理员目录。

/lib：Linux 执行或编译程序函数库目录。

/mnt：软驱与光驱接入挂载目录。

/proc：系统核心与执行程序的一些信息。

/tmp：临时文件目录。

/lost+found：放置系统产生错误时遗失的片段。

/usr/src：存放程序源代码，Linux 内核的源代码就放在/usr/src/linux 里。

/var：系统日志文件目录。

1.4.3 启动与关闭 Linux

1. Linux 登录方式

当用户选择“Minimal Install”时，由于没有安装图形用户界面，Linux 系统安装完毕后，进入命令行界面登录，如图 1-19 所示。在光标处输入用户名 root，并输入 root 密码后按 Enter 键，如果用户名和密码正确，即可成功登录。注意，Linux 下的密码输入是不会回显的，也就是不会在屏幕上显示输入的内容。

```
localhost login: _
```

图 1-19 命令行界面登录

2. 更改系统运行级别

当用户选择“Server With GUI”时，默认情况下，CentOS 启动时会启动 X Window 进入图形用户界面登录。但用户有时喜欢在命令行界面上操作，例如通过网络远程登录、追求速度优势等的时候，此时用户可以进入系统后更改系统运行级别来更换启动或操作界面。Linux 系统有 7 种运行级别（Run Level），其详细操作过程可扫描二维码查看。不同的运行级别下，系统有不同的状态。各个运行级别的意义描述如下。

0：关机级别。

1：单用户字符模式级别，运行 rc.sysinit 目录和 rc1.d 目录下的程序。

2：多用户字符模式级别，但系统不会启动 NFS（Network File System，网络文件系统）。在有些 Linux 系统中（如 Ubuntu、Debian 等），级别 2 为默认模式，具有网络功能。

3：多用户字符模式级别，系统启动具有网络功能，Red Hat 常用运行级别。

4：用户自定义级别。

5：图形用户界面级别，Red Hat 常用运行级别。

6：重启级别。

更改系统运行级别有如下几种方法。

（1）在命令行界面上以 root 用户身份执行命令 init n 或 telinit n，n 为级别号。此方法只可以修改本次登录的运行级别，系统重启后，运行级别会恢复默认值。

（2）在命令行界面上执行命令 startx 启动图形用户界面，此方法也只可以修改本次登录的运行级别。

（3）CentOS 6 及以前的版本可通过更改/etc/inittab 文件中“id: N: initdefault”项目，把数字 N 改为其他数字，表示 Linux 默认采用某运行级别启动。

（4）CentOS 7 及之后的版本可通过 systemctl set-default TARGET.target 来设置默认的运行级别，也可以通过在终端执行 ls -Xl /lib/system/system/runlevel*.target 来查看 target 和运行级别数值的对应关系。

3．关机与重启命令

（1）shutdown 命令

作用：关闭或重启系统，其详细操作过程可扫描二维码查看。

语法：

```
shutdown [选项] [时间] [警告信息]
```

使用权限：超级管理员。

常用选项含义如下。

-r：关机后立即重新启动。

-h：关机后不重新启动。

-f：快速关机，重启时跳过 fsck。

-n：快速关机，不执行 init 程序。

范例如下。

立即关机：

```
[root@localhost ~]#shutdown -h now
```

系统在 5 分钟后关机，并告诉所有用户：

```
[root@localhost ~]#shutdown -h +5 "the system is going down for shutdown in 5 minutes"
```

重新启动：

```
[root@localhost ~]#shutdown -r now
```

（2）halt 命令

作用：关闭系统。

语法：

```
halt [选项]
```

使用权限：超级管理员。

常用选项含义如下。

-p：在关机的时候，顺便做关闭电源的动作。

-f：强制关机，不调用 shutdown 命令。

-d：不把记录写到/var/log/wtmp 文件里。

范例如下。

关闭系统后关闭电源：

```
[root@localhost ~]#halt -p
```

（3）init 命令

作用：更改系统运行级别。

语法：

```
init [0/1/2/3/4/5/6/S/s]
```

使用权限：超级管理员。

常用选项/参数含义如下。

0～6：表示系统运行的 7 个级别。

S 或 s：配合开机执行运行级别 1 时使用，表示开机后不参考 /etc/inittab 文件。

范例如下。

重启系统：

```
[root@localhost ~]#init 6
```

（4）poweroff 命令

作用：关闭系统和关闭电源。

语法：

```
poweroff [选项]
```

使用权限：超级管理员。

常用选项含义如下。

-p：关闭系统后再关闭电源。

-f：强制关机，不调用 shutdown 命令。

-w：并不进行真正的关机，只将信息写入文件/var/log/wtmp 中。

范例如下。

关闭系统后再关闭电源：

```
[root@localhost ~]#poweroff -p
```

（5）reboot 命令

作用：重启系统，其详细操作过程可扫描二维码查看。

语法：

```
reboot [选项]
```

使用权限：超级管理员。

常用选项含义如下。

-n：在重启前不将内存资料写回磁盘。

-w：并不进行真正的重启，只将信息写入文件/var/log/wtmp 中。

-f：强制重启，不呼叫 shutdown 命令。

-d：不把记录写到/var/log/wtmp 文件里。

范例如下。

重启系统：

```
[root@localhost ~]#reboot
```

1.5 本章小结

本章主要概括了 UNIX、Linux 系统的发展历程，介绍了 Linux 及自由软件的基本常识，并对 Linux 的安装过程以及关机与重启命令做了详细介绍。读者要畅游 Linux 世界，应先尝试在个人计算机上安装好 Linux 系统，甚至可以查阅资料在一台计算机上同时安装 Windows 系统和 Linux 系统，即双操作系统。在当前云计算、虚拟化技术发展迅速的阶段，读者还可以采用 VMWare 或 VirtualBox 等虚拟机安装、部署 Linux 系统，安装与配置方法可参照本章内容。

习题

1. Linux 有哪些特点？
2. Linux 与 UNIX 是什么关系？
3. 软件按提供方式和是否营利可以划分哪几种类型？
4. 什么是 GNU 计划？
5. 阐述 GNU/Linux 系统的基本体系结构。
6. Linux 内核包含哪几部分？每部分的作用是什么？
7. 以根目录“/”为起点，Linux 中由根目录派生而来的第一层目录有哪些？它们的主要作用是什么？
8. Linux 的运行级别有几个？
9. 安全关闭 Linux 系统的命令有几种？

第2章 Linux 桌面环境的使用

控制 Linux 系统可通过命令行界面和图形用户界面两种方式实现。本章介绍 CentOS 8 桌面环境的使用，从直观的图形用户界面入手，带领读者快速浏览 Linux 系统，便于初学者畅游 Linux 世界。

2.1 CentOS 8 介绍

CentOS 是对 RHEL 完全兼容的重建，完全符合 Red Hat 的重新发布要求，适用于所有受支持的体系结构。CentOS 是由 Red Hat 公司免费提供给公众的一个开源社区支持的发行版，功能上与 RHEL 兼容，具有稳定、安全和一致等特点。它对组件的修改主要是去除 Red Hat 的商标及美工图等。

RHEL 即 Red Hat 的企业版本。Red Hat 也就是人们常说的“红帽”。Red Hat Linux 9 之后，Red Hat 公司停止了对其提供技术支持，不再发布桌面版本，而是把这个项目与开源社区合作，由 Red Hat 公司赞助，以 Red Hat Linux 9 为范本加以改进，形成 Fedora 这个发行版本，全称是 Fedora Core，习惯上简称为 FC。Fedora 面向桌面用户，其特点是发行周期短、更新速度快、注重新技术的应用，故而在使用过程中可能会遇到很多问题，更多是为技术发烧友和开发者准备的。Fedora 适用于非关键性的计算环境，而 RHEL 则适合部署在企业级服务器上。

CentOS 8 的主要改动和 Red Hat Enterprise Linux 8 的基本一致。它基于 Fedora 28 和 4.18 内核，为用户提供一个稳定、安全、一致的基础，跨越混合云部署，支持传统和新兴工作负载所需的工具。

在第 1 章中，我们介绍了如何安装 CentOS 8。在管理和维护 CentOS 8 的时候，有图形用户界面和命令行界面两种方式。本章重点介绍 CentOS 8 图形用户界面的使用方法。

2.2 桌面环境的使用

随着近年来 Red Hat 公司给予的强大的支持，GNOME 成为 CentOS 的默认集成桌面环境。下面介绍 GNOME 桌面环境的使用。

2.2.1 桌面环境组成

登录 CentOS 后，来到 GNOME 桌面环境，如图 2-1 和图 2-2 所示。CentOS 8 默认的桌面环境背景为蓝色，该桌面环境由组合面板和桌面组成。组合面板在桌面上方，包含“Activities”按钮、时间和输入法等。

图 2-1　CentOS 8 默认桌面环境

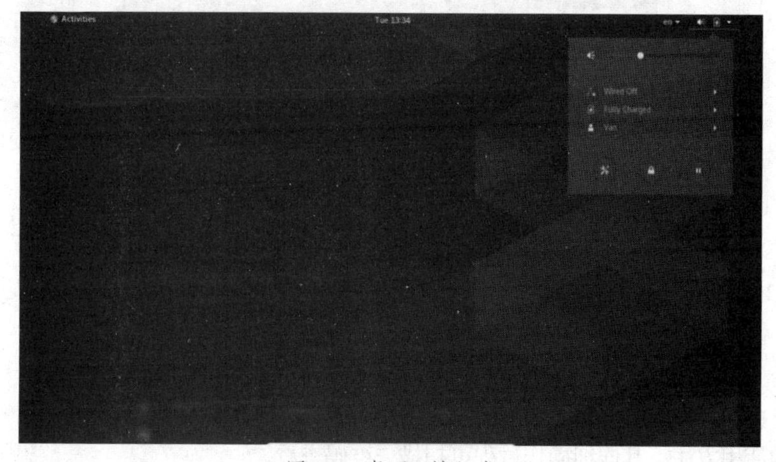

图 2-2　桌面环境组成

2.2.2　桌面和组合面板的使用

在桌面上右击，然后在弹出的快捷菜单中选择相应命令可以打开背景设置窗口和显示设置窗口，在里面可以对桌面和显示进行一些设置，如图 2-3～图 2-5 所示，在 2.3 节会有详细讲解。

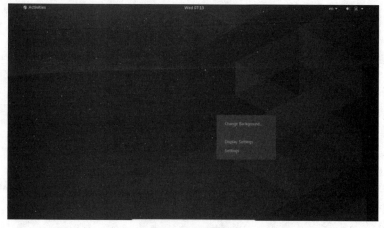

图 2-3　设置外观

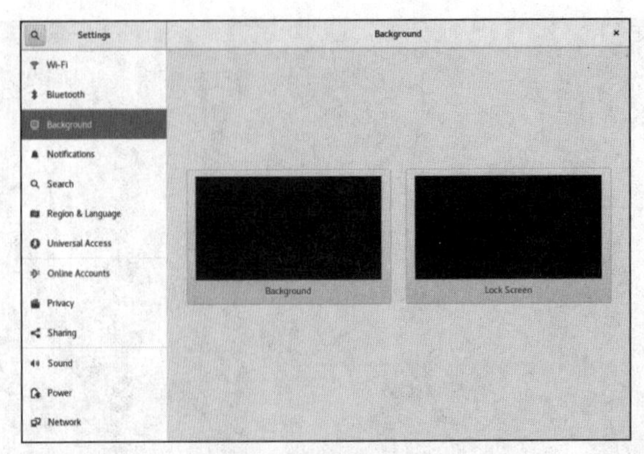

图 2-4　背景设置窗口

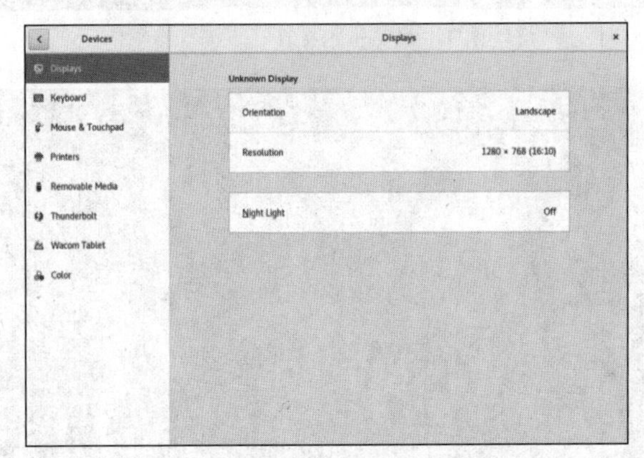

图 2-5　显示设置窗口

GNOME 桌面环境的组合面板由不同元素组合而成。下面简单介绍这些元素的主要作用和使用方法，其详细操作过程可扫描二维码查看。

（1）“Activities”按钮：单击“Activities”按钮后，桌面会发生变化，出现左右两个面板，以及上方的一个搜索栏，如图 2-6 所示。左面板是应用程序的入口，包括“浏览器”“文件管理器”“软件管理器”“帮助”“终端”和“显示应用”。右面板是“工作区切换器”，可以将 GNOME 的桌面分为相互独立的工作区，每个工作区是桌面的一部分，如图 2-7 所示。中间的搜索栏可以用来快速找到应用或者某些设置功能的入口，如图 2-8 所示。

图 2-6　单击“Activities”按钮后桌面发生变化

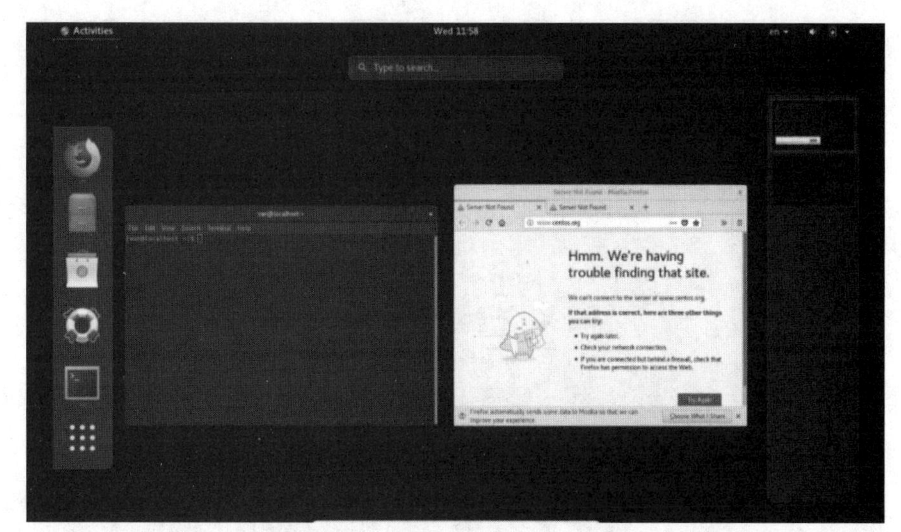

图 2-7　应用程序的入口（左面板）和工作区切换器（右面板）

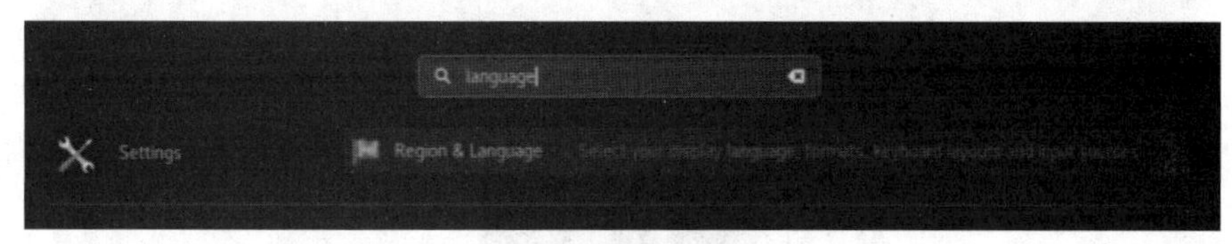

图 2-8　搜索栏

（2）日期与时间：用于显示当前日期与时间，如图 2-9 所示。不过，设置时间的入口在其他地方，建议用搜索栏搜索“time”，即可设置日期与时间，如图 2-10 和图 2-11 所示。

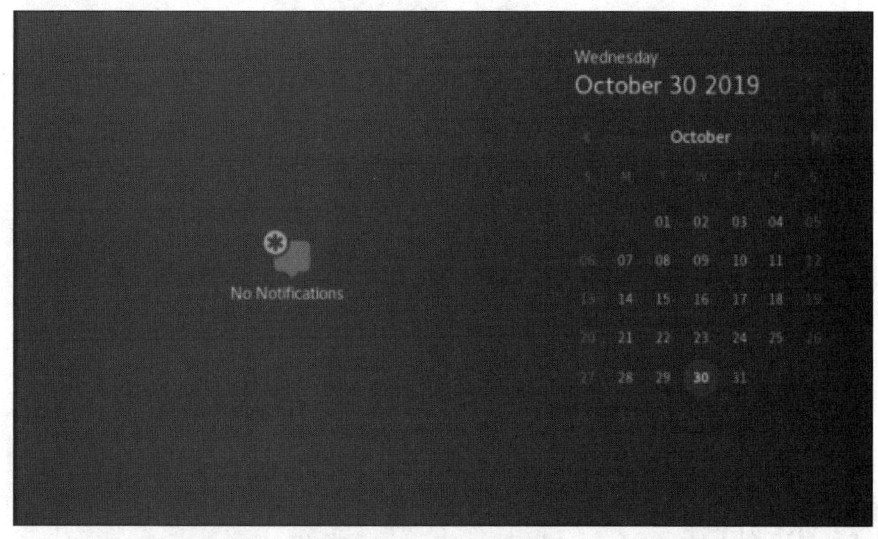

图 2-9　显示当前日期与时间

图 2-10　用搜索栏搜索“time”

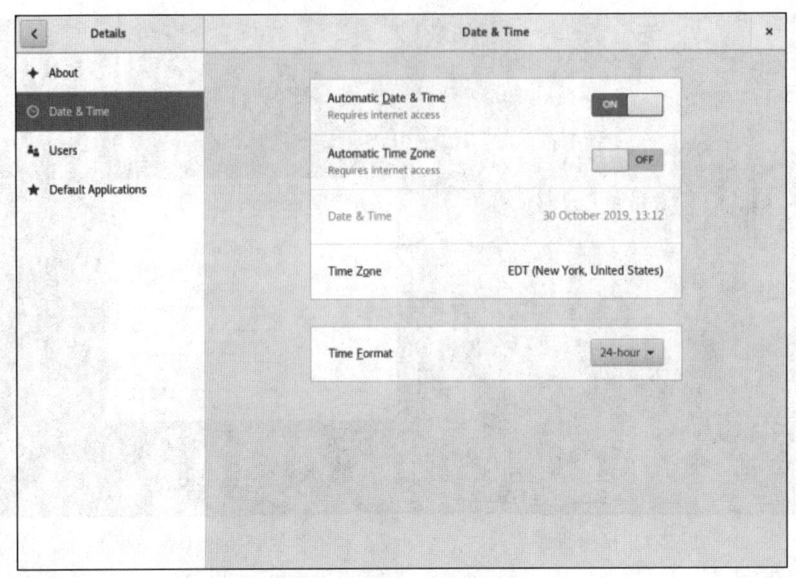

图 2-11　日期与时间设置

（3）输入法：用系统键盘输入中文和英文的切换工具，如图 2-12 所示。

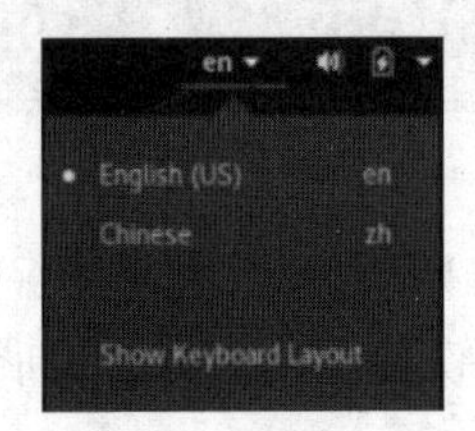

图 2-12　输入法

（4）声音、电池和电源等：单击这个区域，可以进行音量、网络、电池、用户等设置，以及进行注销和关机等操作，如图 2-13 所示。

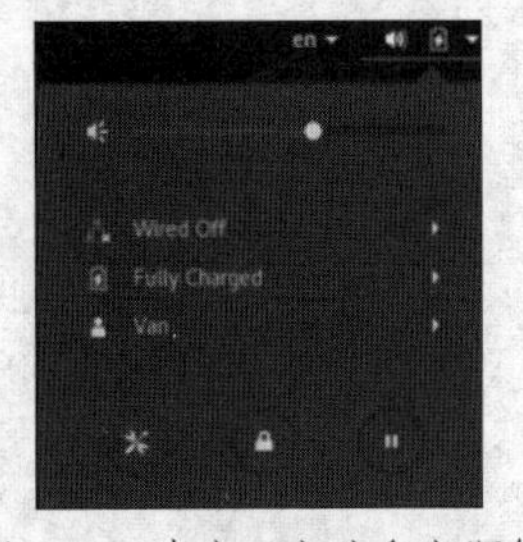

图 2-13　声音、电池和电源等

2.3 系统管理

2.3.1　文件管理器

单击“Activities”按钮，在左面板中单击“Files”图标，即可打开文件管理器，如图 2-14 和图 2-15 所示。文件管理器主要由工具栏、位置栏、侧栏和浏览窗格等组成，默认显示当前用户的主目录。

图 2-14 “Files”图标

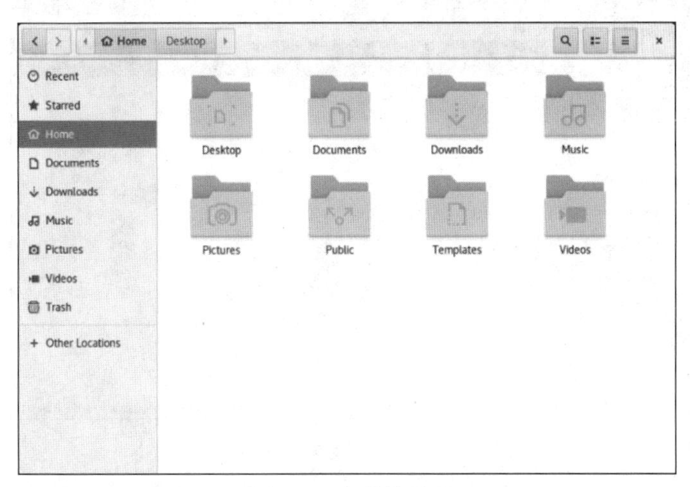

图 2-15 文件管理器

文件管理器的基本操作（见图 2-16～图 2-19）如下，其详细操作过程可扫描二维码查看。

（1）选择文件。

（2）打开文件。

（3）更改文件名。

（4）移动和复制文件。

（5）搜索文件。

（6）删除文件：文件被删除后暂时存放到回收站中，回收站的内容存放在用户主目录下的 Trash 目录中。

（7）改变文件查看方式。

（8）排列和布局文件。

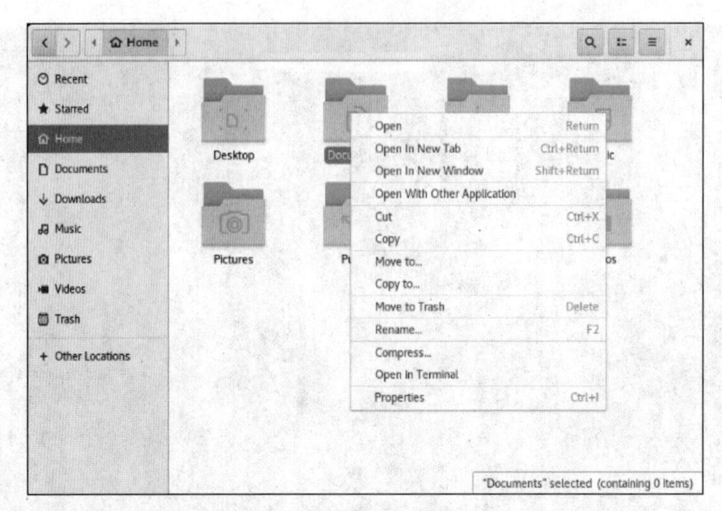

图 2-16　文件管理器的基本操作（快捷菜单）

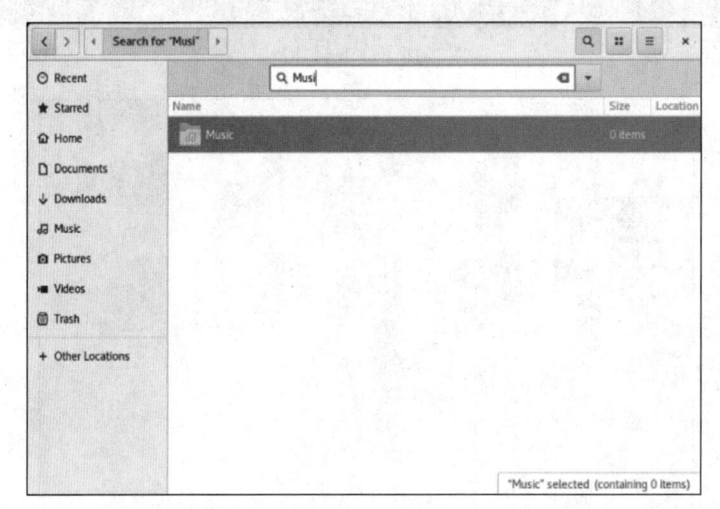

图 2-17　搜索文件

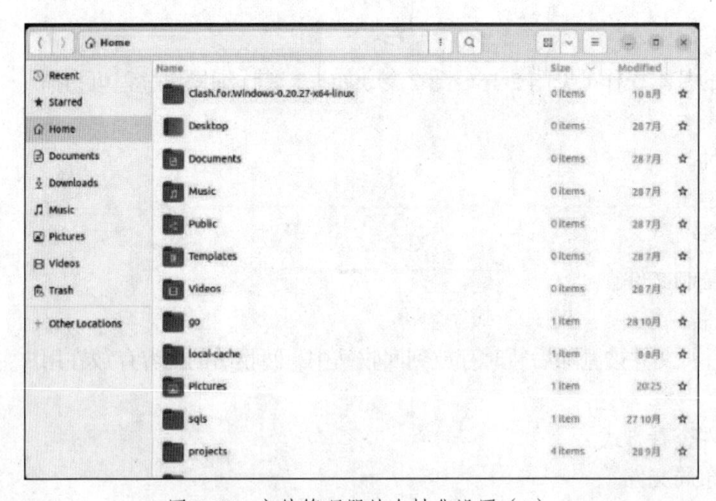

图 2-18　文件管理器的个性化设置（1）

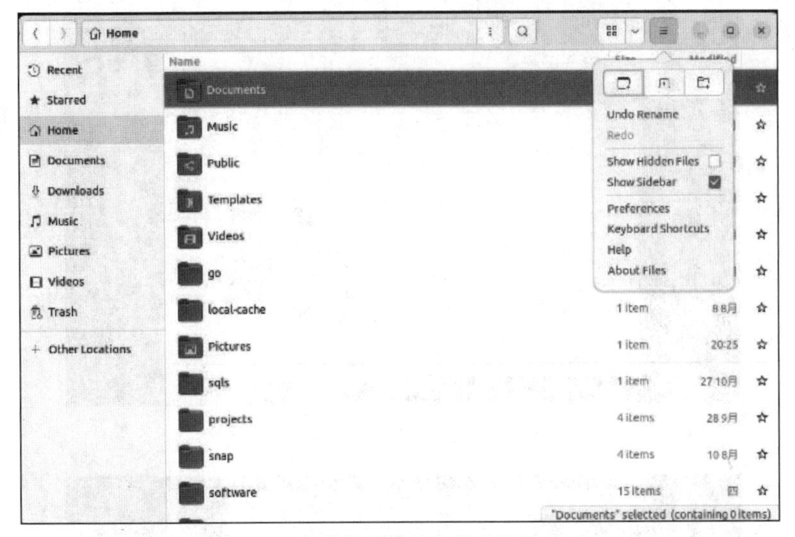

图 2-19　文件管理器的个性化设置（2）

用户还可以对文件管理器进行个性化设置，操作项目包括以下几种。

（1）改变默认视图。

（2）改变图标和日期的显示格式。

（3）改变列表内容和顺序。

（4）改变预览方式。

2.3.2　磁盘工具

单击桌面环境左上角的“Activities”按钮，在左面板中单击“Show Applications”图标，然后找出“Disk Usage Analyzer”和“Disks”图标，单击即可打开相应窗口，如图 2-20～图 2-22 所示。“Disk Usage Analyzer”用于扫描文件系统，统计文件系统中各目录使用情况，系统会以各种颜色代表目录，显示所有目录占用磁盘容量的情况。而“Disks”可用于磁盘格式化和磁盘映射等。其详细操作过程可扫描二维码查看。

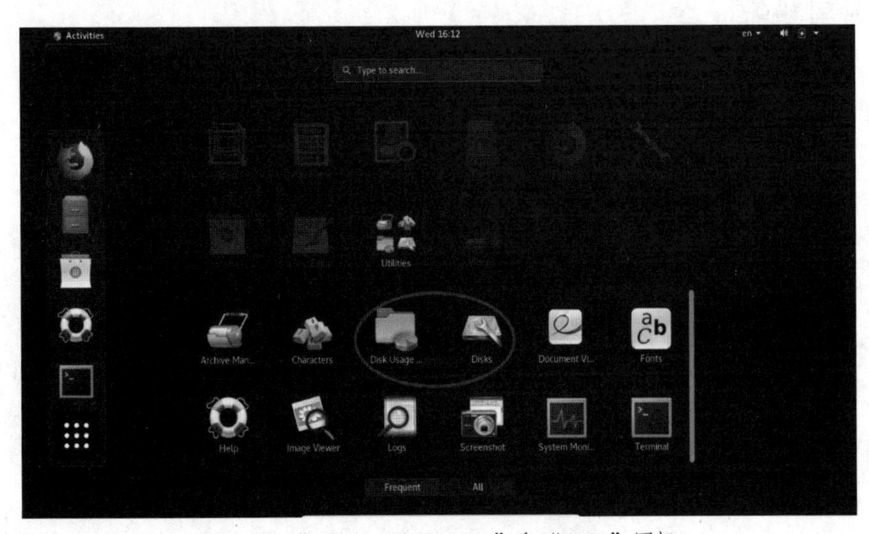

图 2-20　“Disk Usage Analyzer”和“Disks”图标

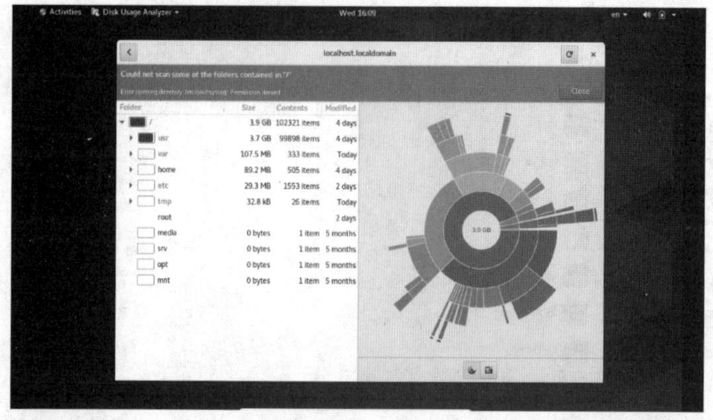

图 2-21 “Disk Usage Analyzer”窗口

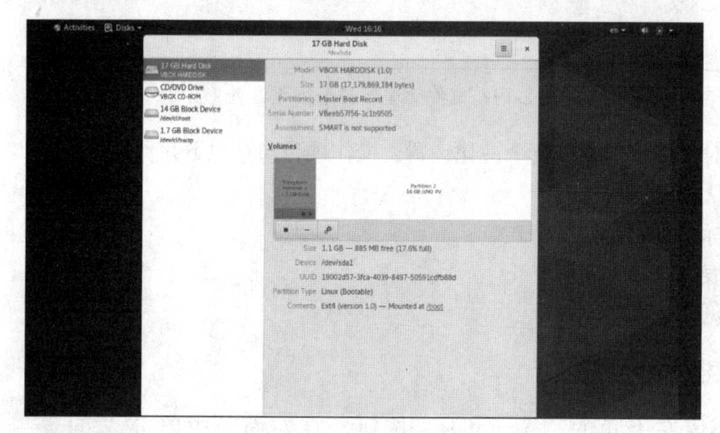

图 2-22 “Disks”窗口

2.3.3 显示设置

在桌面空白处右击，在弹出的快捷菜单中选择“Display Settings”命令，打开图 2-23 所示的显示设置窗口，这里可以进行调整分辨率等设置。其详细操作过程可扫描二维码查看。

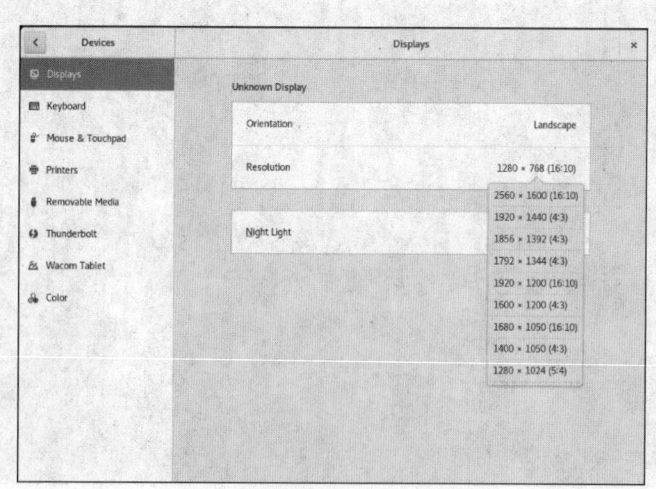

图 2-23 显示设置窗口

2.3.4 背景设置

默认情况下，CentOS 8 的桌面背景如图 2-1 所示。如果桌面背景一成不变，多少会显得有些单调，而且对显示器也会产生不利的影响，故可以每隔一段时间就修改一次桌面背景。修改桌面背景的操作很简单，在桌面空白处右击，然后在弹出的快捷菜单中选择“Change Background”命令，打开背景设置的窗口，如图 2-24 所示。其详细操作过程可扫描二维码查看。

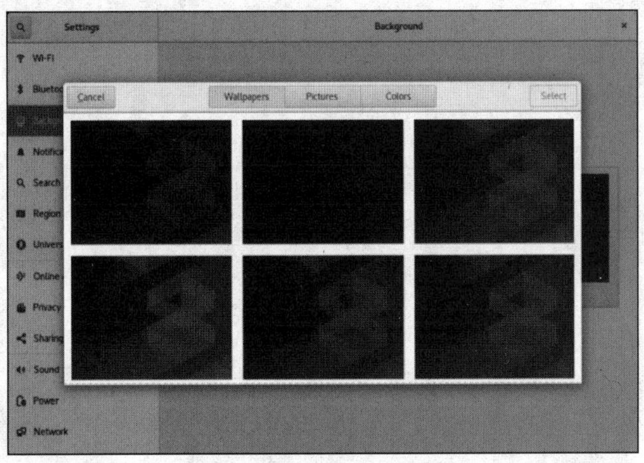

图 2-24 设置背景窗口

2.4 CentOS 8 常用软件介绍

2.4.1 Web 浏览器

Web 浏览器是最常用的软件之一，与 Windows 系统不同，Linux 系统并不采用 IE 浏览器，GNOME 桌面环境的默认浏览器是 Mozilla Firefox。单击桌面环境左上角的“Activities”按钮，在左面板中单击“Firefox”图标，打开浏览器，如图 2-25 所示。

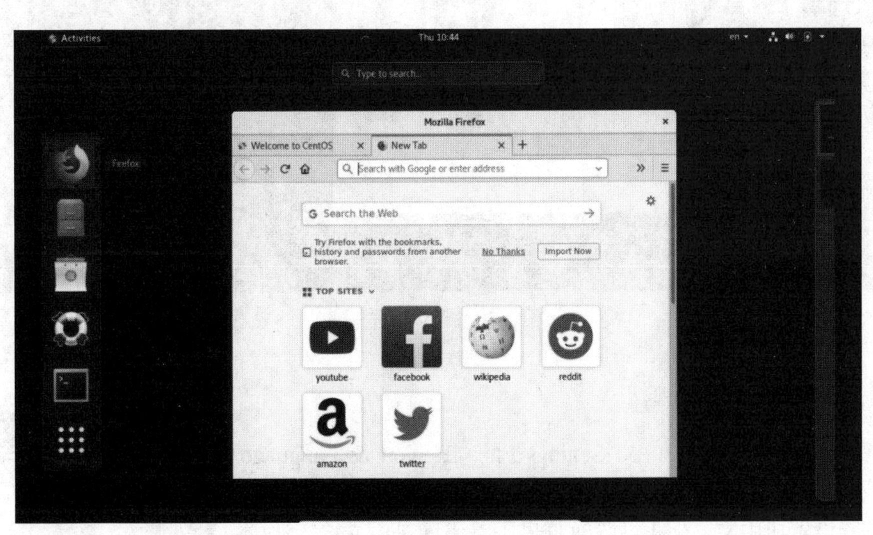

图 2-25 Mozilla Firefox 浏览器

2.4.2 图像浏览器

“Image Viewer”是一个GNOME桌面环境下的图像浏览器，可以对图像进行旋转、缩放等操作。单击“Activities”按钮，在左面板中单击“Show Applications”图标，然后找到“Image Viewer”图标，单击即可打开图像浏览器，如图2-26和图2-27所示。Image Viewer会默认浏览用户的主目录。

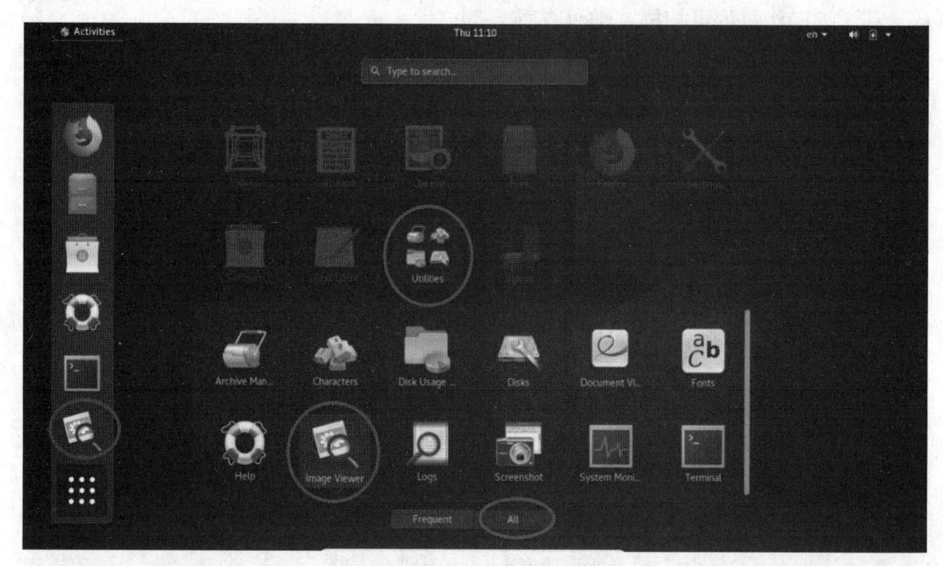

图2-26 “Image Viewer”图标

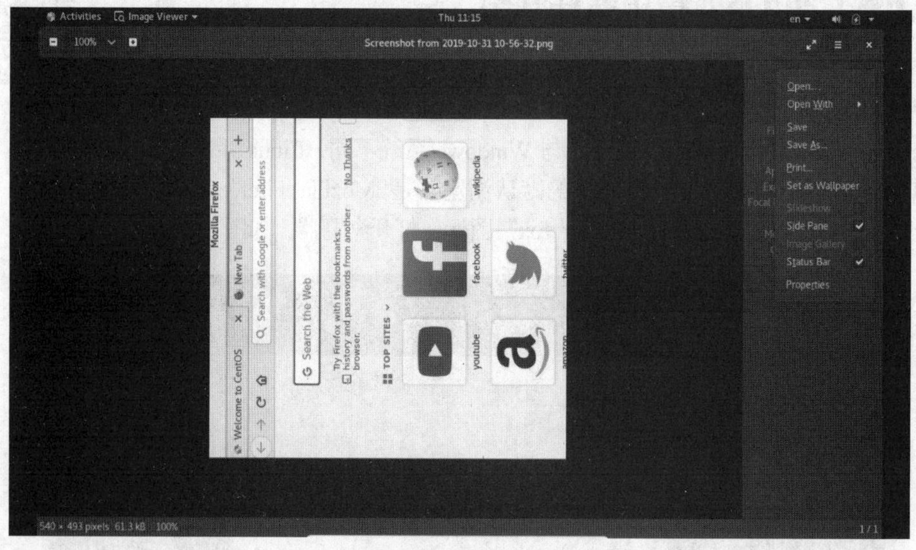

图2-27 图像浏览器

2.4.3 输入法工具

在刚安装完成的系统中，在“Settings”的“Region & Language”里的输入源里可以添加中文输入源，但不能输入中文，也就是说系统默认没有中文输入法（系统语言能设置成中文，但不建议这样做）。下面是中文输入法的一种安装方

法（需要连网）：打开终端，输入"sudo dnf install ibus-libpinyin.x86_64 -y"后按Enter键，然后输入root密码，获得 root 用户权限后就会自动安装输入法；输入法安装完成后需要重启，之后进入输入法设置窗口进行设置（见图2-28～图2-37）。其详细操作过程可扫描二维码查看。

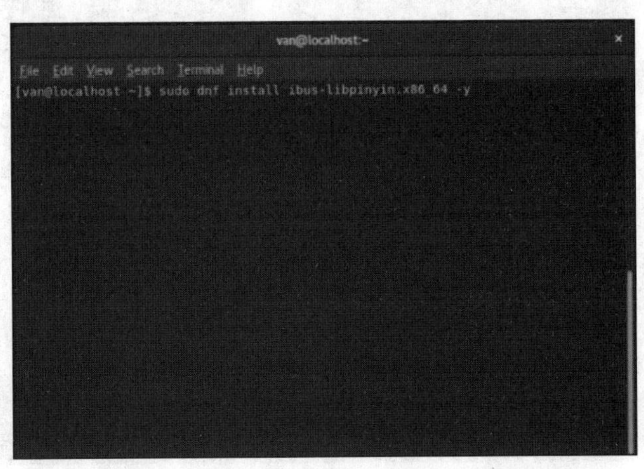

图2-28　在终端输入安装输入法的指令（需要连网）

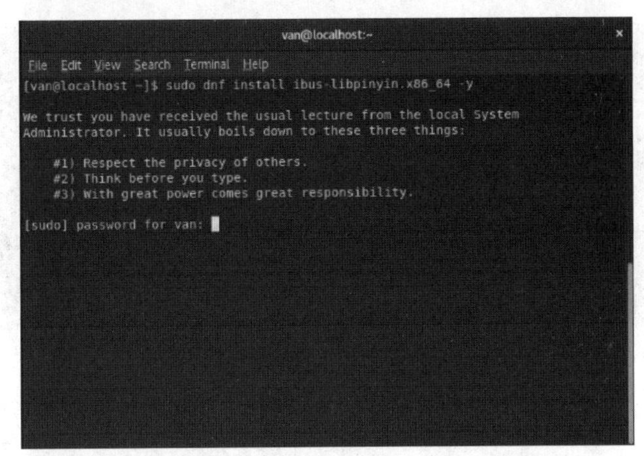

图2-29　输入 root 密码以获取 root 用户权限

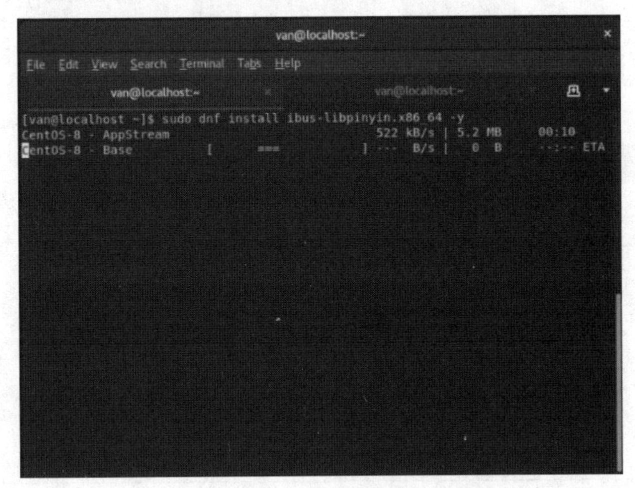

图2-30　正在下载并安装智能拼音输入法

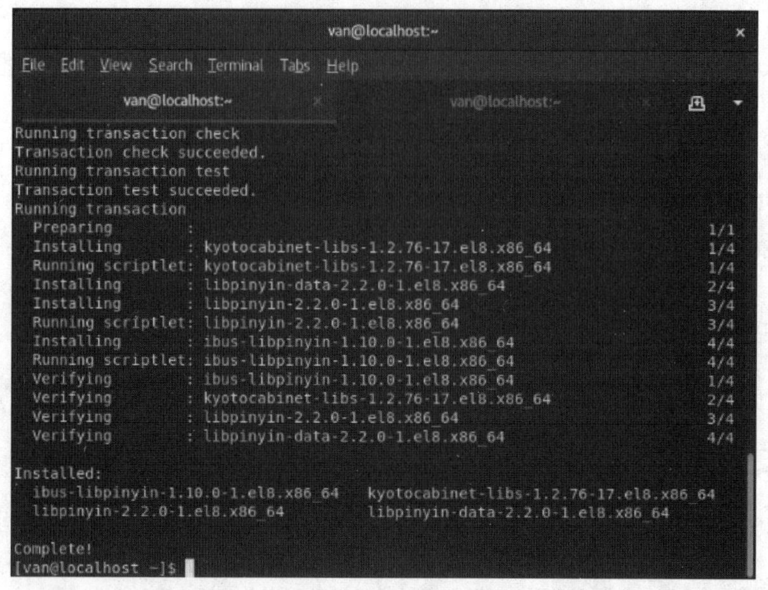

图 2-31　安装完毕需重启

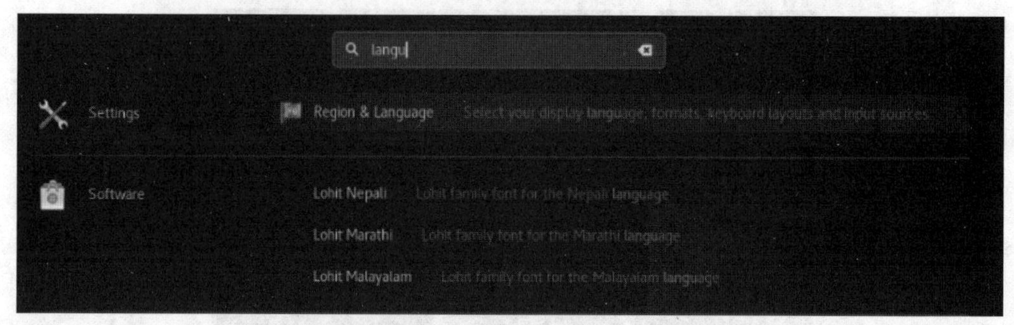

图 2-32　重启后在搜索栏搜索输入法设置关键字

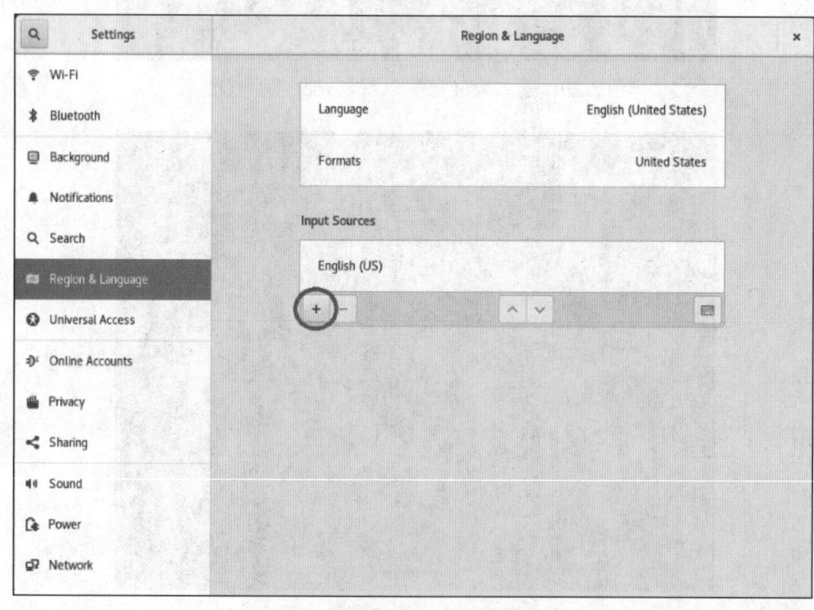

图 2-33　输入法设置

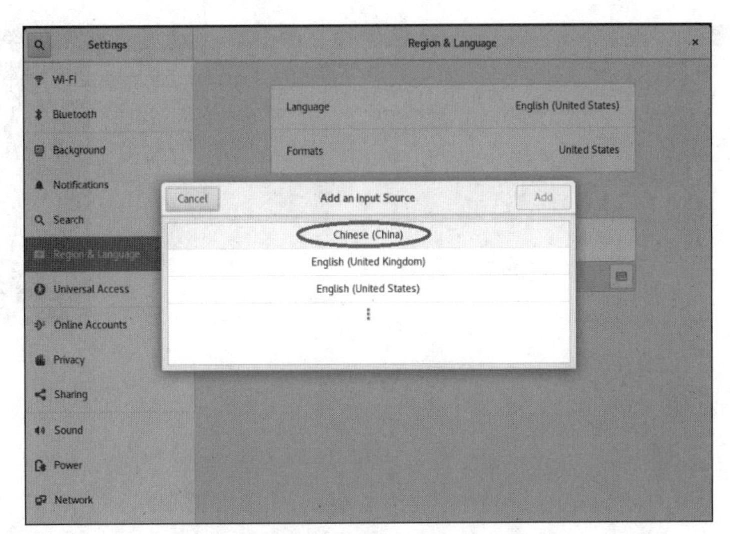

图 2-34　添加中文输入源

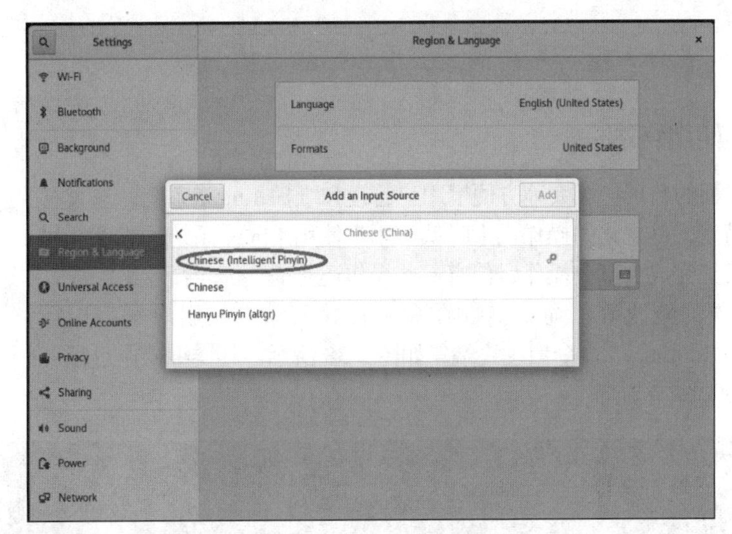

图 2-35　添加智能拼音输入法

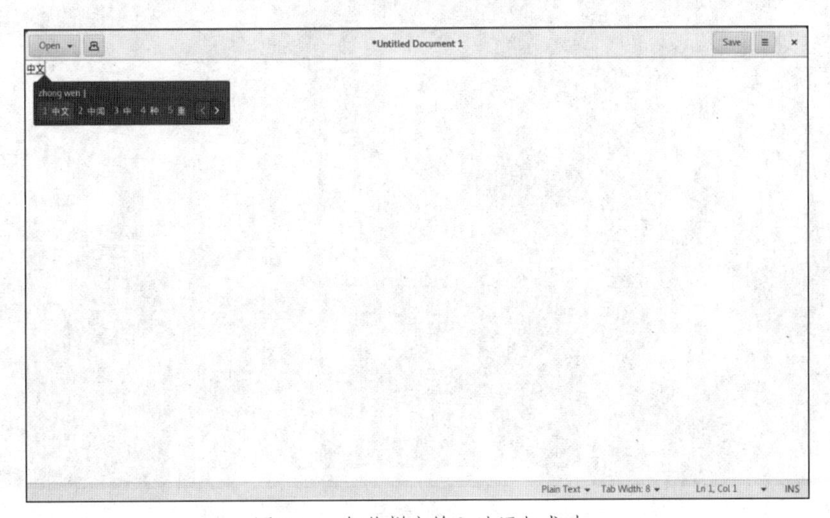

图 2-36　智能拼音输入法添加成功

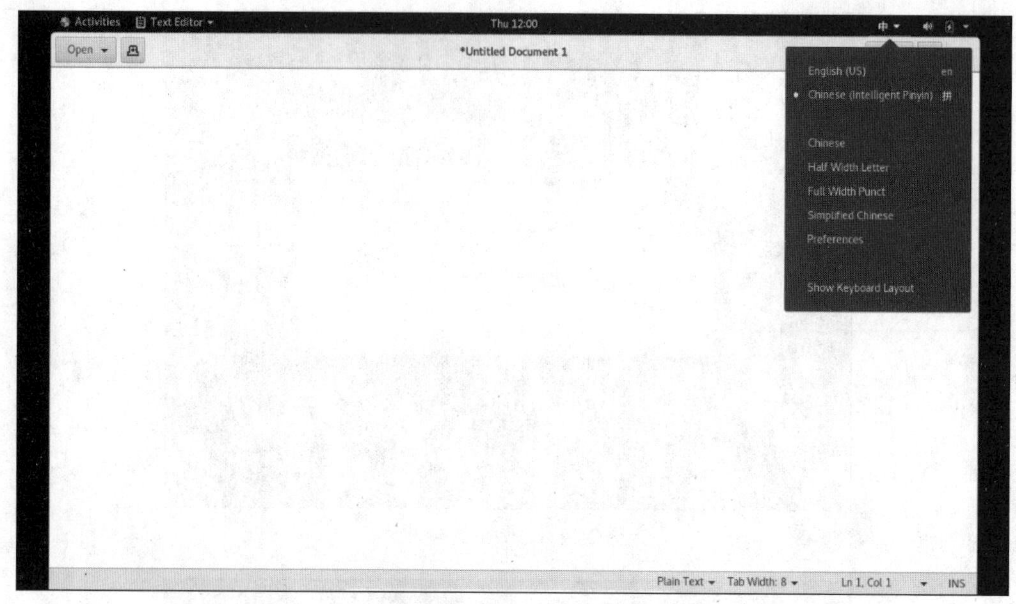

图 2-37 输入法切换菜单

2.4.4 使用终端

图形用户界面的出现，极大地方便了用户管理和维护 Linux 系统。它具有直观、便利的特点，可视化的操作大大降低了用户使用 Linux 系统的难度。尽管在可视化界面能完成大部分操作，但有一些操作还是需要配合命令来完成，如一些配置文件的修改等，命令需要在命令行界面输入，用户可以选择“Activities”→“Terminal”命令启动终端，如图 2-38 所示。其详细操作过程可扫描二维码查看。

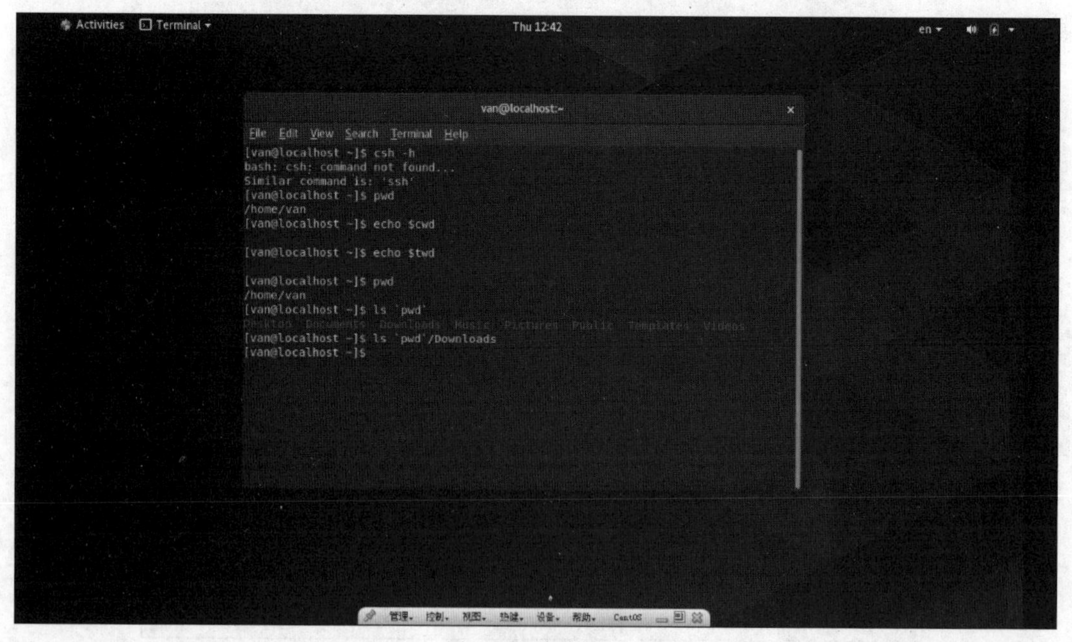

图 2-38 终端界面

在终端界面光标处输入 Linux 指令，即可完成管理和维护 Linux 的大部分操作。在桌面环境下，用户可以新建多个终端，多个终端可以同时存在，它们独立工作，互不干扰。选择终端窗口“Edit”菜单中的“Preferences”命令，打开编辑配置文件对话框，这里的配置文件是指保存终端各种属性的方案文件。默认配置文件是可编辑的，用户可以根据需要新建配置文件，如图 2-39 和图 2-40 所示。编辑配置文件主要包括“Text”（文本）、“Colors”（颜色）、“Scrolling”（滚动）、“Command”（命令）和“Compatibility”（兼容性），用户可根据自己的喜好对终端的外观进行设置。

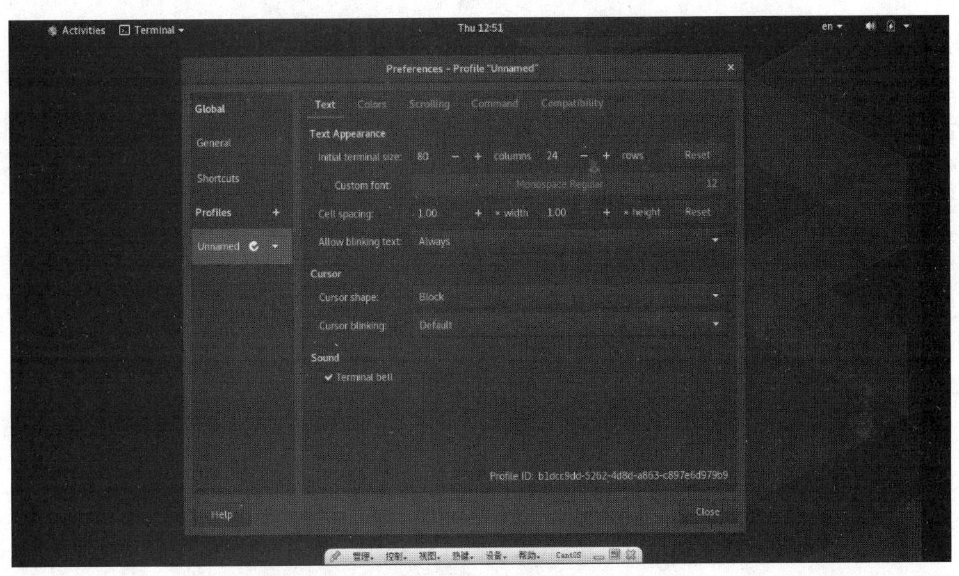

图 2-39　编辑终端配置文件

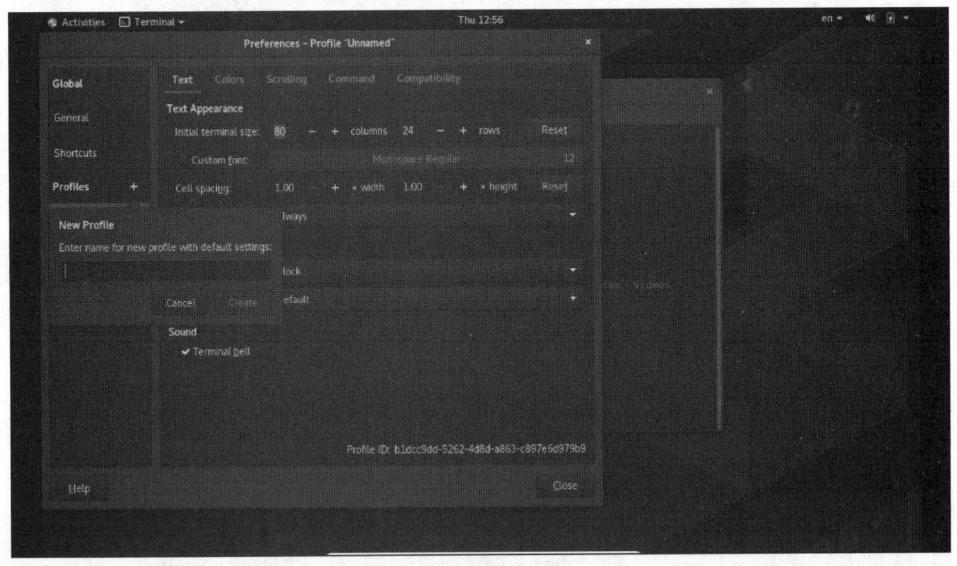

图 2-40　新建配置文件并命名

2.5 本章小结

本章介绍 CentOS 8 的桌面环境组成及使用方法，对 GNOME 桌面环境下的常用管理工具和常用应用程序做了简单的介绍。Linux 系统的图形用户界面为 Linux 系统的使用带来了很大的方便，而且在一些应用场景下，如大型数据库软件、ERP 软件的安装等，采用图形用户界面更有优势。除了图形用户界面外，Linux 系统的命令行界面的操作凭借其效率高、网络维护方便等优点，也成为了专业人员必备的技能。

习题

1. CentOS 8 默认的桌面环境是什么？
2. 如何修改系统的日期与时间？
3. 如何更改桌面的背景？
4. 默认情况下系统不支持输入中文，如何安装支持输入中文的输入法？
5. 如何查看系统的磁盘使用情况？

第3章 Linux 文本编辑器

vi 编辑器是 Linux 和 UNIX 上最基本的文本编辑器之一。它不需要图形用户界面，是效率很高的文本编辑器。尽管在 Linux 上有很多图形用户界面编辑器可用，但 vi 编辑器在系统和服务器管理中的功能是图形用户界面编辑器无法比拟的。本章主要介绍几种常用的文本编辑器，同时以 vi 编辑器为例，详细介绍 vi 编辑器的用法和相关技巧。

3.1 Linux 文本编辑器概述

Linux 系统下有许多文本编辑器，按编辑区域可分为行编辑器和全屏幕编辑器，例如行编辑器有 ed，全屏幕编辑器有 vi；按运行环境可分为命令行界面文本编辑器和 X Window 图形用户界面编辑器，例如 vi 编辑器属于命令行界面文本编辑器，gedit 编辑器则属于图形用户界面编辑器。下面介绍几种常用的文本编辑器。其详细操作过程可扫描二维码查看。

3.1.1 ed 编辑器

在早期的 UNIX 平台上，ed 编辑器可以说是唯一的编辑工具。它是一个很“古老”的行编辑器，vi 编辑器由 ed 编辑器演化而来。行编辑器使用起来很不方便，每次只能对一行进行操作。后面介绍的 vi、Emacs、gedit 等全屏幕编辑器可以对整个屏幕进行编辑，用户编辑的文件直接显示在屏幕上，修改的结果可以立即看出来，克服了行编辑器的那种不直观的操作方式，便于用户学习和使用。

3.1.2 vi 编辑器和 Vim 编辑器

vi 编辑器是 UNIX 平台上历史悠久的编辑器，是“visual interface”的缩写。vi 编辑器是 UNIX 平台上可视化编辑器（或者说基于屏幕的编辑器）的代表，由加州大学伯克利分校等机构以原来的 UNIX 行编辑器 ed 等为基础开发，是一个使用多年、流传非常广泛的编辑工具。在 Linux 诞生的时候，vi 编辑器与基本 UNIX 应用程序一样被保留下来，成为人们管理系统的好帮手。

Vim（vi Improved，增强版 vi）编辑器由布拉姆·穆勒纳尔（Bram Moolenaar）编写。1989 年，布拉姆在使用 vi 的时候觉得很多地方都不太方便，因此他找到 Stevie（vi 的克隆版本）的源代码，在上面进行改进。这期间还有斯文（Sven）等人持续进行改进，直到发布现在的 8.x 版本。

与 vi 编辑器相比，Vim 编辑器增加了更多的特性，如彩色与高亮显示，可以使编辑工作更轻松。通过设置，Vim 编辑器会自动检测文件内容的类型，并以不同颜色进行高亮显示，如注释显示为蓝色、关键字显示为褐色、字符串显示为红色等。此外，与 vi 编辑器传统的黑白显示模式相比，Vim 编辑器更易读易用。Vim 编辑器的另一个有趣的功能是支持从右到左输入字符，这在使用一些特殊语言（如 Farsi）进行编程时比较方便。在 Vim 编辑器中，还可以使用多窗口显示，在一个屏幕中同时对多个文件进行操作。我们还可以通过 ~ /.vimrc 配置文件定制属于自己的 vi 编辑器，从而在打开 vi 编辑器时获得自己熟悉的和适用于自己特殊目的的环境。

在编辑那些比较大的文件，特别是程序文件的时候，使用 Vim 编辑器比 vi 编辑器更方便一些。图 3-1 所示为 Vim 编辑器的界面。

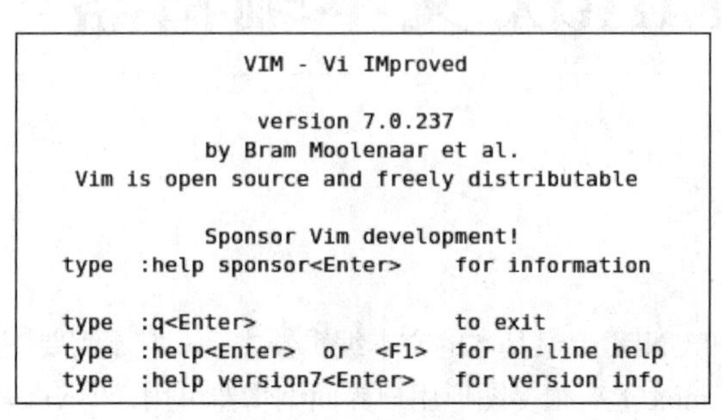

图 3-1 Vim 编辑器的界面

3.1.3 Emacs 编辑器

Emacs 编辑器是自由软件基金会发行的软件产品，在 Linux 系统中比较流行。Emacs 的含义是编辑器宏（Editor Macros），最开始是由理查德·斯托尔曼编写的，Emacs 编辑器的设计功能远不只是一个编辑工具，理查德·斯托尔曼的初衷是将 Emacs 编辑器设计成 Linux 的 Shell，同时希望增加一些现代操作系统应支持的用户环境，如邮件的传递、Web 浏览器的查询、新闻（Usenet）阅读、日志功能等。另外，Emacs 编辑器中包括 Lisp 语言的解释执行功能。Emacs 编辑器的功能很强大，使用它几乎可以解决用户与操作系统交互中的所有问题。当然，Emacs 编辑器的强大功能带来的问题是它占用的磁盘空间比较大，因此为了支持用户的使用，Emacs 编辑器提供多种使用模式以满足不同用户的需求。

3.1.4 gedit 编辑器

除了上述的编辑器之外，Linux 下还有一个功能强大的编辑器 gedit，如图 3-2 所示，它是一个在 GNOME 桌面环境下兼容 UTF-8 的文本编辑器。

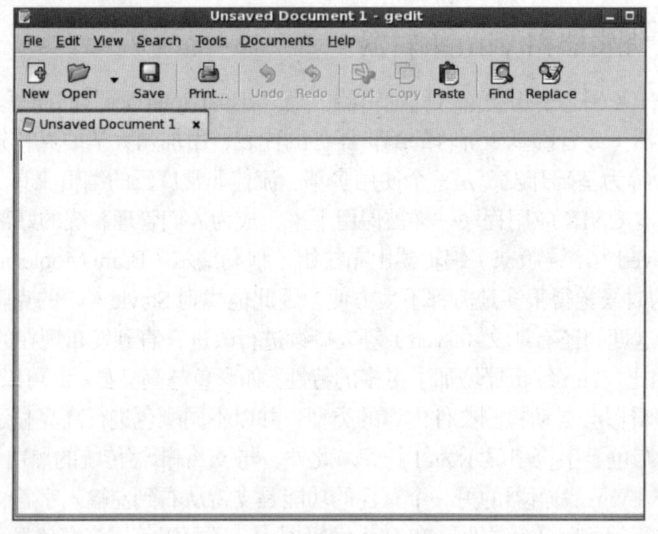

图 3-2 gedit 编辑器

gedit 编辑器包含语法高亮和标签编辑多个文件的功能，支持中文，支持包括 GB2312、GBK（Chinese Character GB Extended Code，汉字国标扩展码）在内的多种字符编码。利用 GNOME VFS 库，它还可以编辑远程文件。它支持完整地恢复和重装系统以及查找和替换功能，还支持包括多语言拼写检查和一个灵活的插件系统，可以动态地添加新特性，例如 snippets 和外部程序的整合等。另外，gedit 编辑器具有一些小特性，包括行号显示、括号匹配、文本自动换行等。

3.2 vi 编辑器使用介绍

vi 编辑器是 UNIX 及 Linux 系统下标准的编辑器，它不逊色于任何最新的文本编辑器。对 UNIX 及 Linux 系统的任何版本，vi 编辑器是完全相同的，它可以执行输出、删除、查找、替换、块操作等众多文本操作，而且用户可以根据自己的需求对其进行定制，这是其他编辑器所没有的特性。

3.2.1 vi 编辑器的工作模式

vi 编辑器的工作模式分为如下 3 种。

命令模式：进入 vi 编辑器的默认模式，可以对文件进行移动光标、复制、删除、粘贴等操作。

末行模式：用于文件的保存、退出、查找、替换、设置行号等。

插入模式：在此模式下可以输入字符。

使用 vi 编辑器主要是根据操作需要在各种模式下切换，切换方法如图 3-3 所示。启动 vi 编辑器后，默认会进入命令行模式，通过 i、o、a、R 等快捷键可以切换到插入模式，通过:、/、?等快捷键可以切换到末行模式。在插入模式或末行模式下，通过 Esc 键可切换回命令行模式，插入模式和末行模式之间不能直接切换。

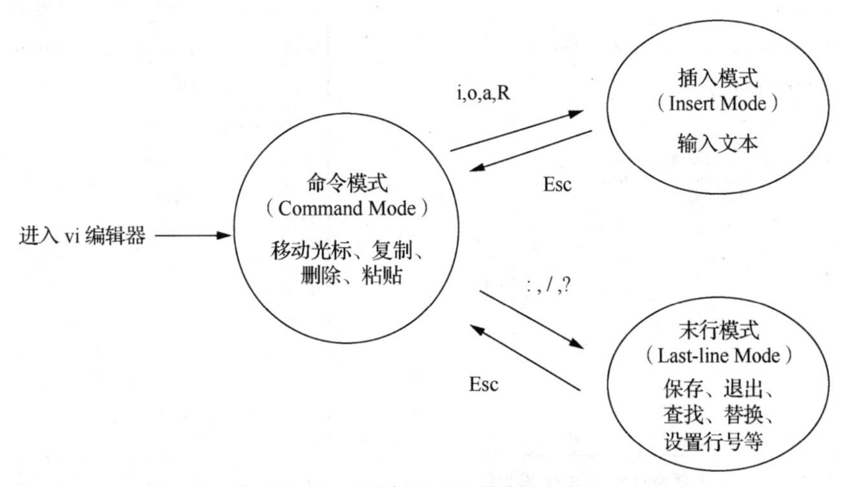

图 3-3 vi 编辑器工作模式的切换

3.2.2 vi 编辑器的常用命令

1．文件打开、保存与关闭

在命令提示符后输入 vi 编辑器及文件名称后，就会进入 vi 编辑器命令模式工作界面，如图 3-4 所示。其详细操作过程可扫描二维码查看。

```
[root@localhost ~]# vi .bashrc
```

进入 vi 编辑器后处于命令模式，这时输入的任何字符都被视为命令。要想编辑该文件，需要切换至插入模式。本例利用 vi 编辑器打开 .bashrc 文件，.bashrc 文件存在于当前目录中，因此 vi 编辑器显示该文件内容。当用 vi 编辑器建立一个新文件时，编辑器显示空白内容。此外，进入 vi 编辑器的命令中时可以先不给出文件名，等用户进行保存时再指定文件名。

利用 vi 编辑器打开文件可以采用下列方式。

vi filename：打开或新建文件，并将光标置于第一行首。

vi +n filename：打开文件，并将光标置于第 n 行首。

vi + filename：打开文件，并将光标置于最后一行首。

vi + /pattern filename：打开文件，并将光标置于第一个与 pattern 匹配的字符串处。

vi -r filename：在上次使用 vi 编辑器编辑时发生系统崩溃，恢复 filename。

vi filename...filename：打开多个文件，依次进行编辑，可在末行模式下采用 e filename 命令切换所编辑的文件。

保存文件和退出 vi 编辑器可以通过在命令模式下输入下列命令完成。

```
:w            //保存文件
:w filename   //保存至 filename 文件
:q            //退出编辑器，如果文件已修改请使用下面的命令
:q!           //退出编辑器，且不保存文件
:wq           //退出编辑器，且保存文件
:x            //退出编辑器，且保存文件
```

保存文件和退出 vi 编辑器需在末行模式下完成，因此以上命令中的冒号表示 vi 编辑器从命令模式切换至末行模式，冒号后的命令则表示要完成的操作。叹号表示强制执行，例如 wq!，表示强制保存并退出 vi 编辑器，如图 3-5 所示。

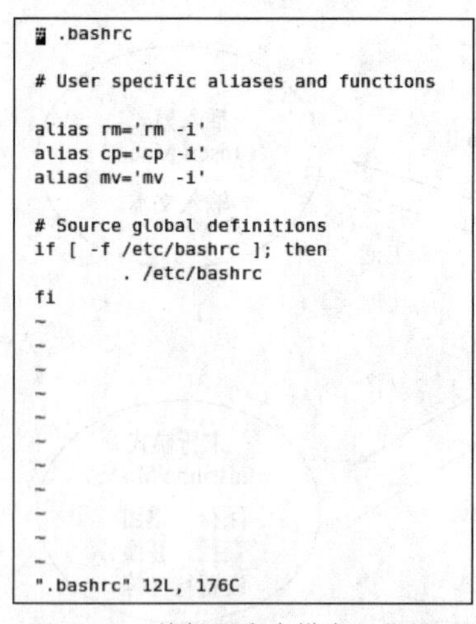
```
# .bashrc

# User specific aliases and functions

alias rm='rm -i'
alias cp='cp -i'
alias mv='mv -i'

# Source global definitions
if [ -f /etc/bashrc ]; then
        . /etc/bashrc
fi
~
".bashrc" 12L, 176C
```

图 3-4 vi 编辑器命令模式工作界面

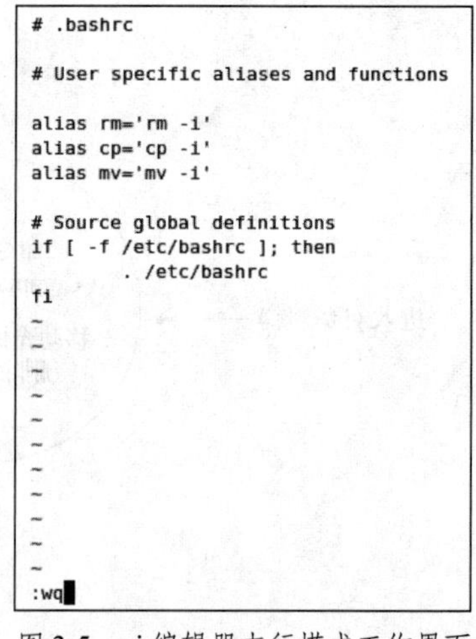
```
# .bashrc

# User specific aliases and functions

alias rm='rm -i'
alias cp='cp -i'
alias mv='mv -i'

# Source global definitions
if [ -f /etc/bashrc ]; then
        . /etc/bashrc
fi
~
:wq
```

图 3-5 vi 编辑器末行模式工作界面

2. 插入文本或行

在命令模式下，输入以下命令，则进入插入模式。

a：在当前光标位置的右边添加文本。

A：在当前行的末尾位置添加文本。

i：在当前光标位置的左边添加文本。

I：在当前行的开始处添加文本。

o：在当前行的下面新建一行。

O：在当前行的上面新建一行。

s：删除光标后的一个字符，然后进入插入模式。

S：删除光标所在的行，然后进入插入模式。

R：替换（或覆盖）当前光标位置及后面的若干文本。

插入模式工作界面下方有 INSERT 字样，如图 3-6 所示。插入模式下可输入文本，按 Esc 键可返回命令模式。其详细操作过程可扫描二维码查看。

```
# .bashrc

# User specific aliases and functions

alias rm='rm -i'
alias cp='cp -i'
alias mv='mv -i'

# Source global definitions
if [ -f /etc/bashrc ]; then
        . /etc/bashrc
fi
~
~
~
~
~
~
~
~
~
~
~
-- INSERT --
```

图 3-6　vi 编辑器插入模式工作界面

3．移动光标

要对正文内容进行修改，首先必须把光标移动到指定位置。移动光标最简单的方式之一是按键盘的方向键。除了这种原始的方法之外，用户还可以利用 vi 编辑器提供的众多字符键和组合键，在正文中移动光标，使其迅速到达指定的行或列，实现定位。其详细操作过程可扫描二维码查看。

（1）基本的光标移动方式

在命令模式下，可以直接用键盘上的方向键来移动光标，也可以用小写英文字母 k、j、h、l，分别控制光标上、下、左、右移一格。在插入模式下，可以用方向键控制光标移动。

（2）同一行中光标的移动方式

数字 0：移动到当前行的行首。

$：移动到光标所在行的行尾。

^：移动到光标所在行的行首。

w：光标右移到下个字的字首。

b：移动到当前字的字首，如果已经处于字首，则光标回到上个字的字首。

e：移动到当前字的字尾，如果已经处于字尾，则光标跳到下个字的字尾。

<n>w：右移 n 个字。

<n>b：左移 n 个字。

（3）在页面间移动光标

Ctrl+b：向上翻一页（相当于 PageUp 键）。

Ctrl+f：向下翻一页（相当于 PageDown 键）。

Ctrl+u：向上翻半页。

Ctrl+d：向下翻半页。

H：将光标移到当前屏幕最上行的行首。H 表示 Highest。

<n>H：将光标移到当前屏幕的第 n 行。例如，2H 就是将光标移到当前屏幕的第 2 行。注意，当前屏幕的第 2 行并不一定是文件的第 2 行。

G：将光标移动到文件的最后。

)：将光标由其所在位置移至下一个句子的第一个字母。

(：将光标由其所在位置移至该句子的第一个字母。

{：将光标由其所在位置移至该段落的最后一个字母。

}：将光标由其所在位置移至该段落的第一个字母。

其详细操作过程可扫描二维码查看。

4．删除、恢复字符或行

在命令模式下，可以使用下列命令进行删除或撤销操作，其详细操作过程可扫描二维码查看。

x：删除当前字符。

<n>x：删除从光标开始的 n 个字符。

dd：删除当前行。

<n>dd：向下删除包括当前行在内的 n 行。

u：撤销上一步操作。

U：撤销对当前行的所有操作。

在插入模式编辑完文件后，按 Esc 键返回命令模式，然后按 u 键来撤销上一步删除或修改的操作；如果想撤销多个以前的修改或删除操作，则多次按 u，这和 Word 的撤销操作没有太大的区别。

在插入模式下，可以使用 Delete 键和 Backspace 键完成删除字符操作。

5．搜索

在末行模式下，可以使用下列命令实现搜索操作，其详细操作过程可扫描二维码查看。

/<pattern>：向光标以下搜索 pattern 字符串。

?<pattern>：向光标以上搜索 pattern 字符串。

n：向下搜索前一个搜索内容。

N：向上搜索前一个搜索内容。

其详细操作过程可扫描二维码查看。

6．设置行号

在末行模式下，可以使用下列命令实现设置行号操作，其详细操作过程可扫描二维码查看。

:set nu：显示所有行行号，如图 3-7 所示。

:set nonu：取消显示行号。

:nu：显示光标所在行号。

:number：显示光标所在行号。

:set number：显示所有行的行号。

```
 1 # .bashrc
 2
 3 # User specific aliases and functions
 4
 5 alias rm='rm -i'
 6 alias cp='cp -i'
 7 alias mv='mv -i'
 8
 9 # Source global definitions
10 if [ -f /etc/bashrc ]; then
11         . /etc/bashrc
12 fi
~
~
~
~
~
~
~
~
~
~
:set nu
```

图 3-7 vi 编辑器设置行号

7．跳至指定行

n+：向下跳 n 行。

n-：向上跳 n 行。

<n>G：跳到行号为 n 的行。

以上命令需在命令模式下使用。另外，用户也可以在末行模式下跳转到指定行，例如使用命令 n，其中 n 为行号。

8．复制和粘贴

在命令模式下输入下列命令可以实现复制和粘贴。其详细操作过程可扫描二维码查看。

yy：将当前行复制到缓冲区。也可以用 ayy 复制，其中 a 为缓冲区，a 也可以替换为 a 到 z 的任意字母，可以完成多个复制任务。

<n>yy：将当前行向下 n 行复制到缓冲区。也可以用 anyy 复制，其中 a 为缓冲区，a 也可以替换为 a 到 z 的任意字母，可以完成多个复制任务。

yw：复制从光标开始到字尾的字符。

<n>yw：复制从光标开始的 n 个字符。

y^：复制从光标到行首的内容。

y$：复制从光标到行尾的内容。

p：粘贴剪贴板里的内容在光标后，如果使用了前面的自定义缓冲区，建议使用 ap 进行粘贴。

P：粘贴剪贴板里的内容在光标前，如果使用了前面的自定义缓冲区，建议使用 aP 进行粘贴。

9．替换操作

在末行模式下，输入下列命令可进行替换操作，其详细操作过程可扫描二维码查看。

:s/old/new：用 new 替换行中首次出现的 old。

:s/old/new/g：用 new 替换行中所有的 old。

:n,m s/old/new/g：用 new 替换从第 n 行到第 m 行里所有的 old。

:% s/old/new/g：用 new 替换当前文件里所有的 old。

3.2.3 vi 编辑器与 Shell 交互

在 vi 编辑器中，我们可以在末行模式下用!来访问 Linux 的 Shell 并进行操作。格式如下：

```
: ! 命令
```

直接在!后面输入所要执行的命令即可。例如，我们在编辑/etc/service 文件时，想知道当前系统开放了哪些端口，就可以在末行模式下输入：

```
: !netstat -an | more
```

执行该命令就会在当前屏幕中显示结果，结果显示完毕后会提示使用 Enter 键退出。在使用 vi 编辑器过程中还可跳到 Shell 中，执行一些命令，命令执行完成后再按 Ctrl+D 组合键或输入 exit 回到 vi 编辑器环境继续编辑文件。例如：

```
: ! /bin/bash
```

其详细操作过程可扫描二维码查看。

3.2.4 文本格式转换

在实际应用中,用户经常会把 Linux 系统中的重要文档放到自己的 Windows 系统中保存和查看，往往会出现排版错乱的情况，非常不利于编辑。这时就需要用到本节将介绍的这两个转换命令：unix2dos 和 dos2unix。

对于 Windows 系统下的文档，表示换行的结束符有两个控制符，一个是回车符（Carriage Return，^M），另一个是换行符（New Line，^J），但 Linux 的文档中只使用一个换行符\n（功能同^J）。将 Linux 的文档放到 Windows 系统上用文字编辑器编辑时，由于两个系统的换行结束符号不同而导致无法识别，最终文档会错乱成首尾相连的一行。unix2dos 的作用就是把 Linux 文档的\n 转换成 Windows 文档中使用的^M^J。dos2unix 的作用正好相反，是把 Windows 文档中的^M^J 转换为\n，以便在 Linux 中使用。例如：

```
[root@localhost ~]# unix2dos ls.man.txt
[root@localhost ~]# unix2dos -n ls.man.txt ls.man.txt.dos
```

其中-n 参数表示转换格式后另存为新的文件。其详细操作过程可扫描二维码查看。

3.3 本章小结

要在 Linux 系统下编写文本或程序，必须使用一种文本编辑器。vi 编辑器是 Linux 系统最基本的文本编辑器之一，几乎每个版本的 Linux 中都会有 vi 编辑器的存在。本章重点介绍了 vi 编辑器的使用方法，掌握 vi 编辑器的使用方法有利于完成 Linux 系统下的管理、维护以及开发工作。

习题

1. ________命令用于在 vi 编辑器中执行保存文件并退出。

   A. :q　　B. ZZ　　C. :q!　　D. :wq

2. 使用 vi 编辑器进行 C 语言程序的编写，为了更清楚地阅读程序代码，需要在 vi 编辑器中显示文件中每一行的行号，为此需要执行________命令。

   A. :set autoindent　　B. :set ignorecase　　C. :set number　　D. :set ruler

3. 不属于 vi 编辑器的 3 种工作模式的是________。

   A. 命令模式　　B. 插入模式　　C. 末行模式　　D. 改写模式

4. vi 编辑器的 3 种工作模式之间是如何切换的?
5. 在命令模式下，怎样查找匹配某个模式的行?
6. 修改完之后，要全部复原，有哪些方法?
7. 假设要复制第 10 行到第 14 行这 5 行的内容，并将其粘贴到最后一行之后，有哪些办法?
8. 假设要删除第 10 行到第 14 行这 5 行之间以#开头的批注内容，应如何操作?

第4章 Shell环境与命令基础

本章介绍Shell的基础知识及Shell环境下的命令基础，涉及的Shell命令包括显示目录与文件操作命令、备份与压缩命令、联机帮助命令等，并对与命令相关的基础知识，如文件类型、权限属性、索引节点、链接等概念扼要地阐述。其他命令如用户管理命令、网络管理命令及系统管理命令将在后续内容中介绍。

4.1 Shell环境概述

每个操作系统都提供程序界面与用户交互，让用户可以操作。这种程序界面可以是图形用户界面，也可以是命令行界面。Shell是一种命令行界面。本节首先介绍虚拟控制台的概念，然后介绍终端和Shell的相关知识。

4.1.1 虚拟控制台

虚拟控制台（Virtual Console）又称虚拟终端。这里的控制台或终端都是计算机早期遗留下来的概念。为充分使用计算机提供的计算资源，早期很多计算机会连接若干终端，这些终端在硬件上构造很简单，只包括键盘和显示器，不执行计算任务，只简单地把用户输入的指令发送到主计算机去处理，然后把计算结果返回给用户；在软件上，只提供给用户一个命令行界面，用于接收用户输入和反馈计算结果。对主计算机而言，一个终端就是一个用户。现在的计算机功能已经有了巨大的进步，通过多任务的操作系统，计算机本身就可以利用自己的硬件模拟出很多类似终端的命令行界面，像Windows系统下的命令提示符窗口、Linux及UNIX下的命令行界面等，这些现在就称为虚拟控制台。

虚拟控制台的特性是当一个程序出错锁住输入时可以切换到其他虚拟控制台，类似Windows系统下的切换用户。

4.1.2 Linux终端启动方式

Linux终端其实就是用户与操作系统之间的一个接口，用户通过终端与操作系统进行交互。Linux终端包括Shell、图形用户界面终端及其他用户界面终端，用户可以根据需要选择启动Shell或图形用户界面终端。通过在操作系统外部封装一层Shell或图形用户界面终端，用户就能轻松地通过终端控制系统。

Linux运行过程中，默认启动6个命令行界面的虚拟终端，如果采用X Window图形用户界面启动，那么X Window处于第7个虚拟终端上，用户可以在这些终端下互不干扰地工作。用户登录后可使用Alt+Fn（*n*=1，…，6）组合键进行命令行界面之间的切换。在X Window图形用户界面中则可使用Alt+Ctrl+Fn（*n*=1，…，6）组合键进入命令行界面，按Alt+Ctrl+F7组合键即可返回X Window

图形用户界面。注意，如果采用虚拟机方式安装，则这些组合键会失效。

4.1.3 什么是 Shell

作为用户与 Linux 系统间接口的程序，Shell 允许用户向操作系统输入需要执行的命令。用户通过启动 Linux 命令行界面完成 Shell 命令的输入。Shell 作为应用程序，部署在 Linux 内核周围，如图 4-1 所示（csh 和 bash 是 Shell 的具体种类）。由于 Linux 是一个高度模块化的操作系统，因此可以在 Linux 中安装多种 Shell，用户根据需要选择相应的 Shell 来使用。

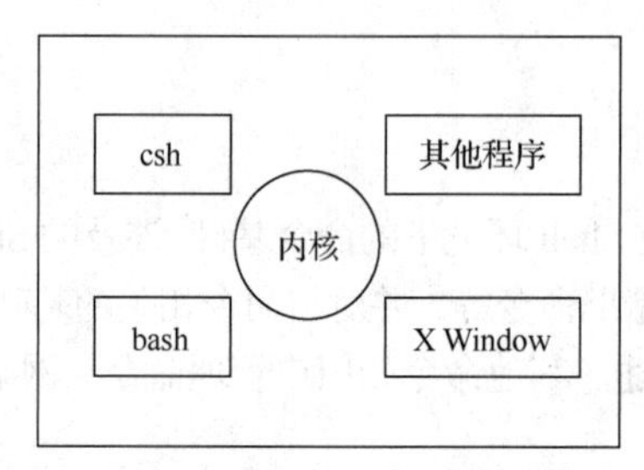

图 4-1 Shell 与 Linux 内核的关系

Shell 的种类有很多，GNU/Linux 默认的 Shell 是 /bin/bash，不过也可以用其他的 Shell，常用的 Shell 有以下几种。

1. bash

bash 是 Bourne Shell 的一个免费版本，它是最早的 UNIX Shell 之一，具有许多特性。bash 有可编辑的命令行，可以回查历史命令，支持 Tab 键补齐以使用户避免输入长的文件名。

2. csh

csh 使用的是“类 C”语法，其借鉴了 Bourne Shell 的许多特点，只是内部 Shell 命令集有所不同，FreeBSD 下默认的 Shell 是 csh。

3. ksh

ksh 的语法与 Bourne Shell 的相同，同时具备 csh 的易用特点。许多安装程序都使用 ksh，AIX 下默认的 Shell 是 ksh。

4. tcsh

tcsh 是 csh 的一个增强版本，与 csh 完全兼容。

5. zsh

zsh 是 ksh 的一个增强版本，具备 bash 的许多特点。

通过检查/etc/shells 文件，可以查看系统所支持的 Shell。例如：

```
[root@localhost root]# cat /etc/shells
/bin/sh
/bin/bash
/sbin/nologin
/bin/bsh
/bin/csh
```

其中/sbin/nologin 并不是一种 Shell，它表示用户无法登录 Shell，相当于禁止用户登录。

以上列出的 Shell 的文件都保存在系统的 /bin 目录下，使用 ls 命令可以显示这些文件的详细情况：

```
[root@localhost ~]# ls -l /bin/bash
-rwxr-xr-x 1 root root 722684 Jul 12  2020 /bin/bash
```

其详细操作过程可扫描二维码查看。

4.1.4 Shell 基本介绍

Linux 默认的 Shell 是 bash，bash 功能强大，例如，它具备命令与文件名自动补齐和查看历史输入功能。本节主要介绍 bash 的使用方法，如果无特殊说明，下面说的 Shell 均指 bash。

Linux Shell 命令基本语法为：

```
command  [-options]  parameter1  parameter2…
命令本身  选项        参数 1       参数 2…
```

其中，command 为命令的名称，例如变换路径的命令为 cd 等。方括号[ ]并不存在于实际的命令中，[-options]表示可选的选项。当使用的选项为一个单独的英文字母或数字时，通常在英文字母或数字前加上一个“-”，例如-h。当使用的选项为一个完整、有意义的英文单词时，通常要在选项前加上两个短横线“--”，例如--help。在 Shell 命令提示符后输入一行命令，按 Enter 键之后，Shell 会读取并执行该命令。执行完后会返回 Shell 命令提示符状态。

bash 功能强大，深受广大用户喜爱，其主要功能和特点描述如下。下文描述为使用方法。

1．命令自动补齐与查看历史输入

bash 具备对命令与文件名自动补齐功能，当输入的命令或文件名不完整时，可以通过 Tab 键来完成命令或文件名的自动补齐。如果按一次 Tab 键不能补齐，可以连续按两次 Tab 键，bash 将列出所有匹配条件的命令或文件名。

bash 还可以自动记忆历史输入的命令，按向上键或向下键，可以上下翻看输入过的命令。

2．Shell 命令提示符

登录控制台终端时，就会出现类似[root@localhost ~]#的 Shell 命令提示符。其中，root 用户的 Shell 命令提示符以“#”结束，其他用户的 Shell 命令提示符以“$”结束。默认的 Shell 命令提示符各部分表示“[用户名@主机名 当前目录] ”。Shell 命令提示符可以在系统环境变量中定制，本书后续内容中将对如何修改环境变量进行介绍。

3．输入输出重定向

在 Linux 系统里执行的每一个程序，都有标准输入、标准输出和标准错误输出 3 个通道。由于对 Linux 系统来说所有设备都以文件形式存在，因此程序执行时所需的 3 个通道就是 3 个文件，分别介绍如下。

（1）文件描述符 0 代表一个程序的标准输入，默认是键盘，也就是用键盘输入数据。

（2）文件描述符 1 代表一个程序的标准输出，默认是命令行界面，程序执行的正确结果会重定向到文件或某个设备中。

（3）文件描述符 2 代表一个程序的标准错误输出，默认也是命令行界面，程序执行中的出错信息会重定向到文件或某个设备中。

常用的重定向控制符有如下几个。

（1）<：输入重定向控制符，指令格式为“< 文件”，其作用是将命令需要的参数直接从文件输入。例如：

```
[root@localhost ~]# mail root < message
```

上述例子的作用是将 message 文件的内容通过邮件方式发送给 root 用户。

（2）>：输出重定向控制符，指令格式为“> 文件”，其作用是把命令的执行结果输出到文件，原文件内容会被覆盖。例如：

```
[root@localhost ~]# ls > /tmp/test
```

上述例子的作用是将 ls 命令的输出结果输出到/tmp/test 文件中，而不是输出到屏幕上。

（3）>>：输出重定向控制符，指令格式为“>> 文件”，其作用是把命令的执行结果追加到文件，原文件内容不会被覆盖。

4．管道

管道符“|”用于连接进程，通过管道符连接的进程可以依次运行，并且随着数据流在它们之间传递可以自动地进行协调。例如：

```
[root@localhost ~]# ls -l | grep hello | more
```

例如 ls –l 命令、grep hello 命令和 more 命令通过管道符连接起来，表示 ls -l 命令的输出会作为 grep hello 命令的输入，grep hello 命令的输出又作为 more 命令的输入，最后输出到屏幕上的是管道执行链中最后一个命令的输出。

4.2 目录与文件操作命令

Linux 系统用来存储信息的基本结构是文件，普通文件是文件，目录是文件，甚至硬件设备也是文件，即 Linux 系统所有内容均以文件形式保存。Linux 系统有如下 3 种基本文件类型。

（1）普通文件：普通文件又分为文本文件和二进制文件。

（2）目录文件：目录文件存储一组相关文件的位置、大小等信息。

（3）设备文件：Linux 系统把每一个 I/O 设备都看成一个文件，与普通文件一样处理，这样可以使文件与设备的操作尽可能统一。

4.2.1 显示目录与文件操作命令

显示目录与文件使用 ls 命令。

作用：显示指定目录和其下的文件。其详细操作过程可扫描二维码查看。

语法：

```
ls [选项] 目录名
```

使用权限：所有使用者。

常用选项含义如下。

-a：列出目录下的所有文件，包括以“.”开头的隐藏文件。

-d：显示目录，而不是显示其下的文件。

-i：显示文件的索引节点。

-k：以 k 字节的形式表示文件大小。

-l：列出文件的详细信息。

-R：显示指定目录及其子目录下的文件。

-t：以时间排序。

-S：以文件大小排序。

范例如下。

列出当前目录下的文件：

```
[root@localhost ~]# ls
anaconda-ks.cfg  Desktop  install.log  install.log.syslog
```

以详细格式列出当前目录下的文件：

```
[root@localhost ~]# ls -l
total 56
-rw-------   1 root  root     969      May 29 17:02 anaconda-ks.cfg
drwxr-xr-x   2 root  root     4096     May 29 09:12 Desktop
-rw-r--r--   1 root  root     26725    May 29 17:02 install.log
-rw-r--r--   1 root  root     3325     May 29 16:59 install.log.syslog
```

以上命令带有-l 选项，因此以详细格式列出每个文件。其中第 1 列为文件的类型和权限；第 2 列为硬链接数；第 3 列为该文件的拥有者；第 4 列为该文件的所属组；第 5 列为文件的大小，以字节数表示；第 6 列为文件修改时间；第 7 列为文件的名称。

上文提到 Linux 系统中有 3 种基本的文件类型，即普通文件、目录文件和设备文件，文件类型由详细格式的第一列内容的第一个字符来识别。文件权限共 9 个字符，每 3 位为一组，如图 4-2 所示。

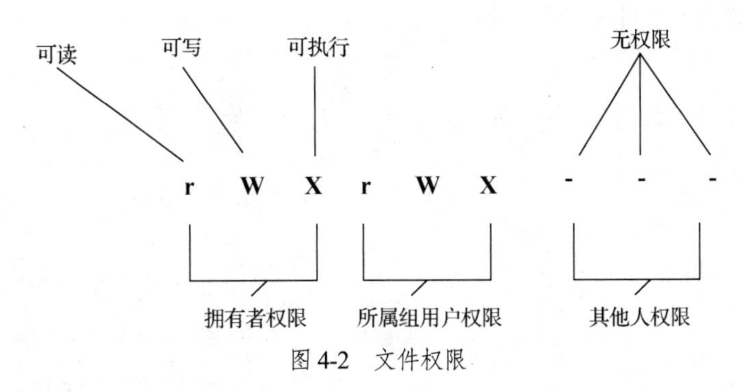

图 4-2　文件权限

Linux 系统中文件类型归纳如下。

-：普通文件。

d：目录文件。

l：链接文件。

p：管道文件。

s：Socket 文件。

c：字符设备文件。

b：区块设备文件。

用户对某文件具有的操作权限一般可分为只读 r、可写 w 和可执行 x，如图 4-2 所示。表示文件权限的 9 个字符分为 3 组，前 3 位为一组表示文件拥有者对该文件的权限，中间 3 位为一组表示文件所属组用户拥有的权限，最后 3 位为一组表示其他人对该文件的权限。权限值按顺序从左到右依次是只读 r、可写 w 和可执行 x，如果某一位为空，可以采用-表示，-表示此位无权限，如 r-x 表示没有写的权限。文件权限也可使用数字进行表示，规定 r=4，w=2，x=1，-=0，每一组权限值由组内各个位累加而成。图 4-2 所示的文件权限使用数字表示就是 770。此外，Linux 系统中文件权限还有一些特殊的用法，在此先归纳如下，在后续内容中将详细阐述。

r：只读，用数字 4 表示。

w：可写，用数字 2 表示。

x：可执行，用数字 1 表示。

-：无权限，用数字 0 表示。

t：粘贴位。

s：设置了 SUID 或 SGID 位。

S：设置了 SUID 或 SGID 位，但此位不具有执行权限。

范例如下。

列出当前目录下所有文件：

```
[root@localhost ~]# ls -a
.                  .cshrc          .gnome2                   .nautilus
..                 Desktop         .gnome2_private           .recently-used.xbel
```

```
anaconda-ks.cfg   .dmrc          .gstreamer-0.10         .redhat
.bash_history     .eggcups       .gtkrc-1.2-gnome2       .tcshrc
.bash_logout      .esd_auth      .ICEauthority           .thumbnails
.bash_profile     .gconf         install.log             .Trash
.bashrc           .gconfd        install.log.syslog      .xsession-errors
.config           .gnome         .metacity
```

ls -a 与 ls 返回的结果不相同。带-a 选项表示列出所有文件，包括隐藏文件。在 Linux 系统中，以 “.” 开头的文件为隐藏文件，需用-a 选项列出。

列出/root 目录及其子目录下的文件：

```
[root@localhost ~]# ls -R /root
/root:
anaconda-ks.cfg  Desktop  install.log  install.log.syslog

/root/Desktop:
test
```

列出文件的索引节点及其详细信息：

```
[root@localhost ~]# ls -i -l
total 56
819209 -rw-------    1  root  root     969      May 29 17:02 anaconda-ks.cfg
819241 drwxr-xr-x    2  root  root     4096     May 29 09:12 Desktop
819202 -rw-r--r--    1  root  root     26725    May 29 17:02 install.log
819203 -rw-r--r--    1  root  root     3325     May 29 16:59 install.log.syslog
```

这里采用选项-i 与选项-l 并用，也可写成 ls -il，效果是一样的。无论文件是一个程序、一个文档、一个数据库、一个目录，都有以下同样的结构。

（1）索引节点，又称 I 节点，存放文件的状态信息。

（2）数据，即文件的具体内容。

索引节点是一个结构，它包含一个文件的长度、创建及修改时间、权限、所属关系、磁盘中的位置等信息。一个文件系统维护一个索引节点的数组，每个文件或目录都与索引节点数组中的唯一一个元素对应。系统给每个索引节点分配一个号码，也就是该索引节点在索引节点数组中的索引号，称为索引节点号。例如上述例子，使用-i 选项后，每个文件前面都列出一个数字，该数字就是索引节点号。

4.2.2 显示文件内容命令

1. cat 命令

作用：显示指定文件到标准输出设备或另一个文件中。其详细操作过程可扫描二维码查看。

语法：

```
cat [选项] 文件名
```

使用权限：所有使用者。

常用选项含义如下。

-n：由 1 开始对所有输出行编号。

-b：与-n 相似，只不过对空白行不编号。

-s：遇到连续两行以上的空白行，仅保留为一行空白行。

范例如下。

显示/etc/passwd 文件：

```
[root@localhost ~]# cat /etc/passwd
adm:x:3:4:adm:/var/adm:/sbin/nologin
apache:x:48:48:Apache:/var/www:/sbin/nologin
…
```

2. more 命令

作用：分页显示指定的文件内容。其详细操作过程可扫描二维码查看。

语法：

```
more [选项] [文件名]
```

使用权限：所有使用者。

常用选项含义如下。

-num：一次显示的行数。

+num：从第 num 行开始显示。

-s：遇到连续两行以上的空白行，仅保留为一行空白行。

more 命令以一页一页的显示方式方便使用者逐页阅读，而基本的操作方式是按 Space 键进行下一页显示，按 b 键进行上一页显示，按 q 键退出显示界面。

范例如下。

分页显示/root/install.log 文件的内容：

```
more /root/install.log
```

从第 10 行开始分页显示/root/install.log 文件的内容：

```
more +10 /root/install.log
```

3. less 命令

作用：分页显示指定的文件内容。其详细操作过程可扫描二维码查看。

语法：

```
less [选项] [文件名]
```

使用权限：所有使用者。

常用选项含义如下。

-n：显示时去掉行号。

-s：遇到连续两行以上的空白行，仅保留为一行空白行。

范例如下。

显示/root/test 文件的内容，当出现多个空行时，只显示一个空行：

```
less -s /root/test
```

less 命令的作用与 more 命令的相似，都可以用来浏览文件的内容，不同的是 less 命令允许使用者向上滚动以浏览已经看过的部分，同时由于 less 命令并未在一开始就读入整个文件，因此在打开大型文件时，执行 less 命令会比执行 more 命令快。

4. head 命令

作用：显示文件的前若干行内容，默认为前 10 行内容。其详细操作过程可扫描二维码查看。

语法：

```
head [选项] 文件名
```

使用权限：所有使用者。

常用选项含义如下。

-c：显示文件的前若干字节。

-n：显示文件的前若干行。

-q：在显示文件内容前，不显示文件名。

-v：在显示文件内容前，先显示文件名。

范例如下。

显示/etc/xinetd.d/krb5-telnet 文件的前 4 行：

```
[root@localhost ~]# head -4 /etc/xinetd.d/krb5-telnet
# default: off
# description: The kerberized telnet server accepts normal telnet sessions, \
#              but can also use Kerberos 5 authentication.
service telnet
```

5．tail 命令

作用：显示文件的后若干行内容，默认为后 10 行内容。其详细操作过程可扫描二维码查看。

语法：

```
tail  [选项] 文件名
```

使用权限：所有使用者。

常用选项含义如下。

-c：显示文件的后若干字节。

-n：显示文件的后若干行。

-q：在显示文件内容前，不显示文件名。

-v：在显示文件内容前，先显示文件名。

-f：动态显示文件的后若干行内容，可以按 Ctrl+C 组合键终止显示内容。

范例如下。

显示/etc/xinetd.d/krb5-telnet 文件的后 100 字节的内容：

```
[root@localhost ~]# tail -c 100 /etc/xinetd.d/krb5-telnet
no
user            = root
server          = /usr/kerberos/sbin/telnetd
log_on_failure  += USERID
disable         = yes
}
```

4.2.3 创建和删除目录命令

Linux 系统以目录的方式来组织和管理系统中的所有文件，创建和删除目录是对目录的基本操作。

1．mkdir 命令

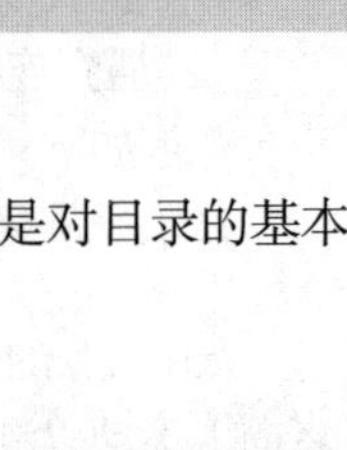

作用：创建目录。其详细操作过程可扫描二维码查看。

语法：

```
mkdir  [选项] 目录名
```

使用权限：所有使用者。

常用选项含义如下。

-p：确保目录名称存在，如果不存在则创建一个。

-m：在创建目录的同时设置目录的权限。

范例如下。

在/root 目录下建立名为 testdir 的子目录：

```
[root@localhost ~]# ls
anaconda-ks.cfg  Desktop  install.log  install.log.syslog
[root@localhost ~]# mkdir testdir
[root@localhost ~]# ls
anaconda-ks.cfg  Desktop  install.log  install.log.syslog  testdir
```

在/root 目录下创建 testdir 子目录，并在 testdir 目录中创建 a 子目录：

```
[root@localhost ~]# ls
```

```
anaconda-ks.cfg  Desktop  install.log  install.log.syslog
[root@localhost ~]# mkdir -p testdir/a
[root@localhost ~]# ls
anaconda-ks.cfg  Desktop  install.log  install.log.syslog  testdir
[root@localhost ~]# ls -R
.:
anaconda-ks.cfg  Desktop  install.log  install.log.syslog  testdir

./Desktop:
cmd.txt  cmd.txt~  test

./testdir:
a

./testdir/a:
```

2. rmdir 命令

作用：删除空目录。其详细操作过程可扫描二维码查看。

语法：

```
rmdir  [选项] 目录名
```

使用权限：对当前目录有适当权限的所有使用者。

常用选项含义如下。

-p：当子目录被删除后使父目录成为空目录时，则将父目录与子目录一并删除。

范例如下。

删除/root 目录下的空子目录 testdir：

```
[root@localhost ~]# rmdir testdir
rmdir: testdir: Directory not empty
[root@localhost ~]# rmdir -p testdir/a
[root@localhost ~]# ls
anaconda-ks.cfg  Desktop  install.log  install.log.syslog
```

但以上例子中目录 testdir 非空，因此直接删除时提示错误信息。使用-p 选项后，删除子目录 a 后目录 testdir 变为空目录，这时一并删除 testdir 目录与 a 目录。

4.2.4 创建和删除文件命令

1. touch 命令

作用：改变文件的时间记录和创建一个空文件。其详细操作过程可扫描二维码查看。

语法：

```
touch  [选项]文件1  [文件2...]
```

使用权限：所有使用者。

常用选项含义如下。

-a：改变文件的读取时间记录。

-m：改变文件的修改时间记录。

-c：假如目标文件不存在，不会建立新的文件，与--no-create 的效果一样。

-r：使用参考文件的时间记录，与--file 的效果一样。

-d：设定日期与时间，可以使用各种不同的格式。

-t：设定文件的时间记录，格式与 date 命令的相同。

--no-create：不会建立新文件。

范例如下。

将文件的时间记录改为现在的时间，若文件不存在，系统会建立一个新的文件：

```
[root@localhost ~]# touch file
[root@localhost ~]# touch file1 file2
[root@localhost ~]# ls -l
total 68
-rw------- 1 root root   969 May 29 17:02 anaconda-ks.cfg
drwxr-xr-x 2 root root  4096 Jun  5 00:18 Desktop
-rw-r--r-- 1 root root     0 Jun  5 00:19 file
-rw-r--r-- 1 root root     0 Jun  5 00:19 file1
-rw-r--r-- 1 root root     0 Jun  5 00:19 file2
-rw-r--r-- 1 root root 26725 May 29 17:02 install.log
-rw-r--r-- 1 root root  3325 May 29 16:59 install.log.syslog
```

将 file 文件的时间记录改成与 install.log 文件的一样：

```
[root@localhost ~]# touch -r install.log file
[root@localhost ~]# ls -l
total 68
-rw------- 1 root root   969 May 29 17:02 anaconda-ks.cfg
drwxr-xr-x 2 root root  4096 Jun  5 00:20 Desktop
-rw-r--r-- 1 root root     0 May 29 17:02 file
-rw-r--r-- 1 root root     0 Jun  5 00:19 file1
-rw-r--r-- 1 root root     0 Jun  5 00:19 file2
-rw-r--r-- 1 root root 26725 May 29 17:02 install.log
-rw-r--r-- 1 root root  3325 May 29 16:59 install.log.syslog
```

2. rm 命令

作用：删除文件或目录。其详细操作过程可扫描二维码查看。

语法：

```
rm [选项] [文件名或目录名...]
```

使用权限：所有使用者。

常用选项含义如下。

-i：删除前逐一询问、确认。

-f：即使原文件属性为只读，也直接删除，无须逐一确认。

-r：递归地将目录及其中的文件逐一删除。

-v：显示命令执行过程。

范例如下。

删除当前目录中名为 file 的文件：

```
[root@localhost ~]# rm file
rm: remove regular empty file 'file'? y
```

删除当前目录中以 f 开头的文件，且不需要进行询问、确认：

```
[root@localhost ~]# rm -f f*
[root@localhost ~]# ls -l
total 56
-rw------- 1 root root   969 May 29 17:02 anaconda-ks.cfg
drwxr-xr-x 2 root root  4096 Jun  5 00:27 Desktop
-rw-r--r-- 1 root root 26725 May 29 17:02 install.log
-rw-r--r-- 1 root root  3325 May 29 16:59 install.log.syslog
```

4.2.5 改变目录和查看当前目录命令

用户登录到 Linux 系统后，每时每刻都处在某个目录之中，此目录被称为工作目录（Work Directory）或当前目录。

用户主目录（Home Directory）是系统管理员在增加用户时为该用户建立的目录，每个用户都有自己的主目录。使用 ~ 表示。

1．cd 命令

作用：用于切换工作目录。

语法：

```
cd [选项]
```

使用权限：所有使用者。

常用选项含义如下。

目录名：目录名可为绝对路径或相对路径。若目录名省略，则切换至用户的主目录。

~：切换至用户的主目录。

.：切换至当前目录。

..：切换至当前目录的父目录。

-：切换至上一次访问过的目录。

2．pwd 命令

作用：显示当前用户的工作目录。

语法：

```
pwd
```

使用权限：所有使用者。

范例如下。

```
[root@localhost ~]# pwd
/root
[root@localhost ~]# cd /etc/xinetd.d/
[root@localhost xinetd.d]# pwd
/etc/xinetd.d
[root@localhost xinetd.d]# cd~
[root@localhost ~]# pwd
/root
```

cd 命令和 pwd 命令的详细操作过程可扫描二维码查看。

4.2.6　复制和移动命令

1．cp 命令

作用：复制文件或目录。其详细操作过程可扫描二维码查看。

语法：

```
cp [选项] [源文件或目录] [目标文件或目录]
```

使用权限：所有使用者。

常用选项含义如下。

-a：相当于 -pdr。

-d：若源文件为链接文件（Link File），则复制链接文件属性而非文件本身。

-f：若有重复或其他疑问，不会询问使用者，而会强制复制。

-i：若目标文件已经存在，在覆盖时会先询问确认。

-l：不复制文件，只生成链接文件。

-p：连同文件的属性一起复制过去，而非使用预设属性。

-r：递归持续复制，用于目录的复制行为。

-s：复制成为符号链接（Symbolic Link）文件，即快捷方式文件。

-u：若目标文件比源文件旧才更新目标文件。

范例如下。

复制/etc/host.conf 文件到当前目录中：

```
[root@localhost ~]# ls
anaconda-ks.cfg  Desktop  install.log  install.log.syslog
[root@localhost ~]# cp /etc/host.conf .
[root@localhost ~]# ls
anaconda-ks.cfg  Desktop  host.conf  install.log  install.log.syslog
```

把当前目录的 Desktop 目录复制到/tmp/目录下：

```
[root@localhost ~]# cp -r Desktop /tmp/
[root@localhost ~]# ls -d /tmp/Desktop
/tmp/Desktop
```

2. mv 命令

作用：移动或重命名指定的文件或目录。其详细操作过程可扫描二维码查看。

语法：

```
mv [选项] [源文件或目录] [目标文件或目录]
```

使用权限：所有使用者。

常用选项含义如下。

-b：若覆盖文件，则覆盖前先进行备份。

-f：若目标文件或目录与源文件或目录重复，则直接覆盖源文件或目录。

-i：覆盖前先询问确认。

范例如下。

```
[root@localhost ~]# ls -l
total 68
-rw------- 1 root root   969 May 29 17:02 anaconda-ks.cfg
drwxr-xr-x 2 root root  4096 Jun  5 00:51 Desktop
-rw-r--r-- 1 root root    17 Jun  5 00:48 host.conf
-rw-r--r-- 1 root root 26725 May 29 17:02 install.log
-rw-r--r-- 1 root root  3325 May 29 16:59 install.log.syslog
-rw-r--r-- 1 root root     0 Jun  5 00:53 my.conf
```

把当前目录的 my.conf 文件重命名为 host.conf，但当前目录中已存在同名文件，因此采用-b 选项进行备份：

```
[root@localhost ~]# mv -b my.conf host.conf
mv: overwrite 'host.conf'? y
[root@localhost ~]# ls -l
total 68
-rw------- 1 root root   969 May 29 17:02 anaconda-ks.cfg
drwxr-xr-x 2 root root  4096 Jun  5 00:51 Desktop
-rw-r--r-- 1 root root     0 Jun  5 00:53 host.conf
-rw-r--r-- 1 root root    17 Jun  5 00:48 host.conf~
-rw-r--r-- 1 root root 26725 May 29 17:02 install.log
-rw-r--r-- 1 root root  3325 May 29 16:59 install.log.syslog
```

4.2.7 查找命令

1. find 命令

作用：从指定的目录开始，递归查找其各个子目录，寻找满足条件的文件并对之采取相应操作。其详细操作过程可扫描二维码查看。

语法：

```
find 起始目录 查找条件 操作
```

使用权限：所有使用者。

常用选项含义如下。

find 命令把符合条件的文件列出来，查找条件可以是文件的名称、类型、修改时间、大小、权限等不同属性及其组合，只有完全相符的才会被列出来。find 命令根据下列规则判断“起始目录”和“查找条件”，在命令中第一个“- (),!”字符之前的部分被视为“起始目录”，之后的是“查找条件”。如果“起始目录”是空字符串则使用当前目录，如果“查找条件”是空字符串则使用-print 为预设的查找条件。

“查找条件”中可使用的选项有数十个，在此只介绍常用的部分选项。

-mount、-xdev：只检查和指定目录在同一个文件系统下的文件，避免列出其他文件系统中的文件。

-amin n：只检查在过去 n 分钟内被读取过的文件。

-anewer file：只检查比文件 file 更晚被读取过的文件。

-atime n：只检查在过去 n 天内被读取过的文件。

-cmin n：只检查在过去 n 分钟内被修改过的文件。

-cnewer file：只检查比文件 file 更新的文件。

-ctime n：只检查在过去 n 天内被修改过的文件。

-empty：只检查空文件。

-gid n or -group name：只检查 gid 是 n 或者 group 名称是 name 的文件。

-ipath p、-path p：只检查目录名符合 p 的文件，-ipath 会忽略 p 的大小写。

-name name、-iname name：只检查文件名称符合 name 的文件，-iname 会忽略 name 的大小写。

-size n：文件大小是 n 单位，其中 n 的取值可以是 b（表示 512 位元组的区块）、c（表示字符数）、k（表示 KB）、w（两个字节组成的字）。

-type c：只检查文件类型是 c 的文件。类型值可以是 d（目录文件）、c（字符设备文件）、b（区块设备文件）、p（管道文件）、f（一般文件）、l（符号链接）文件、s（套接字文件）。

-pid n：只检查进程号为 n 的文件。

另外，在查找条件中，还可以使用()将查找条件表达式分隔，并使用逻辑与、逻辑或、逻辑非进行运算。

查询条件逻辑与：exp1 -a exp2。

查询条件逻辑或：exp1 -o exp2。

查询条件逻辑非：! expr。

通常，在查找到符合条件的文件后，需要对这些文件执行某项操作，find 命令可执行以下操作。

-exec：对符合条件的文件执行所指定的 Linux 命令，而不询问用户是否需要执行。符号{}表示命令所找到的文件集合，命令的末尾必须以“\”结束。

-ok：对符合条件的文件执行所指定的 Linux 命令，与-exec 不同的是，它会询问用户是否需要执行该命令。

-ls：详细列出找到的所有文件。

-print：在标准输出设备上显示查找到的文件名。

范例如下。

在当前目录内查找扩展名为.conf 的文件：

```
[root@localhost ~]# ls -l
total 72
-rw------- 1 root root   969 May 29 17:02 anaconda-ks.cfg
drwxr-xr-x 2 root root  4096 Jun  6 00:27 Desktop
-rw-r--r-- 1 root root    17 Jun  6 00:30 host.conf
-rw-r--r-- 1 root root 26725 May 29 17:02 install.log
-rw-r--r-- 1 root root  3325 May 29 16:59 install.log.syslog
```

```
-rw-r--r-- 1 root root   20 Jun  6 00:31 resolv.conf
[root@localhost ~]# find . -name "*.conf"
./resolv.conf
./host.conf
[root@localhost ~]# find . -name "*.conf" -ls
819318    8 -rw-r--r--   1 root     root          20 Jun  6 00:31 ./resolv.conf
819310    8 -rw-r--r--   1 root     root          17 Jun  6 00:30 ./host.conf
```

2. locate 命令

作用：快速查找系统数据库中指定的内容。其详细操作过程可扫描二维码查看。

语法：

```
locate  [选项] 字符串
```

使用权限：所有使用者。

常用选项含义如下。

-e <dir>：将<dir>排除在寻找的范围之外。

-l <level>：如果 level 是 1 则启动安全模式。在安全模式下，使用者不会看到需要权限才能看到的文件，这会导致 locate 命令的执行速度减慢，因为 locate 命令必须去实际文件系统中取得文件的权限资料。

-f <filetype>：将特定的文件系统排除在外，例如，一般情况下不会把 proc 文件系统中的文件放在数据库中。

-q：安静模式，不会显示任何错误信息。

-n <num>：至多显示 n 个输出。

-o <file>：指定数据库的名称。

-d <dir>：指定数据库的路径。

-h：显示辅助信息。

-v：显示更多的信息。

locate 命令让使用者可以快速地搜寻文件系统内是否有指定的文件。其方法是先建立一个包括系统内所有文件名称及路径的数据库，查找时只需查询这个数据库，而不必深入文件系统之中。

范例如下。

建立或更新数据库：

```
[root@localhost ~]# updatedb
```

查找系统中文件名称含有 host.conf 的所有文件：

```
[root@localhost ~]# locate host.conf
/etc/host.conf
/root/host.conf
/usr/share/man/man5/host.conf.5.gz
```

4.2.8 文件链接命令

文件链接操作使用 ln 命令。

作用：为源文件创建一个链接，但不复制源文件。其详细操作过程可扫描二维码查看。

语法：

```
ln  [选项] 源文件 目标文件
```

使用权限：所有使用者。

常用选项含义如下。

-f：链接时先将与目标文件同名的文件删除。

-d：允许系统管理者硬链接自己的目录。

-i：在删除与目标文件同名的文件时先进行询问。

-n：在进行符号链接时，将目标文件视为一般的文件。

-s：进行符号链接。

-v：在链接之前显示其文件名。

-b：将在链接时会被覆盖或删除的文件进行备份。

Linux/UNIX 文件系统中，所谓的链接（Link）可以视为文件的别名，而链接又可分为硬链接和符号链接。

① 硬链接：给文件创建一个副本（别名），同时建立两者之间的链接关系。修改其中一个，与其链接的文件同时被修改，如果删除其中一个，其余的文件不受影响。磁盘上只有一份数据。硬链接存在于同一个文件系统中。

② 符号链接：产生一个特殊的文件，它指向另一个文件。它只是一个快捷方式，删除了源文件，这个符号链接文件就没用了。符号链接可以跨越不同的文件系统。

不论是硬链接或符号链接都不会将原本的文件复制一份，只会占用非常少量的磁盘空间。复制则会使磁盘上多一份数据。

范例如下。

```
[root@localhost ~]# ls -l
total 72
-rw------- 1 root root   969 May 29 17:02 anaconda-ks.cfg
drwxr-xr-x 2 root root  4096 Jun  6 00:35 Desktop
-rw-r--r-- 1 root root    17 Jun  6 00:30 host.conf
-rw-r--r-- 1 root root 26725 May 29 17:02 install.log
-rw-r--r-- 1 root root  3325 May 29 16:59 install.log.syslog
-rw-r--r-- 1 root root    20 Jun  6 00:31 resolv.conf
```

为 host.conf 文件建立符号链接，名称为 myhost.conf：

```
[root@localhost ~]# ln -s host.conf myhost.conf
[root@localhost ~]# ls -l
total 76
-rw------- 1 root root   969 May 29 17:02 anaconda-ks.cfg
drwxr-xr-x 2 root root  4096 Jun  6 00:35 Desktop
-rw-r--r-- 1 root root    17 Jun  6 00:30 host.conf
-rw-r--r-- 1 root root 26725 May 29 17:02 install.log
-rw-r--r-- 1 root root  3325 May 29 16:59 install.log.syslog
lrwxrwxrwx 1 root root     9 Jun  6 00:37 myhost.conf -> host.conf
-rw-r--r-- 1 root root    20 Jun  6 00:31 resolv.conf
```

符号链接建立成功后，会在当前目录下增加一个文件，从例子中可以看到，myhost.conf 文件的类型和权限为 lrwxrwxrwx，首字符为 l，代表其是符号链接文件，目标指向 host.conf。

为 host.conf 文件建立一个硬链接，名称为 myhost2.conf：

```
[root@localhost ~]# ln host.conf myhost2.conf
[root@localhost ~]# ls -l -i
total 84
819209 -rw------- 1 root root   969 May 29 17:02 anaconda-ks.cfg
819241 drwxr-xr-x 2 root root  4096 Jun  6 00:37 Desktop
819310 -rw-r--r-- 2 root root    17 Jun  6 00:30 host.conf
819202 -rw-r--r-- 1 root root 26725 May 29 17:02 install.log
819203 -rw-r--r-- 1 root root  3325 May 29 16:59 install.log.syslog
819310 -rw-r--r-- 2 root root    17 Jun  6 00:30 myhost2.conf
819283 lrwxrwxrwx 1 root root     9 Jun  6 00:37 myhost.conf -> host.conf
819318 -rw-r--r-- 1 root root    20 Jun  6 00:31 resolv.conf
```

硬链接建立成功后，会在当前目录下增加一个名为 myhost2.conf 的文件，从例子中可以看到，

host.conf 和 myhost2.conf 两个文件的类型和权限、所属用户、所属组、文件大小和修改时间都是一致的。host.conf 文件的链接数原本是 1，当为其建立了一个硬链接后，host.conf 文件的链接数变为 2，说明增加硬链接文件，文件的链接数也增加。删除硬链接文件，文件的链接数会相应减少。另外，从文件的索引节点号观察，host.conf 和 myhost2.conf 两个文件的索引节点号是相同的，因此，证明这两个文件指向的都是磁盘里的同一份数据，只是文件名称不同。

4.2.9 修改权限及所属用户和所属组命令

1. chmod 命令

作用：改变指定目录或文件的权限。其详细操作过程可扫描二维码查看。

语法：

```
chmod [选项] mode 文件或目录
```

使用权限：所有使用者。

常用选项含义如下。

-c：若该文件权限确实已经更改，显示其更改动作。

-f：若该文件权限无法被更改，不显示错误信息。

-v：显示权限变更的详细资料。

-R：对当前目录下所有文件与子目录进行相同的权限变更，即以递归方式逐个变更。

该命令语法中 mode 代表权限设定字符串，格式如下：

```
[ugoa][+-=][rwxX][,...]
```

其中，u 表示该文件的所有者；g 表示与该文件的所有者属于同一个组（Group）的用户，o 表示其他人；a 表示这三者皆是；+ 表示增加权限；- 表示取消权限；= 表示唯一设定权限；r 表示可读取；w 表示可写入；x 表示可执行；X 表示该文件是子目录或者该文件已经被设定为可执行。

范例如下。

```
[root@localhost ~]# ls -l resolv.conf
-rw-r--r-- 1 root root 20 Jun  6 00:31 resolv.conf
```

为 resolv.conf 增加组用户可写的权限：

```
[root@localhost ~]# chmod g+w resolv.conf
[root@localhost ~]# ls -l resolv.conf
-rw-rw-r-- 1 root root 20 Jun  6 00:31 resolv.conf
```

以数字形式修改 resolv.conf 的文件权限：

```
[root@localhost ~]# chmod 755 resolv.conf
[root@localhost ~]# ls -l resolv.conf
-rwxr-xr-x 1 root root 20 Jun  6 00:31 resolv.conf
```

其中 r 表示 4，w 表示 2，x 表示 1，-表示 0，因此 rwx 为 4+2+1=7，r-x 为 4+0+1=5。

2. chown 命令

作用：改变指定目录或文件的所属用户、所属组。其详细操作过程可扫描二维码查看。

语法：

```
chown [选项] 用户名 [:组名] 文件名或目录名
```

使用权限：root 用户。

常用选项含义如下。

-c：若该文件所有者确实已经更改，显示其更改动作。

-f：若该文件所有者无法被更改，不显示错误信息。

-h：只对链接进行变更，而非该链接真正指向的文件。

-v：显示所有者变更的详细资料。

-R：对当前目录下所有文件与子目录进行相同的所有者变更，即以递归方式逐个变更。

Linux/UNIX 是多用户多任务系统，所有文件皆有所有者，利用 chown 可以将文件所有者加以改变。一般来说，这个命令只有系统管理者 root 用户能够使用，一般使用者没有权限改变他人文件所有者，也没有权限把自己的文件所有者改设为他人，只有系统管理者才有这样的权限。

范例如下。

```
[root@localhost ~]# ls -l resolv.conf
-rw-r--r-- 1 root root 20 Jun  6 00:31 resolv.conf
```

修改 resolv.conf 文件的所属用户和所属组：

```
[root@localhost ~]# chown kuang:users resolv.conf
[root@localhost ~]# ls -l resolv.conf
-rw-r--r-- 1 kuang users 20 Jun  6 00:31 resolv.conf
```

这里假设用户 kuang 和 users 组是存在的，否则命令会报错。

3. chgrp 命令

作用：改变指定目录或文件的所属组。其详细操作过程可扫描二维码查看。

语法：

```
chgrp [选项] 组名 文件名或目录名
```

使用权限：所有使用者。

常用选项含义如下。

-f：取消大部分错误信息。

-h：只对链接进行变更，而非该链接真正指向的文件。

-R：对当前目录下所有文件与子目录进行相同的所属组变更，即以递归方式逐个变更。

范例如下。

```
[root@localhost ~]# ls -l *.conf
-rw-r--r-- 2 root  root  17 Jun  6 00:30 host.conf
-rw-r--r-- 2 root  root  17 Jun  6 00:30 myhost2.conf
lrwxrwxrwx 1 root  root   9 Jun  6 00:37 myhost.conf -> host.conf
-rw-r--r-- 1 kuang users 20 Jun  6 00:31 resolv.conf
```

修改当前目录中扩展名为.conf 的文件的所属组为 users，但不包括符号链接文件：

```
[root@localhost ~]# chgrp users *.conf
[root@localhost ~]# ls -l *.conf
-rw-r--r-- 2 root  users 17 Jun  6 00:30 host.conf
-rw-r--r-- 2 root  users 17 Jun  6 00:30 myhost2.conf
lrwxrwxrwx 1 root  root   9 Jun  6 00:37 myhost.conf -> host.conf
-rw-r--r-- 1 kuang users 20 Jun  6 00:31 resolv.conf
```

4.2.10 文件处理命令

1. cut 命令

作用：从指定文件中过滤或提取特定内容，并显示在当前屏幕上。其详细操作过程可扫描二维码查看。

语法：

```
cut [选项] [文件名]
```

使用权限：所有使用者。

常用选项含义如下。

-c、--characters=LIST：指定提取内容的字符串个数。

-d、--delimiter=DELIM：指定分隔符。

-f、--fields=LIST：指定提取特定列的内容。

范例如下。

提取/etc/passwd 文件中的第 1 列：

```
[root@localhost ~]# cut -d: -f1 /etc/passwd
root
bin
daemon
adm
lp
sync
shutdown
halt
mail
news
uucp
operator
games
gopher
ftp
nobody
…
```

将/etc/passwd 文件从第 2 个字母至第 5 个字母的内容提取出来：

```
[root@localhost ~]# cut -c2-5 /etc/passwd
oot:
in:x
aemo
dm:x
p:x:
ync:
hutd
alt:
ail:
ews:
ucp:
pera
ames
ophe
tp:x
obod
…
```

2. tr 命令

作用：从标准输入中通过替换或删除操作进行字符转换。

语法：

```
tr [选项] [字符串 1] [字符串 2]
```

使用权限：所有使用者。

常用选项含义如下。

-c：用字符串 1 中字符集的补集替换此字符集，要求字符集为 ASCII（American Standard Code of Information Interchange，美国信息交换标准代码）。

-d：删除字符串 1 中所有输入字符。

-s：删除所有重复出现的字符序列，只保留第一个，即将重复出现的字符串压缩为一个字符串。

范例如下。

将标准输入信息由小写字母转换为大写字母：

```
[root@Localhost ~]# cat works.txt
```

```
Linux
UNIX
Windows
Mac OS
[root@Localhost ~]# tr 'a-z' 'A-Z' < works.txt
LINUX
UNIX
WINDOWS
MAC OS
```

将标准输出内容中的字母 a 替换为 x，字母 b 替换为 y，字母 c 替换为 z：

```
[root@Localhost ~]# cat works.txt | tr "abc" "xyz"
Linux
UNIX
Windows
Mxz OS
```

4.2.11 文件状态处理命令

1. wc 命令

作用：统计一个文件内有多少字、字节、行、字符串，不加任何参数则默认统计文件内的行数、字数和字节数。其详细操作过程可扫描二维码查看。

语法：

```
wc [选项] [文件名]
```

使用权限：所有使用者。

常用选项含义如下。

-c、--bytes：显示文件大小。

-m、--chars：统计字符串的数量。

-l、--lines：统计行的数量。

-w、--words：统计字的数量。

范例如下。

```
[root@localhost ~]# cat works.txt
Linux
UNIX
Windows
Mac OS
[root@localhost ~]# wc works.txt
4  5 26 works.txt
```

其中 4、5、26 分别表示该文件的行数、字数和字节数。

```
[root@localhost ~]# wc -l works.txt
4 works.txt
[root@localhost ~]# wc -w works.txt
5 works.txt
```

2. sort 命令

作用：进行文字排序。其详细操作过程可扫描二维码查看。

语法：

```
sort [选项] [文件名]
```

使用权限：所有使用者。

常用选项含义如下。

-u：显示唯一不重复的内容。

-r：反向排序。

-n：按数字方式排序。

-f：排序时不区分字母的大小写。

-t <分隔字符>：指定排序时所用的分隔字符。

-k field1[,field2]：按指定的列进行排序。

范例如下。

对/etc/passwd文件的内容进行反向排序：

```
[root@Localhost ~]# sort -r /etc/passwd
xfs:x:43:43:X Font Server:/etc/X11/fs:/sbin/nologin
webalizer:x:67:67:Webalizer:/var/www/usage:/sbin/nologin
vcsa:x:69:69:virtual console memory owner:/dev:/sbin/nologin
uucp:x:10:14:uucp:/var/spool/uucp:/sbin/nologin
…
apache:x:48:48:Apache:/var/www:/sbin/nologin
adm:x:3:4:adm:/var/adm:/sbin/nologin
```

对/etc/passwd文件的第4个字段按数字方式排序：

```
[root@Localhost ~]# cut -d: -f 4 /etc/passwd | sort -n
0
0
0
0
0
1
2
4
…
100
500
65534
```

4.2.12　备份与压缩命令

1．tar命令

作用：对多个文件或目录进行打包，但不压缩，此命令也用于进行解包。其详细操作过程可扫描二维码查看。

语法：

```
tar [选项] 文件或目录名
```

使用权限：所有使用者。

常用选项含义如下。

-c：创建一个打包文件。

-r：追加文件到打包文件的末尾。

-t：列出打包文件的内容。

-u：更新打包文件内的文件。若更新的文件在打包文件中不存在，则把它追加到打包文件的末尾。

-x：解除打包文件内容。

-f：使用打包文件或设备，此选项通常是必选项。

-v：详细报告tar命令处理的文件信息。

-w：每一步都要求确认。

-z：用gzip来压缩/解压缩文件，加上该选项后可以将打包文件进行压缩，同时还原时也必须使用该选项进行解压缩。

范例如下。

把目录 Desktop 打包，文件名为 Desktop.tar：

```
[root@localhost ~]# tar -cvf Desktop.tar Desktop
Desktop/
Desktop/cmd.txt
Desktop/cmd.txt~
Desktop/test
```

把目录 Desktop 打包并压缩，文件名为 Desktop.tar.gz：

```
[root@localhost ~]# tar -zcvf Desktop.tar.gz Desktop
Desktop/
Desktop/cmd.txt
Desktop/cmd.txt~
Desktop/test
[root@localhost ~]# ls -l
total 88
-rw------- 1 root root   969 May 29 17:02 anaconda-ks.cfg
drwxr-xr-x 2 root root  4096 Jun  6 01:05 Desktop
-rw-r--r-- 1 root root 20480 Jun  6 01:05 Desktop.tar
-rw-r--r-- 1 root root  1190 Jun  6 01:06 Desktop.tar.gz
-rw-r--r-- 1 root root 26725 May 29 17:02 install.log
-rw-r--r-- 1 root root  3325 May 29 16:59 install.log.syslog
```

进行解压缩还原操作：

```
[root@localhost ~]# tar -zxvf Desktop.tar.gz
Desktop/
Desktop/cmd.txt
Desktop/cmd.txt~
Desktop/test
```

2. gzip 命令

作用：对文件进行压缩和解压缩。压缩完毕，系统自动在原文件后加上.gz 的扩展名。其详细操作过程可扫描二维码查看。

语法：

```
gzip [选项] 文件名
```

使用权限：所有使用者。

常用选项含义如下。

-c：将输出写到标准输出上，并保留原有文件。

-d：将压缩文件解压缩。

-r：递归查找指定目录并压缩或者解压缩其中的所有文件。

-t：测试、检查压缩文件是否完整。

-v：对每个压缩和解压缩文件显示文件名和压缩比。

范例如下。

```
[root@localhost ~]# ls -l
total 56
-rw------- 1 root root   969 May 29 17:02 anaconda-ks.cfg
drwxr-xr-x 2 root root  4096 Jun  6 01:07 Desktop
-rw-r--r-- 1 root root 26725 May 29 17:02 install.log
-rw-r--r-- 1 root root  3325 May 29 16:59 install.log.syslog
```

对 install.log 文件进行 gzip 压缩：

```
[root@localhost ~]# gzip install.log
[root@localhost ~]# ls -l
total 36
-rw------- 1 root root  969 May 29 17:02 anaconda-ks.cfg
```

```
drwxr-xr-x 2 root root 4096 Jun  6 01:07 Desktop
-rw-r--r-- 1 root root 6772 May 29 17:02 install.log.gz
-rw-r--r-- 1 root root 3325 May 29 16:59 install.log.syslog
```

解压缩文件 install.log.gz，并显示其压缩比：

```
[root@localhost ~]# gzip -dv install.log.gz
install.log.gz:  74.8% -- replaced with install.log
```

3．解压工具 unzip

作用：用于解压缩采用 Winzip 工具压缩的文件。其详细操作过程可扫描二维码查看。

语法：

```
unzip [选项] 压缩文件名
```

使用权限：所有使用者。

常用选项含义如下。

-x：解压缩文件。

-v：查看压缩文件内容。

-t：测试文件是否损坏。

-d：将压缩文件解压缩到指定目录下。

范例如下。

```
[root@localhost ~]# ls -l
total 128
-rw------- 1 root root   969 May 29 17:02 anaconda-ks.cfg
-rw-r--r-- 1 root root 64778 Jun  6 01:13 Bluecurve-xmms.zip
drwxr-xr-x 2 root root  4096 Jun  6 01:12 Desktop
-rw-r--r-- 1 root root 26725 May 29 17:02 install.log
-rw-r--r-- 1 root root  3325 May 29 16:59 install.log.syslog
```

使用 unzip 解压缩由 Winzip 工具压缩生成的文件 Bluecurve-xmms.zip：

```
[root@localhost ~]# unzip -x Bluecurve-xmms.zip
Archive:  Bluecurve-xmms.zip
  inflating: Bluecurve/balance.bmp
  inflating: Bluecurve/cbuttons.bmp
  inflating: Bluecurve/eq_ex.bmp
  inflating: Bluecurve/eqmain.bmp
```

4.3 其他常用命令

4.3.1 时间查看和操作命令

1．显示日历命令

作用：显示日历。其详细操作过程可扫描二维码查看。

语法：

```
cal [选项] [月][年]
```

使用权限：所有使用者。

常用选项含义如下。

-m：以星期一为每周第一天方式显示。

-j：以凯撒历显示，即以 1 月 1 日起的天数显示。

-y：显示当年年历。

cal 命令若只有一个参数，则代表年份（1～9999），显示该年年历。年份必须全部写出，cal 89 将不会显示 1989 年的年历。使用两个参数，则表示月份及年份。若没有参数则显示当月的月历。

范例如下。

显示单月月历：

```
[root@localhost ~]# cal 3 2020
     March 2020
Su Mo Tu We Th Fr Sa
 1  2  3  4  5  6  7
 8  9 10 11 12 13 14
15 16 17 18 19 20 21
22 23 24 25 26 27 28
29 30 31
```

显示 2020 年年历：

```
[root@localhost ~]# cal 2020
                               2020
       January               February                 March
Su Mo Tu We Th Fr Sa   Su Mo Tu We Th Fr Sa   Su Mo Tu We Th Fr Sa
          1  2  3  4                      1    1  2  3  4  5  6  7
 5  6  7  8  9 10 11    2  3  4  5  6  7  8    8  9 10 11 12 13 14
12 13 14 15 16 17 18    9 10 11 12 13 14 15   15 16 17 18 19 20 21
19 20 21 22 23 24 25   16 17 18 19 20 21 22   22 23 24 25 26 27 28
26 27 28 29 30 31      23 24 25 26 27 28 29   29 30 31

        April                   May                   June
Su Mo Tu We Th Fr Sa   Su Mo Tu We Th Fr Sa   Su Mo Tu We Th Fr Sa
          1  2  3  4                   1  2       1  2  3  4  5  6
 5  6  7  8  9 10 11    3  4  5  6  7  8  9    7  8  9 10 11 12 13
12 13 14 15 16 17 18   10 11 12 13 14 15 16   14 15 16 17 18 19 20
19 20 21 22 23 24 25   17 18 19 20 21 22 23   21 22 23 24 25 26 27
26 27 28 29 30         24 25 26 27 28 29 30   28 29 30
                       31
        July                  August                September
Su Mo Tu We Th Fr Sa   Su Mo Tu We Th Fr Sa   Su Mo Tu We Th Fr Sa
          1  2  3  4                      1          1  2  3  4  5
 5  6  7  8  9 10 11    2  3  4  5  6  7  8    6  7  8  9 10 11 12
12 13 14 15 16 17 18    9 10 11 12 13 14 15   13 14 15 16 17 18 19
19 20 21 22 23 24 25   16 17 18 19 20 21 22   20 21 22 23 24 25 26
26 27 28 29 30 31      23 24 25 26 27 28 29   27 28 29 30
                       30 31
       October               November               December
Su Mo Tu We Th Fr Sa   Su Mo Tu We Th Fr Sa   Su Mo Tu We Th Fr Sa
             1  2  3    1  2  3  4  5  6  7          1  2  3  4  5
 4  5  6  7  8  9 10    8  9 10 11 12 13 14    6  7  8  9 10 11 12
11 12 13 14 15 16 17   15 16 17 18 19 20 21   13 14 15 16 17 18 19
18 19 20 21 22 23 24   22 23 24 25 26 27 28   20 21 22 23 24 25 26
25 26 27 28 29 30 31   29 30                  27 28 29 30 31
```

2．日期时间命令

作用：显示或设定系统的日期与时间。

语法：

```
date [选项] [+format] [MMDDhhmm [CC] YY] [SS]
```

使用权限：所有使用者。

常用选项含义如下。

-d datestr：显示 datestr 中所设定的时间（非系统时间）。

-s datestr：将系统时间设为 datestr 中所设定的时间。

-u：显示目前的格林尼治时间。

date 命令可以用来显示或设定系统的日期与时间。在显示方面，使用者可以设定欲显示的格式，格式设定为一个加号后接数个标记，其中可用的标记列表如下。

（1）时间方面

%：输出%。

%n：下一行。

%t：跳格。

%H：小时（00～23）。

%I：小时（01～12）。

%k：小时（0～23）。

%l：小时（1～12）。

%M：分钟（00～59）。

%p：显示本地 AM 或 PM。

%r：直接显示时间（12 小时制，格式为 hh:mm:ss AM/PM）。

%s：从 1970 年 1 月 1 日 00:00:00 UTC（Universal Time Coordinated，协调世界时）到目前为止的秒数。

%S：秒（00～61）。

%T：直接显示时间（24 小时制）。

%X：相当于 %H:%M:%S。

%Z：显示时区。

（2）日期方面

%a：星期几（Sun～Sat）。

%A：星期几（Sunday～Saturday）。

%b：月份（Jan～Dec）。

%B：月份（January～December）。

%c：直接显示日期与时间。

%d：日（01～31）。

%D：直接显示日期（mm/dd/yy）。

%h：同%b。

%j：一年中的第几天（001～366）。

%m：月份（01～12）。

%U：一年中的第几周（00～53，以 Sunday 为一周的第一天）。

%w：一周中的第几天（0～6）。

%W：一年中的第几周（00～53，以 Monday 为一周的第一天）。

%x：直接显示日期（mm/dd/yy）。

%y：年份的最后两位数字（00～99）。

%Y：完整年份（0000～9999）。

若不以加号作为开头，则表示要设定时间，其格式为 MMDDhhmm[CC][YY][.ss]，其中 MM 为月份，DD 为日，hh 为小时，mm 为分钟，CC 为年份前两位数字，YY 为年份后两位数字，ss 为秒数。

范例如下。

显示当前时间：

```
[root@localhost ~]# date
Wed Jun  6 01:22:16 PDT 2012
```

设置时间：

```
[root@localhost ~]# date -s '16:23:30'
Wed Jun  6 16:23:30 PDT 2012
```

按格式输出日期：

```
[root@localhost ~]# date '+%Y-%m-%d %H:%M:%S'
2020-03-25 10:57:42
```

4.3.2 软件包管理命令

rpm 是 RedHat Package Manager（RedHat 软件包管理工具）的缩写，类似 Windows 系统里面的“添加/删除程序”。使用 rpm 命令可以方便地安装、删除和升级 Linux 及相应软件。其详细操作过程可扫描二维码查看。

1．安装软件

命令格式：

```
rpm -i（或者 --install）[选项] file1.rpm ... fileN.rpm
```

其中，file1.rpm ... fileN.rpm 是将要安装的 rpm 包的文件名。

详细选项含义如下。

-h（--hash）：安装时输出 hash 记号。

--test：只对安装进行测试，并不实际安装。

--percent：以百分比的形式显示安装进度。

--excludedocs：不安装软件包中的文档 。

--includedocs：安装文档。

--replacepkgs：强制重新安装已经安装的软件包。

--replacefiles：替换属于其他软件包的文件。

--force：忽略软件包及文件的冲突。

--noscripts：不运行预安装和后安装程序。

--prefix：将软件包安装到指定路径下。

--ignorearch：不校验软件包的结构。

--ignoreos：不检查软件包运行的操作系统。

--nodeps：不检查依赖性关系。

--ftpproxy：作为 FTP 代理。

--ftpport：指定 FTP 的端口号。

另外还有几个通用选项，如下。

-v：显示附加信息。

-vv：显示调试信息。

--root：指定安装的目录，这样需要安装的程序都会安装到这个目录下。

--rcfile：设置 rpmrc 文件。

--dbpath：设置 rpm 资料库存所在的路径。

2．删除软件

命令格式：

```
rpm -e（或者 --erase）[选项] pkg1 ... pkgN
```

其中，pkg1 ... pkgN 为要删除的软件包的名称。

3. 升级软件

命令格式：

```
rpm -U（或者--upgrade）[选项] file1.rpm ... fileN.rpm
```

其中，file1.rpm ... fileN.rpm 为软件包的名称。

4. 查询软件

命令格式：

```
rpm -q（或者 --query）[选项] pkg1 ... pkgN
```

其中，pkg1 ... pkgN 为要查询的软件包的名称。

详细选项含义如下。

-p（-）：查询软件包的文件。

-f：查询指定软件属于哪个软件包。

-a：查询所有安装的软件包。

--whatprovides：查询提供功能的软件包。

-g：查询属于组的软件包。

--whatrequires：查询哪些软件包提供了指定的功能特性。

5. 校验已安装的软件包

命令格式：

```
rpm -V（或者 --verify, or -y）[选项] pkg1 ... pkgN
```

其中，pkg1 ... pkgN 为要校验的软件包的名称。

范例如下。

```
[root@localhost ~]# rpm -q ftp
ftp-0.17-78.el8.x86_64
[root@localhost ~]# rpm -q vsftpd
package vsftpd is not installed
```

6. 包管理工具 yum

yum 是一个在 Fedora、RedHat 以及 CentOS 中的 Shell 前端软件包管理器。基于 rpm 包管理，能够从指定的服务器自动下载 rpm 包并且安装，可以自动处理依赖性关系，并且一次安装所有依赖的软件包，无须烦琐地一次次下载、安装。yum 提供了查找、安装、删除某一个、一组甚至全部软件包的命令。

命令格式：

```
yum [选项] [命令] [软件包名 ...]
```

常用选项含义如下。

-h：显示帮助信息。

-y：对所有的提问都回答“yes”。

-c：指定配置文件。

-q：安静模式。

-v：详细模式。

常用命令含义如下。

install：安装 rpm 软件包。

groupinstall：安装某组 rpm 软件包。

update：更新 rpm 软件包。

groupupdate：更新某组 rpm 软件包。

upgrade：升级系统中的一个或多个软件包。

remove：删除指定的 rpm 软件包。

reinstall：重装一个包。

list：显示软件包的信息。

groupinfo：显示指定的某组 rpm 软件包的描述信息和概要信息。

search：检查软件包的信息。

info：显示指定的 rpm 软件包的描述信息和概要信息。

clean：清理 yum 过期的缓存。

help：显示一个有帮助的用法信息。

范例如下。

安装：

```
yum install                 #全部安装
yum install package1        #安装指定的软件包 package1
yum groupinsall group1      #安装程序组 group1
```

更新和升级：

```
yum update                  #全部更新
yum update package1         #更新指定的软件包 package1
yum check-update            #检查可更新的程序
yum upgrade package1        #升级指定的软件包 package1
yum groupupdate group1      #升级程序组 group1
```

查找和显示：

```
yum info package1       #显示软件包 package1 的信息
yum list                #显示所有已经安装和可以安装的软件包
yum list package1       #显示指定的软件包 package1 的安装情况
yum groupinfo group1    #显示程序组 group1 信息，yum search string 根据关键字 string 查找软件包
```

删除程序：

```
yum remove package1         #删除软件包 package1
yum group remove group1     #删除程序组 group1
```

清除缓存：

```
yum clean packages          #清除缓存目录下的软件包
yum clean headers           #清除缓存目录下的 headers
yum clean oldheaders        #清除缓存目录下 old headers
yum clean all               #清除全部缓存目录
```

4.3.3 联机帮助命令

1. man 命令

作用：对命令和配置文件提供帮助。其详细操作过程可扫描二维码查看。

语法：

```
man [选项] 命令或配置文件
```

使用权限：所有使用者。

常用选项含义如下。

-d：不显示在线手册，只显示信息。

-h：显示帮助信息。

manual 帮助文档是由自由软件开发者针对其开发的软件所提供的软件使用说明文件。manual 帮助文档由 8 章组成，每章具有不同的内容，具体如下。

（1）User commands（默认查看命令的帮助选项，供普通用户查看帮助说明文档）。

（2）System calls（系统函数调用帮助说明文件）。

（3）Library calls（动态链接库帮助说明文件）。

（4）Special files（系统设备帮助说明文件）。

（5）File formats（格式帮助说明文件，提供常用文件编写格式说明）。

（6）Games（游戏帮助说明文件）。

（7）Miscellaneous（协议帮助说明文件，如网络协议、文件系统等）。

（8）Administrative commands（供管理员查看的帮助说明文件）。

范例如下。

```
man 1 ls
man ls
man passwd
man 5 passwd
```

其中，man 1 ls 与 man ls 的输出效果是一样的。man passwd 与 man 5 passwd 的输出内容则不同。man passwd 输出 passwd 命令的帮助文件，而 man 5 passwd 则输出 password file 的文件格式说明。

2．info 和 help 命令

除 man 命令之外，Linux 还提供了 info 命令和 help 命令两种方式获取帮助信息。它们的使用方法较简单，命令格式为：

```
info <命令名>
help [命令名]
```

3．命令语句的 help 参数

Linux 系统中每一条命令都有--help 参数，其语法如下：

```
命令名 --help / -h
```

范例如下。

```
ls --help
chmod --help | more
```

4.3.4 其他命令

1．显示文字命令

作用：在屏幕上显示一段文字，一般起到提示的作用。其详细操作过程可扫描二维码查看。

语法：

```
echo [选项] [字符串]
```

使用权限：所有使用者。

常用选项含义如下。

-n：输出文字后不换行。

-e：输出一个空行。

范例如下。

```
[root@localhost ~]# echo "hello world"
hello world
[root@localhost ~]# echo -n "hello world"
```

2．清屏命令

使用过 DOS 或者 Windows 系统中命令提示符窗口的人都知道，cls 命令可以用来清除屏幕。Linux 系统中没有这个命令，但我们可以使用 clear 命令来清除终端屏幕。此外，按 Ctrl+L 组合键也可以达到同样效果。该命令语法为：

```
clear
```

4.4 本章小结

本章主要介绍Linux系统中Shell命令行界面的基本使用方法，阐述了文件、目录相关的操作指令。Shell命令行界面操作是使用类UNIX系统的重要技能，尽管目前大部分Linux系统都具有强大的图形用户界面，但是Shell命令行界面操作在速度、网络系统管理、远程维护等方面有很大优势，因此，掌握Shell命令行界面使用方法以及相关操作指令是本章的重点。

习题

1. Linux文件属性和权限一共有10位，分成4段，第3段表示的内容是________。
   A. 文件类型　　B. 文件所有者的权限
   C. 文件所有者所在组的权限　　D. 其他用户的权限
2. 系统中某文件的详细格式为-rwxr-xr-x 1 root root 722684 Jun 15 2021 /bin/bash，该文件应拥有________权限。
   A. 755　　B. 655　　C. 744　　D. 644
3. 系统中某文件的详细格式为-rwxr-xr-x 1 tony admin 722684 Jun 15 2021 /bin/bash，该文件所属用户以及所属的组分别是________。
   A. admin，tony　　B. tony，admin　　C. tony，tony　　D. admin，admin
4. 系统中某文件的详细格式为-rwxr-xr-x 1 tony admin 722684 Feb 03 2020 hue.log，如果要将该文件所属用户修改为kubernetes，应该使用命令________。
   A. chmod kubernetes hue.log　　B. chmod hue.log kubernetes
   C. chown kubernetes hue.log　　D. chown hue.log kubernetes
5. 系统中某文件的详细格式为-rwxr-xr-x 1 tony admin 197609 Feb 03 2020 hue.log，如果要将该文件所属组修改为hdfs，应该使用命令________。
   A. chgrp hdfs hue.log　　B. chgrp hue.log hdfs
   C. chown hdfs:tony hue.log　　D. chown hdfs hue.log
6. 系统中存在压缩文件apache-tomcat-9.0.43.tar.gz，应该采用命令______对该文件进行解压缩。
   A. tar apache-tomcat-9.0.43.tar.gz　　B. tar –xvf apache-tomcat-9.0.43.tar.gz
   C. tar –zxvf apache-tomcat-9.0.43.tar.gz　　D. tar –zvf apache-tomcat-9.0.43.tar.gz
7. 系统中有用户user1和user2，同属于users组。在用户user1目录下有一文件file1，它拥有644的权限，如果用户user2想修改用户user1目录下的file1文件，应拥有________权限。
   A. 744　　B. 664　　C. 646　　D. 746
8. 使用mkdir命令创建一个临时文件夹/mnt/tmp，并将一些文件复制并粘贴到其中。使用完后要删除/mnt/tmp文件夹及其中的所有文件，应该使用命令______。
   A. rmdir /mnt/tmp　　B. rmdir -r /mnt/tmp　　C. rm /mnt/tmp　　D. rm -r /mnt/tmp
9. 什么是Shell？Shell的作用是什么？
10. more命令和less命令有什么区别？
11. 硬链接和符号链接有什么区别？
12. 描述ln、cp、mv、rm命令对文件链接数和索引节点号的影响。
13. 查找一个文件，比较find命令和locate命令的查找速度。

第5章 系统管理

Linux 系统管理的范畴很广，主要包括设备管理、用户管理、进程管理、网络管理、系统运行情况监控及日志查看等内容。系统管理员的职责一般覆盖绝大多数与系统相关的工作。本章介绍设备、用户、进程的管理和系统监视、日志查看与系统初始化过程等基本知识，网络管理相关内容将在第6章讲解。

5.1 设备管理

Linux 系统中设备是由文件来表示的，每种设备都被抽象为设备文件的形式，这样就给应用程序一个一致的文件界面，方便应用程序和操作系统之间的通信。设备文件集中放置在 /dev 目录下，一般有几千个，均为 Linux 系统安装时自动创建。需要说明的是，一台 Linux 计算机即使安装前在物理环境中没有安装某一种设备，或者数量只有一个，Linux 也会创建该类设备文件，而且数量充足，以备用户使用。例如计算机中通常安装 1～3 块 IDE 硬盘，而 Linux 会创建出 hda、hdb、hdc……，直至 hdz 共 26 个 IDE 硬盘设备文件，供用户使用，其他类设备也是如此。用户就是通过对这些设备文件进行操作，来对设备进行配置和管理。本节主要描述磁盘存储设备的管理。

5.1.1 磁盘设备概述

Linux 系统磁盘设备命名方式遵循一定的规则。例如，接在 IDE1 的第一个硬盘（master 硬盘），其设备名称为 /dev/hda，也就是说，我们可以用“/dev/hda”来代表此硬盘。“hd”即硬盘（Hard Disk），代表 IDE 设备，“a”则表示第一个硬盘。除了“hd”以外，常用的还有“sd”，代表 SCSI（Small Computer System Interface，小型计算机系统接口）硬盘。如果在 /dev/hda 硬盘上划了分区，则用数字表示分区，例如 /dev/hda1 表示该硬盘上的第一个分区。关于磁盘存储设备的命名总结如下。

（1）前两个字母表示分区所在设备的类型。

hd：IDE 硬盘。

sd：SCSI 硬盘（U 盘）。

（2）第三个字母表示分区在哪个设备上。

hda：第一块 IDE 硬盘。

sda：第一块 SCSI 硬盘。

sdb：第二块 SCSI 硬盘。

（3）数字表示分区的次序。

hda1：第一块 IDE 硬盘第一个分区。

sdb2：第二块 SCSI 硬盘第二个分区。

每个硬盘最多可以有 4 个主分区，因此数字 1～4 的作用是表示硬盘的主分区。逻辑分区是从数字5开始的，每多一个分区，数字加1即可。采用命令 fdisk -l 可查看本机硬盘及分区情况，例如：

```
[root@localhost ~]# fdisk -l

Disk /dev/sda: 8589 MB, 8589934592 bytes
255 heads, 63 sectors/track, 1044 cylinders
Units = cylinders of 16065 * 512 = 8225280 bytes

Device Boot      Start        End      Blocks   Id  System
/dev/sda1   *        1         13      104391   83  Linux
/dev/sda2           14       1044     8281507+  8e  Linux LVM
```

上述例子说明计算机中只有 /dev/sda 一个硬盘，且其类型是 SCSI 硬盘，该硬盘上有两个分区1和2。其中带*号的为启动分区。

5.1.2 常用文件系统

文件系统是操作系统最为重要的一部分，是操作系统组织、存取信息的重要手段，它定义了磁盘上存储文件的方法和数据结构。每种操作系统都有自己的文件系统。磁盘被操作系统识别出来以后，需要被格式化成某种格式的文件系统，才可以用于存取文件等。例如 Windows 系统中通常会把磁盘格式化为 FAT（File Allocation Table，文件分配表）格式或 NTFS 格式。

常用的文件系统有如下几种。

1. FAT

早期的 Windows 系列操作系统所使用的 FAT 格式文件系统主要有 FAT16 和 FAT32。FAT32 文件系统是 FAT 系列文件系统的最后一个产品，这种格式采用 32 位的文件分配表，磁盘的管理能力大大增强，突破了 FAT16 2GB 的分区容量限制。由于硬盘生产成本下降，其容量越来越大，运用 FAT32 的分区格式后，用户可以将一个大硬盘定义成一个分区，进而方便管理。

2. NTFS

NTFS 是 Windows NT 以及 Windows 2000、Windows XP、Windows Server 2003、Windows Server 2008、Windows Vista、Windows 7 和 Windows 10 的标准文件系统。NTFS 文件系统取代了 FAT 文件系统，为 Windows 系列操作系统提供文件管理服务。NTFS 对 FAT 和 HPFS（High Performance File System，高性能文件系统）进行了若干改进，例如：支持元数据；使用了高级数据结构，以改善性能，提高可靠性和磁盘空间利用率；提供了若干附加扩展功能，如访问控制列表和文件系统日志等。

3. Ext2

Linux 最早引入的文件系统类型是 minix。minix 文件系统由 minix 操作系统定义，有一定的局限性，如文件名最长为 14 个字符、文件最大为 64MB 等。第一个专门为 Linux 设计的文件系统是 Ext（Extended File System，扩展文件系统）。Ext2 是第二代扩展文件系统，它是 GNU/Linux 系统中标准的文件系统，其目标是为 Linux 提供一个强大的可扩展文件系统。

4. Ext3

Ext3 是一种日志式文件系统（Journal File System），是对 Ext2 系统的扩展，并兼容 Ext2。文件系统都有快取层参与运作，如不使用必须将文件系统关闭，以便将快取层的资料写回磁盘中。因此每当系统要关机时，必须将其所有的文件系统全部关闭后才可以。

如果文件系统尚未关闭就关机，下次重新开机后会造成文件系统的资料与关机前的不一致，这时必须做文件系统的重整工作，将不一致与错误的地方修复。然而，重整工作是相当耗时的，特别是容量大的文件系统，而且也不能完全保证所有的资料都不会流失。

为了解决此问题，可以使用日志式文件系统。此类文件系统的特色是会将整个磁盘的写入动作完整记录在磁盘的某个区域上，以便有需要时可以回溯追踪。

5．Ext4

Linux 自 2.6.28 内核开始正式支持新的文件系统 Ext4。Ext4 是 Ext3 的改进版，修改了 Ext3 中部分重要的数据结构，而不仅仅像 Ext3 对 Ext2 那样，只是增加一个日志功能而已。Ext4 可以提供更佳的性能和可靠性，还有更为丰富的功能，例如无限数量的子目录数（Ext3 目前只支持 32 000 个子目录，而 Ext4 支持无限数量的子目录）、更大的文件系统和文件（Ext3 目前支持最大 16TB 的文件系统和最大 2TB 的文件，Ext4 支持 1EB 的文件系统，以及 16TB 的文件）、支持更大的 inode 等。

6．ISO 9600

ISO 9600 是由国际标准化组织（International Organization for Standardization，ISO）在 1985 年制定的、目前唯一通用的光盘文件系统，任何类型的计算机和所有的刻录软件都支持它。如果想让所有的光驱都能读取刻录好的光盘，就必须使用 ISO 9600 或与其兼容的文件系统。ISO 9600 文件目录名称符合 8.3 原则（文件名不得多于 8 个字符，扩展名不得多于 3 个字符），目录深度不能超过 8 层。ISO 9600 目前有 Level1 和 Level2 两个标准。Level1 与 DOS 兼容，文件名采用传统的 8.3 格式，而且所有字符只能由 26 个大写英文字母、10 个阿拉伯数字及下画线组成。Level2 则在 Level 的基础上加以改进，允许使用长文件名，但不支持 DOS。

各种文件系统格式与功能各不相同，各操作系统对文件系统的支持也不尽相同。例如 Windows 系列操作系统通常只支持 FAT 格式和 NTFS 格式的文件系统，但 Linux 系统却可以支持多种文件系统，具体有 Ext、Ext2、Ext3、Ext4、HPFS、ISO 9660、minix、msdos、VFAT、NTFS 等。理论上，只要文件系统的格式公开，Linux 系统都可以支持，这使得 Linux 系统更加灵活，并可以和许多操作系统共存。在这方面，Linux 系统靠 VFS 实现对各种文件系统的支持。Linux 引进 Ext 文件系统时有一个重大的改进，即真正地把文件系统从操作系统和系统服务中分离出来，在它们之间使用一个接口层——VFS。

VFS 并不是一个实际的文件系统，它是 Linux 内核的一部分，只存在于内存，系统启动时建立，系统关闭时消亡。VFS 功能如下。

（1）记录可用文件系统的类型。

（2）将设备同对应的文件系统联系起来。

（3）处理面向文件的通用操作。

（4）涉及针对文件系统的操作时，把它们映射到相关的物理文件系统。

Linux 系统可以支持多种文件系统，为此，必须使用一种统一的接口，这就是 VFS。通过 VFS 将不同文件系统的实现细节隐藏起来，因而从外部看上去，所有的文件系统都是一样的，如图 5-1 所示。

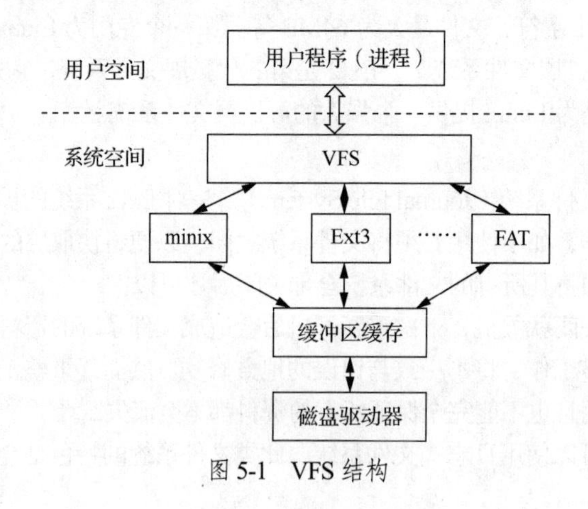

图 5-1　VFS 结构

从图 5-1 中可以看到，当内核使用文件系统时，均经由 VFS 这层接口。当用户去读取一个文件的内容时，它不会因为这个文件位于不同的文件系统就需要使用不同的方式和命令来读取，因为这件事 VFS 已经帮用户实现了。当用户要读取的文件位于 CD-ROM 时，VFS 自动帮助用户把该读取要求交由 ISO 9600 文件系统来做，当用户要读取的文件在 FAT 格式的文件系统里时，VFS 则自动调用 FAT 的函数帮助用户读取文件。

5.1.3 挂载与卸载

计算机系统中，所有的存储设备都是以目录树的形式对文件进行管理的。在 Linux 系统中，所有的文件都是在以“/”目录为“根”的一棵大目录树中进行管理的。如果要使用 USB 存储设备、光盘或软盘等存储设备，必须将这些设备中的小目录树像嫁接一样挂载（Mount）到 Linux 系统的大目录树中。创建好文件系统后，用户就可以将其分区挂载到某一个挂载点上。之后，用户便可以对其分区进行数据存取。挂载点必须是一个目录，一个分区挂载在一个已存在的目录上，这个目录可以不为空，但挂载后这个目录下以前的内容将不可用。对于其他操作系统建立的文件系统的挂载也是这样。在此，用户可以使用 mount 命令实现挂载，使用 umount 命令实现卸载。其详细操作过程可扫描二维码查看。

1．挂载命令 mount

命令格式：

```
mount [-t fstype] [-o options] [dev name] [mount point]
```

参数说明。

-t fstype：文件系统类型，如 EXT3、VFAT、ISO 9600 等。

-o options：挂载时的选项，如 ro、rw、auto、iocharset 等。

dev name：设备名，如 /dev/sda3、/test.iso 等。

mount point：挂载点，即挂载的目录。

挂载设备的过程如下。

（1）获取设备名称。这里以挂载 U 盘设备为例，首先将 U 盘接入计算机，在 Linux 系统中输入 fdisk -l 命令获取设备信息，显示结果如下：该计算机中有两个硬盘设备，分别是/dev/sda 和/dev/sdb。其中/dev/sda 是计算机本地硬盘，/dev/sdb 则是第二块磁盘，在本例当中它是一块 U 盘，大小为 2GB，该 U 盘中有一个分区：/dev/sdb1。

```
[root@localhost ~]# fdisk -l

Disk /dev/sda: 8589 MB, 8589934592 bytes
255 heads, 63 sectors/track, 1044 cylinders
Units = cylinders of 16065 * 512 = 8225280 bytes

Device Boot      Start        End     Blocks   Id  System
/dev/sda1   *        1         13     104391   83  Linux
/dev/sda2           14       1044    8281507+  8e  Linux LVM

Disk /dev/sdb: 2111 MB, 2111832064 bytes
65 heads, 62 sectors/track, 1023 cylinders
Units = cylinders of 4030 * 512 = 2063360 bytes

Device Boot      Start        End     Blocks   Id  System
/dev/sdb1            1       1023    2061314   83  Linux
```

（2）建立挂载点目录。识别出 U 盘设备后，要确定把该设备与某一目录对应起来，即需要建立一个目录，让设备挂载在 Linux 系统目录树中。

```
[root@localhost ~]# cd /mnt
[root@localhost mnt]# mkdir -p usb
```

（3）挂载设备。建立了挂载点后，采用 mount 命令完成挂载动作。

```
[root@localhost mnt]# mount /dev/sdb1 /mnt/usb
[root@localhost mnt]# cd usb
[root@localhost usb]# ls -a
...
```

完成挂载后进入 /mnt/usb 目录，该目录就是挂载点，Linux 系统会自动识别 /dev/sdb1 是哪种格式的文件系统，用户也可以在挂载时指定文件系统，如：

```
[root@localhost mnt]# mount -t vfat /dev/sdb1 /mnt/usb
```

如果挂载设备后，文件名出现了乱码，可能是由于U盘中含有中文的文件名或目录名，可以使用下面的命令解决该问题：

```
[root@localhost mnt]# mount -t vfat -o iocharset=cp936 /dev/sdb1 /mnt/usb
```

2．卸载命令 umount

命令格式：

```
umount 挂载点/设备名
```

范例如下。

```
[root@localhost ~]# umount /dev/sdb1
[root@localhost ~]# umount /mnt/usb
```

注意：卸载设备时，当前的工作目录不能在挂载点目录内，否则会提示挂载点忙的错误。只需把工作目录切换到其他目录下，重新卸载即可。

5.1.4 磁盘管理命令

1．mkfs 命令

硬盘通过 fdisk 命令分区后，用户还是不能直接使用硬盘存取数据，而是需要对分区创建文件系统，再将分区挂载到某一挂载点上。mkfs 命令是用于创建文件系统的命令。其详细操作过程可扫描二维码查看。

命令格式：

```
mkfs [-V] [-t fstype] [fs -options] dev [blocks]
```

参数说明如下。

-V：mkfs 命令版本。

-t fstype：文件系统类型。

fs -options：创建文件系统的选项。

dev：设备名称。

blocks：每个分区的大小。

范例如下。

把设备 /dev/sdb1 格式化为 Ext3 格式，即在/dev/sdb1 上创建 Ext3 文件系统：

```
[root@Localhost]# mkfs -t ext3 /dev/sdb1
```

2．df 命令

作用：报告已安装文件系统的磁盘空间使用情况。其详细操作过程可扫描二维码查看。

语法：

```
df [选项]
```

常用选项含义如下。

-a：显示所有文件系统的磁盘空间使用情况。

-h：以友好、直观的方式显示信息，即以 KB 或 MB 为单位。

-k：以 1024 字节为单位显示。

-i：显示 i 节点信息，而不是磁盘块。

-t：显示各指定类型的文件系统的磁盘空间使用情况。

-x：列出不是某一指定类型文件系统的磁盘空间使用情况。

-T：显示文件系统类型。

范例如下。

以友好、直观方式显示所有文件系统的磁盘空间使用情况，并列出文件系统类型：

```
[root@localhost mnt]# df -ahT
Filesystem     Type     Size  Used Avail Use% Mounted on
/dev/mapper/VolGroup00-LogVol00
               ext3     5.8G  3.1G  2.5G   56% /
proc           proc       0     0     0    -  /proc
sysfs          sysfs                0     0     0    -  /sys
devpts         devpts     0     0     0    -  /dev/pts
/dev/sda1      ext3      99M   12M   83M  13% /boot
tmpfs          tmpfs    506M     0   506M   0% /dev/shm
none   binfmt_misc        0     0     0    -  /proc/sys/fs/binfmt_misc
sunrpc  rpc_pipefs        0     0     0    -  /var/lib/nfs/rpc_pipefs
```

3．du 命令

作用：统计目录或文件所占磁盘空间的大小，du 为 disk usage 的缩写，其主要功能是显示磁盘空间的使用情况。其详细操作过程可扫描二维码查看。

语法：

```
df [选项] [目录名…]
```

常用选项含义如下。

-a：递归显示指定目录中各文件及下级目录中各文件占用的数据块数。

-b：以字节为单位列出磁盘空间使用情况（默认以块为单位）。

-k：以 1024 字节为单位显示。

-h：以友好、直观方式显示信息，即以 KB 或 MB 为单位。

-s：对每个目录参数只给出占用的数据块总数。

范例如下。

显示/tmp 目录占用磁盘情况：

```
[root@localhost ~]# du /tmp
108     /tmp/orbit-root
12      /tmp/.X11-UNIX
12      /tmp/.font-UNIX
8       /tmp/virtual-root.SoW103
12      /tmp/keyring-q77jGO
12      /tmp/.ICE-UNIX
12      /tmp/ssh-uqGvro2402
16      /tmp/gconfd-root/lock
24      /tmp/gconfd-root
272     /tmp
```

输出结果的第 1 列是以块（1 块=1024 字节）为单位统计的磁盘空间使用情况。第 2 列显示目录中使用这些空间的目录名称。最后一行是当前目录占用磁盘空间的总量。

只显示 /tmp 目录占用磁盘的数据块总数：

```
[root@localhost ~]# du -s /tmp
272     /tmp
```

5.2 用户和组管理

Linux 系统是一个多用户系统，通过授予不同的用户权限，可以让不同的用户执行不同的任务。如果一个 Linux 系统有很多人使用，管理任务会更复杂，因此需要系统能够支持用户的添加与管理，来完成日常的管理任务。作为一名优秀的系统管理员，一个重要的任务就是合理管理系统上的用户。在 Linux 系统中，这些工作主要包括建立账号、设置口令、分配用户使用权限、管理用户组和用户账号的使用期限等。

5.2.1 用户管理

1. 用户类型

Linux 系统中的用户分为超级用户、普通用户和特殊用户 3 种类型。

（1）Linux 系统中的超级用户在默认安装的初始情况下为 root 用户，也称为根用户（即 root 账户，这个账户具有类似 Windows 系统中的超级管理员账户的功能），它有系统中最高的权限，可以对 Linux 系统做任何操作。

（2）普通用户有受限制的权限，没有对系统的完全控制权，而且用户之间私有资源是相互隔离的。

（3）除了超级用户和普通用户外，Linux 系统中还存在一些特殊的与系统和程序服务相关的用户。例如 bin、daemon、shutdown、halt 等用户，都是任何 Linux 系统默认安装并要求的，这些用户与 Linux 系统的进程相关，使系统得以实现正常的运行。还有一些特殊用户，例如 mail、news、games、gopher、ftp、mysql 及 sshd 等，这些用户与具体的服务或程序组有所关联。默认情况下，这些特殊用户都是无法登录的，若给这些用户授权登录口令，则可以使用这些用户登录系统。一般情况下，为了安全起见，尽量不给这些用户授权口令。

2. 用户信息文件和密码文件

Linux 系统的用户信息保存在 /etc/passwd 和 /etc/shadow 两个文件中，其中 /etc/passwd 文件保存所有用户的账号数据，/etc/shadow 文件保存每个账号对应的口令信息。

（1）账号文件 /etc/passwd。账号文件 /etc/passwd 的每一行存储一个用户的账号信息，用户可以用 vi 编辑器直接修改里面的数据。例如，使用 cat 命令显示 /etc/passwd 文件的部分内容如下：

```
[root@localhost ~]# cat /etc/passwd
root:x:0:0:root:/root:/bin/bash
bin:x:1:1:bin:/bin:/sbin/nologin
daemon:x:2:2:daemon:/sbin:/sbin/nologin
adm:x:3:4:adm:/var/adm:/sbin/nologin
lp:x:4:7:lp:/var/spool/lpd:/sbin/nologin
sync:x:5:0:sync:/sbin:/bin/sync
shutdown:x:6:0:shutdown:/sbin:/sbin/shutdown
halt:x:7:0:halt:/sbin:/sbin/halt
unbound:x:994:988:Unbound DNS resolver:/etc/unbound:/sbin/nologin
gluster:x:993:987:GlusterFS daemons:/run/gluster:/sbin/nologin
mail:x:8:12:mail:/var/spool/mail:/sbin/nologin
news:x:9:13:news:/etc/news:
uucp:x:10:14:uucp:/var/spool/uucp:/sbin/nologin
saslauth:x:990:76:Saslauthd user:/run/saslauthd:/sbin/nologin
dnsmasq:x:983:983:Dnsmasq DHCP and DNS server:/var/lib/dnsmasq:/sbin/nologin
operator:x:11:0:operator:/root:/sbin/nologin
games:x:12:100:games:/usr/games:/sbin/nologin
nobody:x:99:99:Nobody:/:/sbin/nologin
flatpak:x:979:978:User for flatpak system helper:/:/sbin/nologin
colord:x:978:977:User for colord:/var/lib/colord:/sbin/nologin
…
```

```
kuang:x:1000:1000:kuangyj:/home/kuang:/bin/bash
```

从以上信息可以看到，每一行代表一个用户的账号信息，root 用户的信息在第一行。可以注意到 root 用户这行信息以及 /etc/passwd 文件中其他行信息都用冒号分隔成 7 个区域。这 7 个区域代表：用户名（Longin Name）、加密密码（Encrypted Password）、用户 ID（UID）、用户组 ID（GID）、用户信息（User Information）、用户主目录（Home Directory）以及登录 Shell（Login Shell）。每一个区域具体说明如下。

① 用户名：/etc/passwd 文件中的用户名必须是唯一的，而且不能超过 8 个字节。用户名虽然可以大小写字母混合，但一般而言，为了避免大小写字母混淆，建议使用小写字母来表示。

② 加密密码：从技术上讲，该区域是接收用户口令的，Linux 系统使用隐藏口令（Shadow Passwords）方式，口令存放在文件 /etc/shadow 中。因此在/etc/passwd 文件的第二区域中，用 x 来表示作为登录的指示，实际的口令却隐藏了起来。

③ 用户 ID：与系统启动的进程相互联系，通常它是某个用户启动程序的用户 ID，就像当人们办理某种手续时，需要本人的身份证号一样。

④ 用户组 ID：每一个用户正常情况下都属于某一个组，但也可以同时属于多个组。例如 root 用户登录时，所有文件都由 root 用户和 root 组同时拥有。

⑤ 用户信息：这个区域是有关用户的描述信息，在这里可以写上用户的姓名、电话或住址等，用 finger 命令可以读出这个区域的资料，当然用户可以用手动方式去更改，或用 chfn 命令来改变该区域的内容。

⑥ 用户主目录：用户通过验证后，Login 程序就利用此区域的信息，将用户当前工作路径转到用户主目录中。例如：当 root 用户登录后，默认转到/root 目录中。

⑦ 登录 Shell：这个区域会设置用户所使用的 Shell 环境，一个新用户登录的 Shell 将默认设置为 /bin/bash，即 Bourne Shell。当然管理员可以将登录 Shell 改成 csh 或 tcsh，用户也可执行 chsh 命令改变自己的登录 Shell。如果用户不需要登录系统，可将此区域设置为不可登录的信息。

另外，观察 /etc/passwd 我们可以看到 root 用户的 UID 是 0，特殊用户的 UID 都在 999 以下，而普通用户的 UID 从 1000 开始往上编号。

（2）口令文件 /etc/shadow。口令文件 /etc/shadow 与文件/etc/passwd 的每一行对应，它保存的是用户登录密码信息，该密码被加密后放在独立的文件内，只有 root 用户才能读取这个文件。

```
[root@localhost ~]# cat /etc/shadow
root:$1$SCrEsnlT$PHt/VBesuOVHmhMIO6N2J.:15508:0:99999:7:::
bin:*:15508:0:99999:7:::
daemon:*:15508:0:99999:7:::
adm:*:15508:0:99999:7:::
lp:!!:15508:0:::7:::
sync:*:15508:0:99999:7:::
shutdown:*:15508:0:99999:7:::
halt:*:15508:0:99999:7:::
mail:*:15508:0:99999:7:::
news: !!:15508:0:::7:::
uucp:*:15508:0:99999:7:::
operator:*:15508:0:99999:7:::
games:*:15508:0:99999:7:::
kuang:$1$zQrBRmf0$A/Ua0cpA03yd8vwjwlhac.:15508:0:99999:7:::
```

口令文件 /etc/shadow 以“:”作为分隔符，把文件分为 9 个区域，各个区域说明分别如下。

① 用户名：用户的账号名称，与 /etc/passwd 文件中的内容相互匹配。

② 加密口令：该区域是加密口令串存放的区域，其中利用了隐藏口令的技术。

③ 上次更新时间：自 1970 年 1 月 1 日以来至最后一次更改口令的天数。

④ 允许更改时间：现在到下次允许更改口令的天数，一般设置为 0，以便用户可以随时更改

口令。

⑤ 要求更改时间：用户被迫要求更改口令之前距今的天数，一般设置为 99999，代表不强制更改口令。

⑥ 取消口令之前的警告时间：系统在取消用户口令之前要提前通知用户的天数，一般设置为 7，代表提前 1 周通知用户。

⑦ 取消和停用之间的时间：用户账号到期至系统自动取消的时间。

⑧ 用户账号口令的天数，一般设置为-1 或空白，代表不使用用户账号自动取消。

⑨ 用户账号终止时间：自 1970 年 1 月 1 日以后的用户账号将被终止的天数，此区域对于系统中类似毕业生、兼职人员的用户设置很有用。但一般设置为-1 或空白，代表不使用自动失效的方式来终止用户账号。

⑩ 特殊标志：此区域为预留将来使用，一般设置为空白。

3．管理用户

管理用户有两种方法，一是直接修改 /etc/passwd 文件，二是采用 useradd、userdel 命令完成。下面对使用命令管理用户进行介绍。

（1）useradd 命令

作用：添加用户。其详细操作过程可扫描二维码查看。

语法：

```
useradd [选项] <newusername>
```

常用选项含义如下。

-d：指定用户主目录。

-u：指定用户 ID。

-g：指定用户组。

-G：指定用户组列表，如 student1、student2……。

-mk：复制其他用户主目录下的文件和配置信息来创建用户。

-s：指定用户的登录 Shell，如果不指定，则使用系统默认值。

范例如下。

添加用户 kuang：

```
[root@localhost ~]# useradd kuang
```

命令执行后，会在 /etc/passwd 文件最后添加一行，例如：

```
kuang:x:1000:1000:kuangyj:/home/kuang:/bin/bash
```

由于添加用户时不带任何选项/参数，因此系统默认给予新账号一个 1000 或以上的 UID 和 GID。默认地，每当创建一个新用户，一个与用户名相同的组就会被创建，而这个用户就是该组的成员。系统还会在 home 目录下创建以该用户名命名的目录，作为用户的主目录。

（2）passwd 命令

用户添加完成后，超级管理员可以使用 passwd 命令来修改用户的密码，没有密码将无法登录到 Linux 系统中。普通用户只能使用 passwd 命令修改自己的密码。

作用：修改密码。其详细操作过程可扫描二维码查看。

语法：

```
passwd [选项] <username>
```

范例如下。

root 用户修改自己以及其他用户的密码：

```
[root@localhost ~]# passwd
Changing password for user root.
```

```
New UNIX password:
Retype new UNIX password:
passwd: all authentication tokens updated successfully.
[root@localhost ~]# passwd kuang
Changing password for user kuang.
New UNIX password:
Retype new UNIX password:
passwd: all authentication tokens updated successfully.
```

（3）usermod 命令

作用：修改默认设置各项用户属性，例如用户 ID、用户组、用户主目录、登录 Shell、账号过期日期等。其详细操作过程可扫描二维码查看。

语法：

```
usermod [选项] [参数] <username>
```

常用选项/参数含义如下。

-d：修改用户主目录。

-e：修改用户账号过期日期。

-g：修改用户组名。

-G：修改用户组列表，如 student1、student2……。

-s：修改用户登录 Shell。

-u：修改用户 ID。

范例如下。

修改 kuang 用户的登录 Shell：

```
[root@localhost ~]# usermod -s /bin/csh kuang
```

（4）userdel 命令

作用：删除用户。其详细操作过程可扫描二维码查看。

语法：

```
usermod [选项] <username>
```

常用选项含义如下。

-r：删除用户的同时删除用户的全部用户主目录。

范例如下。

删除 kuang 用户及其主目录：

```
[root@localhost ~]# userdel -r  kuang
```

5.2.2 工作组管理

工作组是一些具有相同特性的用户的集合，每个用户都属于特定的工作组。Linux 系统中一个用户至少属于一个工作组，该组就是用户的主组。此外，该用户还可以属于其他组。添加工作组的命令为 groupadd。

1．groupadd 命令

作用：添加用户组。其详细操作过程可扫描二维码查看。

语法：

```
groupadd [选项] <groupname>
```

常用选项含义如下。

-g：设定用户组 ID。

-r：添加系统工作组。

-f：强制添加工作组。

范例如下。

```
[root@localhost ~]# groupadd worker
```

2．groupmod 命令

作用：修改工作组属性。其详细操作过程可扫描二维码查看。

语法：

```
groupmod [选项] <groupname>
```

常用选项含义如下。

-g：设定用户组 ID。

-o：允许使用相同的用户组 ID。

-n：修改工作组名称。

另外，删除工作组可以用 groupdel 命令完成，其语法为：

```
groupdel  < groupname >
```

每个用户组的相关信息都存放在 /etc/group 文件中，用 cat 命令查看文件部分内容如下：

```
[root@localhost ~]# cat /etc/group
root:x:0:root
bin:x:1:root,bin,daemon
daemon:x:2:root,bin,daemon
sys:x:3:root,bin,adm
adm:x:4:root,adm,daemon
tty:x:5:
disk:x:6:root
lp:x:7:daemon,lp
wheel:x:10:root
mail:x:12:mail
news:x:13:news
nobody:x:99:
users:x:100:
…
kuang:x:1000:
worker:x:1001:
```

与 /etc/passwd 以及 /etc/shadow 文件类似，/etc/group 文件每一行各区域之间也用冒号分隔。第一个区域是组名；其后是密码；再往后是唯一的用户组 ID；最后一个区域是用逗号分隔的用户名列表，表示这些用户都属于该组。用户可以通过修改最后一个区域完成组成员的添加与删除。

5.2.3 账号查看命令

在 Linux 系统中，有几个与账号管理有关的命令，如 who、w、id 和 su，分别介绍如下。

1．who 命令

作用：显示系统中有哪些用户。

语法：

```
who [选项]
```

常用选项含义如下。

-s：用简短格式来显示。

-a：显示所有用户信息。

-H：显示时加上头标志。

-u：显示当前系统的用户状态。

范例如下。

显示当前登录系统的所有用户：

```
[root@localhost ~]# who
root    pts/0      2020-06-19 14:52 (:0.0)
```

显示当前登录系统用户的状态：

```
[root@localhost ~]# who -uH
NAME     LINE         TIME             IDLE          PID COMMENT
root     pts/0        2020-06-19 14:52   .            2529 (:0.0)
```

2. w 命令

作用：显示系统中用户使用资源的情况，是 who 命令的增强版。

语法：

```
w [选项] [user]
```

常用选项含义如下。

-h：不显示标题。

-u：列出当前进程和 CPU 时间时忽略用户名。

-s：使用短模式。

user：只显示指定用户的相关情况。

范例如下。

显示当前登录到系统的用户详细情况：

```
[root@localhost ~]# w
16:59:15 up  2:20,  1 user,  load average: 0.06, 0.01, 0.00
USER     TTY      FROM              LOGIN@   IDLE   JCPU   PCPU WHAT
root     pts/0    :0.0              14:52    0.00s  0.36s  0.03s w
```

3. id 命令

作用：显示用户信息。who、w 和 id 命令的详细操作过程可扫描二维码查看。

语法：

```
id [选项]
```

常用选项含义如下。

-g：显示工作组信息。

-u：显示用户信息。

范例如下。

显示当前用户信息：

```
[root@localhost ~]# id
uuid=0(root) gid=0(root) groups=0(root) context=unconfined_u:unconfined_r:unconfined_t:
s0-s0:c0.c1023
```

4. su 命令

作用：切换用户身份。其详细操作过程可扫描二维码查看。

语法：

```
su [选项] [-] [username]
```

常用选项含义如下。

-：在切换用户的同时改变环境变量。

-c：执行完 command 命令后就结束切换用户。

-m：切换用户时维持环境变量不变。

-l：切换用户时同时切换用户主目录。

范例如下。

切换成 root 用户：

```
[kuang@localhost ~]$ su
Password:
```

切换到用户 kuang，并且在 kuang 主目录下创建 test 文件：

```
[root@localhost ~]# su -l -c "touch test" kuang
[root@localhost ~]# ls /home/kuang/
test
```

用户在使用系统时，可以随时使用 su 命令来切换到其他用户。su 命令如果省略 username，系统默认将用户切换到 root 用户，root 用户一般用于系统的管理，管理员在使用 root 用户时必须特别谨慎，以防由于误操作损坏系统。

5.3 进程管理

5.3.1 进程的概念

Linux 系统上所有运行的内容都可以称为进程。每个用户任务、每个系统管理任务，都可以称为进程。进程与程序是有区别的，程序只是静态的指令集合，不占系统的运行资源；而进程是随时都可能发生变化的、动态的、使用系统运行资源的程序。一个程序可以启动多个进程，例如可以打开多个浏览器窗口，每个浏览器窗口就是一个进程。此外，进程和作业的概念也有一定区别，一个正在执行的进程称为一个作业，而且作业可以包含一个或多个进程，尤其是当使用了管道和重定向命令时。Linux 系统包括 3 种不同类型的进程，每种进程都有自己的特点和属性。

（1）交互进程：由 Shell 启动的进程。

（2）批处理进程：这种进程和终端没有联系，是一个进程序列。

（3）守护进程：在后台持续运行的进程。

进程有一定的属性值，例如，Linux 系统中的进程的属性主要有：进程 ID（PID），是唯一的数值，用来区分进程；父进程和父进程的 ID（PPID）；启动进程的用户 ID 和用户组 ID；进程状态（状态分为运行 R、中断 S、停止 T、僵死 Z、不可中断 D）；进程执行的优先级；进程所连接的终端名；进程资源占用（内存、CPU 占用量）。其中父进程和子进程的关系是管理和被管理的关系，当父进程终止时，子进程也随之终止，但子进程终止，父进程并不一定终止。例如 httpd 服务器运行时，可以终止其子进程，父进程并不会因为子进程的终止而终止。在 Linux 进程管理中，当发现占用资源过多或无法控制的进程时，应该终止它，以保护系统稳定安全运行。

5.3.2 进程的启动

启动一个进程可以采用手动启动和调度启动两种方式。用户输入将要运行的程序名称，执行该程序，就是手动启动一个进程。而调度启动则是用户设置好启动的条件，待满足条件时触发某个程序自动启动。

1．手动启动进程

手动启动进程又可以分为前台启动和后台启动。前台启动是手动启动一个进程常用的方式。例如，我们输入命令“updatedb”，这就启动了一个进程，而且它是一个前台进程。其详细操作过程可扫描二维码查看。

直接从后台手动启动一个进程用得比较少，除非是该进程非常耗时，且不急着需要结果的时候。假设我们要启动一个需要长时间运行的格式化文本文件的进程，为了不使整个 Shell 在格式化过程中都处于“瘫痪”状态，从后台启动这个进程是明智选择。后台运行程序的方法是在运行命令末尾加上一个“&”。例如：

```
[root@localhost ~]# updatedb &
[1]3930
```

该进程启动后，终端不是等待该命令执行完毕再执行下一条命令，而是提示用户该进程的进程号为 3930，然后出现 Shell 提示符，用户可以继续在终端上操作。实际使用中，执行诸如数据库备份、大文件复制等耗时的任务，又不想让该进程占用整个终端资源，可以考虑使用后台启动的方式来执行。

2．调度启动进程

有时需要对系统进行一些比较费时而且占用资源的维护工作，这些工作适合在深夜进行，这时就可以事先进行调度安排，指定任务运行的时间或者场合，到时候系统会自动完成一切工作。

（1）at 命令。at 命令用于在指定时间执行指定的命令序列。但是它只是执行一次命令序列，而不是重复执行。其详细操作过程可扫描二维码查看。命令格式如下：

```
at [选项] TIME
```

主要选项含义如下。

-q：使用指定的队列来储存，at 的资料存放在所谓的 queue 中，用户可以同时使用多个 queue，而 queue 的编号为 a、b、……、z 及 A、B、……、Z 共 52 个。

-m：即使程序/指令执行完成后没有输出结果，也要通过邮件告知用户。

-f：读入预先写好的命令脚本文件。用户不一定要使用交谈模式来输入，可以先将所有的指令写入文件后再一次读入。

-l：列出所有的作业。

-d：删除作业。

-v：列出所有已经完成但尚未删除的作业。

TIME 的格式是 HH:MM，其中 HH 为小时，MM 为分钟，用户也可以指定 am、pm、midnight、noon、teatime 等。如果想要指定超过一天的时间，则可以用 MMDDYY 或者 MM/DD/YY 格式，其中 MM 是分钟，DD 是第几日，YY 是年份。另外，用户甚至可以使用“now +时间间隔”来弹性指定时间，其中，时间间隔可以是 minutes、hours、days、weeks 等。

此外，用户也可指定 today 或 tomorrow 来表示今天或明天。当指定了时间并按 Enter 键之后，at 会进入交互模式并要求输入指令或程序，输入后按 Ctrl+D 组合键即可完成所有动作，执行结果将以邮件形式发送到用户账号中。

范例如下。

① 3 天后的下午 5 点执行 /bin/ls 命令：

```
at 5pm + 3 days /bin/ls
```

② 3 个星期后的下午 5 点执行 /bin/ls：

```
at 5pm + 3 weeks /bin/ls
```

③ 明天的 17:20 执行/bin/date：

```
at 17:20 tomorrow /bin/date
```

④ 2020 年的最后一天的最后一分钟输出 the end of 2020：

```
at 23:59 12/31/2020 echo the end of 2020
```

（2）crontab 命令。at 命令实现的进程调度不具有周期性，只能在时间条件满足时执行一次。但是，很多时候需要重复地、周期性地执行某个程序，例如每天深夜执行数据库备份程序，这时需要 crontab 命令来完成任务。crontab 命令用于让用户在固定时间或固定间隔执行程序，换句话说，也就是类似 Windows 系统中的计划任务表（或称为时程表）。Linux 系统守护进程 crond 会每分钟检查一次用户的计划任务表，看有没有需要执行的程序。这个计划任务表体现在文件中就是用户的 crontab 文件，而 crond 进程则由系统启动时自动在后台执行。其详细操作过程可扫描二维码查看。

crond 会搜索 /var/spool/cron 目录，寻找以 /etc/passwd 文件中的用户名命名

的 crontab 文件，被找到的这种文件将载入内存。例如一个名为 kuang 的用户，它所对应的 crontab 文件就是/var/spool/cron/kuang，也就是说，以该用户名命名的 crontab 文件存放在 /var/spool/cron 目录下。crond 进程还将搜索 /etc/crontab 文件，这个文件是用不同格式写成的。crond 启动以后，它首先检查是否有用户设置了 crontab 文件，如果没有就转入休眠状态，释放系统资源，所以该后台进程占用资源极少。它每分钟“醒”过来一次，查看当前是否有需要执行的命令。命令执行结束后，任何输出都将通过邮件发送给 crontab 的所有者，或者是 /etc/crontab 文件中 MAILTO 环境变量中指定的用户。

对普通用户来说，只需关注自己的 crontab 文件的撰写，无须干涉 crond 进程的执行，可利用 crontab 命令创建和修改自己的 crontab 文件。crontab 命令格式如下：

```
crontab [ -u user ] filecrontab
crontab [ -u user ] { -l | -r | -e }
```

各个选项说明如下。

-u：设定指定 user 的计划任务表，这个前提是用户必须有权限（如 root 用户的权限）才能够指定他人的计划任务表。如果不使用 -u user，表示设定自己的计划任务表。

-e：执行文字编辑器来设定计划任务表，默认的文字编辑器是 vi 编辑器。

-r：删除目前的计划任务表。

-l：列出目前的计划任务表。

范例如下。

列出 root 用户的 crontab 文件：

```
[root@localhost ~]#crontab -l
0 12 * * * wall hello
```

编辑 root 用户的 crontab 文件：

```
[root@localhost ~]#crontab -e
```

crontab 文件有固定的格式：

```
f1 f2 f3 f4 f5 program
```

其中 f1 表示分钟，取值范围为 00～59；f2 表示小时，取值范围为 00～24；f3 表示一个月份中的第几天，取值范围为 01～31；f4 表示月份，取值范围为 01～12；f5 表示一个星期中的第几天，取值范围为 0～6；program 表示要执行的程序。

当 f1 为“*”时表示每分钟都要执行 program，f2 为“*”时表示每小时都要执行程序，以此类推。

当 f1 为“a～b”时表示从第 a 分钟到第 b 分钟这段时间内要执行 program，f2 为“a～b”时表示从第 a 小时到第 b 小时这段时间内要执行 program，以此类推。

当 f1 为“*/n”时表示每 n 分钟执行一次 program，f2 为“*/n”表示每 n 小时执行一次 program，以此类推。

当 f1 为“a, b, c…”时表示第 a, b, c…分钟要执行 program，f2 为“a, b, c…”时表示第 a, b, c…个小时要执行 program，以此类推。

范例如下。

每月每天 12 点执行一次 wall hello：

```
0 12 * * * wall hello
```

在 12 月内，每天 6 点到 12 点，每隔 20 分钟执行一次 /usr/bin/backup：

```
*/20 6-12 * 12 * /usr/bin/backup
```

周一到周五每天下午 5 点输出当前时间：

```
0 17 * * 1-5 date
```

每月每天的 0 点 20 分，2 点 20 分，4 点 20 分……执行 echo start backup：

```
20 0-23/2 * * * echo start backup
```

5.3.3　进程管理命令

进程管理主要包括查看进程、结束进程等。其主要命令有 ps、pstree 和 kill 等。

1．ps 命令

作用：显示瞬间进程的动态。其详细操作过程可扫描二维码查看。

语法：

```
ps [选项]
```

使用权限：所有使用者。

常用选项含义如下。

-e：显示所有进程。

-f：采用全格式显示。

-h：不显示标题。

-l：采用长格式显示。

-w：采用宽模式输出。

-a：显示终端上的所有进程，包括其他用户的进程。

-r：只显示正在运行的进程。

-x：显示没有控制终端的进程。

范例如下。

以全格式显示所有进程：

```
[root@localhost~]# ps -ef | more
UID        PID  PPID  C STIME TTY          TIME CMD
root         1     0  0 14:38 ?        00:00:03 systemd [5]
root         2     1  0 14:38 ?        00:00:00 [migration/0]
root         3     1  0 14:38 ?        00:00:00 [ksoftirqd/0]
root         4     1  0 14:38 ?        00:00:00 [watchdog/0]
root         5     1  0 14:38 ?        00:00:01 [events/0]
root         6     1  0 14:38 ?        00:00:00 [khelper]
root         7     1  0 14:38 ?        00:00:00 [kthread]
…
```

分页显示所有进程，包括系统进程和其他用户的进程：

```
[root@localhost~]# ps -aux | more
USER       PID %CPU %MEM    VSZ   RSS TTY      STAT START   TIME COMMAND
root         1  0.0  0.0   2044   636 ?        Ss   14:38   0:03 systemd [5]

root         2  0.0  0.0      0     0 ?       S     14:38   0:00 [migration/0]
root         3  0.0  0.0      0     0 ?       SN    14:38   0:00 [ksoftirqd/0]
root         4  0.0  0.0      0     0 ?       S     14:38   0:00 [watchdog/0]
root         5  0.0  0.0      0     0 ?       S<    14:38   0:01 [events/0]
root         6  0.0  0.0      0     0 ?       S<    14:38   0:00 [khelper]
root         7  0.0  0.0      0     0 ?       S<    14:38   0:00 [kthread]
…
```

2．pstree 命令

作用：以树状结构显示系统中的所有进程。其详细操作过程可扫描二维码查看。

语法：

```
pstree [选项] [Pid|User]
```

使用权限：所有使用者。

常用选项含义如下。

-a：显示进程的完整指令及参数。

-p：显示时将 PID 一起显示。

Pid：指定显示某进程信息。

User：指定显示某用户信息。

范例如下。

```
[root@localhost ~]# pstree
systemd-+-/usr/bin/sealer
   -acpid
   -atd
   -auditd-+-python
           -{auditd}
   -automount---4*[{automount}]
   -aavahi-daemon---avahi-daemon
   -bonobo-activati---[bonobo-activati]
   -bt-applet
   -clock-applet
   -crond
   -supsd
…
```

显示 PID 为 2523 的进程信息。

```
[root@localhost ~]#pstree -p 2523
gnome-terminal(2523)---bash(2527)---pstree(28378)
                    -gnome-pty-helpe(2526)
                    -{gnome-terminal}(2528)
```

3．kill 命令

作用：结束进程。其详细操作过程可扫描二维码查看。

语法：

```
kill [ -s signal | -p ] [ -a ] pid ...
kill -l [ signal ]
```

使用权限：所有使用者。

常用选项含义如下。

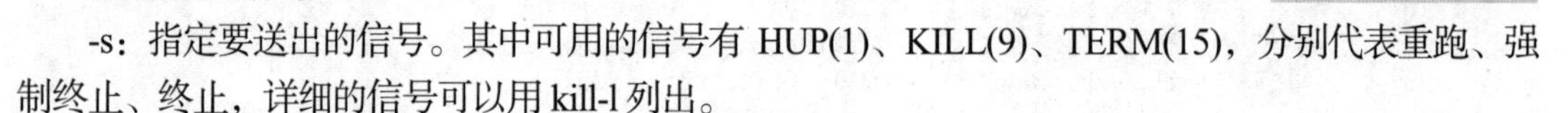

-s：指定要送出的信号。其中可用的信号有 HUP(1)、KILL(9)、TERM(15)，分别代表重跑、强制终止、终止，详细的信号可以用 kill-l 列出。

-p：只显示进程 PID，并不送出信号。

-l：列出所有可用的信号名称。

kill 命令送出一个特定的信号给进程 ID 为 PID 的进程，进程根据该信号做特定的动作，若没有指定，默认送出终止（TERM）的信号。

kill 命令不仅可以结束前台进程，也可以结束后台进程。此外，前台进程可以采用 Ctrl+C 组合键来中断，后台进程不可以用该组合键中断。

范例如下。

将 PID 为 323 的进程终止：

```
kill -9 323
```

将 PID 为 323 的进程重启：

```
kill -HUP 323
```

5.4 系统监视与日志

在 Linux 系统日常维护管理中，实时查看系统性能、资源使用情况、查看日志信息等，都是维护系统常见的工作。

5.4.1 系统监控命令

系统监控命令 top 显示当前正在运行的进程以及这些进程的重要信息，包括内存和 CPU 的使用情况。相比 ps 命令，top 命令动态实时更新进程信息，这为系统管理员观察系统使用情况提供了方便。其详细操作过程可扫描二维码查看。

top 命令使用方式：

```
top [-] [d delay] [q] [c] [S] [s] [i] [n] [b]
```

常用选项含义如下。

-d：改变显示的更新速度。

-q：没有任何延迟的显示速度，如果使用者有 root 用户的权限，则 top 将会以最高的优先级执行。

-c：切换显示模式，共有两种模式，一种是只显示执行文件的名称，另一种是显示完整的路径与名称。

-S：累积模式，会将已完成或消失的子进程（Dead Child Process）的 CPU 时间累积起来。

-s：安全模式。

-i：不显示任何闲置或无用的进程。

-n：更新的次数，完成后将会退出 top。

-b：批处理模式，搭配\"n\" 参数一起使用，可以用来将 top 命令的执行结果输出到文件内。

范例如下。

显示更新 10 次后退出：

```
top -n 10
```

使用者将不能利用交谈式指令来对进程下命令：

```
top -s
```

将更新显示 2 次的结果输入名称为 top.log 的文件里：

```
top -n 2 -b > top.log
```

top 命令执行后，会输出图 5-2 所示的统计信息，用户可以在这个界面上输入命令，调整显示结果。

```
root@localhost:~
File  Edit  View  Search  Terminal  Help
top - 19:34:30 up 46 min,  2 users,  load average: 1.82, 0.51, 0.17
Tasks: 231 total,   2 running, 229 sleeping,   0 stopped,   0 zombie
%Cpu(s): 10.3 us,  4.0 sy,  0.0 ni, 82.7 id,  1.3 wa,  1.3 hi,  0.3 si,  0
MiB Mem :    781.7 total,     56.0 free,    548.2 used,    177.5 buff/cach
MiB Swap:   2048.0 total,   1680.5 free,    367.5 used.    103.8 avail Mem

  PID USER      PR  NI    VIRT    RES    SHR S  %CPU  %MEM     TIME+
 2927 root      20   0 2669992 111080  36276 S   8.0  13.9   0:05.06
 2838 root      19  -1  413936  19164  10100 S   2.3   2.4   0:00.72
 3423 root      20   0  779332  29936  19964 S   1.3   3.7   0:00.22
   55 root      20   0       0      0      0 S   1.0   0.0   0:04.90
 3027 root      20   0  205208  22404   1836 S   0.7   2.8   0:00.34
 2883 root      20   0  248692   1380   1060 S   0.3   0.2   0:00.02
 2939 root      20   0  391212   3372   1896 S   0.3   0.4   0:00.06
 2949 root      20   0  455044   3540   2432 S   0.3   0.4   0:00.42
 3003 root      20   0   60996    160     52 S   0.3   0.0   0:00.01
 3013 root      20   0  442540    600    364 S   0.3   0.1   0:00.03
 3264 root      20   0  536532   4776   3148 S   0.3   0.6   0:00.33
 3293 root      20   0  989348   1612   1612 S   0.3   0.2   0:00.23
 3484 root      20   0   65524   4876   4008 R   0.3   0.6   0:00.02
    1 root      20   0  245596   2672   1676 S   0.0   0.3   0:03.12
    2 root      20   0       0      0      0 S   0.0   0.0   0:00.00
    3 root       0 -20       0      0      0 I   0.0   0.0   0:00.00
    4 root       0 -20       0      0      0 I   0.0   0.0   0:00.00
```

图 5-2　top 命令输出结果

top 命令界面下常用命令及其含义如下。

space：立即刷新显示。

h：显示帮助。

k：终止某进程。

n：改变显示的进程数量。

u：显示指定用户。

m：显示或取消内存信息。

P：按 CPU 使用情况排序。

q：退出 top。

5.4.2 内存查看命令

free 命令的功能是查看当前系统内存的使用情况，它显示系统中剩余和已用的物理内存和交换内存，以及共享内存和被核心使用的缓冲区。其详细操作过程可扫描二维码查看。其命令语法为：

```
free [选项]
```

常用选项含义如下。

-b：以字节为单位显示。

-k：以 KB 为单位显示。

-m：以 MB 为单位显示。

范例如下。

显示系统内存使用情况：

```
[root@localhost ~]# free -m
              total       used        free       shared     buffers      cached
Mem:          1011        581         429          0          57         359
-/+ buffers/cache:        163         847
Swap:         1983          0        1983
```

除了通过命令行界面监控系统外，CentOS 还提供了图形用户界面的系统监视器。进入 Activities 界面，利用搜索文本框搜索“System Monitor”，打开图 5-3 所示的界面，该系统监视器可以比较形象、直观地观察系统资源、进程和文件系统的使用情况。

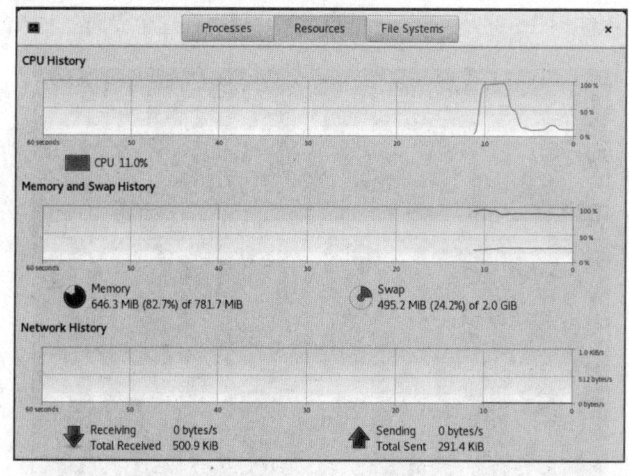

图 5-3 系统监视器

5.4.3 日志查看命令

系统日志是对特定事件的记录。一个系统日志中所记录的事件类型是由特定日志的性质以及控制这些被记录事件的配置决定的。一般情况下，系统日志是用户可以直接阅读的文本文件，其中包含了一个时间戳和事件所特有的其他信息。

日志对系统安全来说尤其重要，由于日志记录了系统每天发生的各种各样的事情，用户可以通过它来检查错误发生的原因或者受到攻击时攻击者留下的痕迹。日志可以帮助用户审计和监测，还可以实时地监测系统状态、监测和追踪侵入者等。其详细操作过程可扫描二维码查看。

Linux 系统中大部分日志位于 /var/log 目录下，主要的日志文件描述如下。

/var/log/messages：包括整体系统信息，其中包含系统启动期间的日志。此外，mail、cron、daemon、kern 和 auth 等内容也记录在 var/log/messages 日志中。

/var/log/dmesg：包含内核缓冲（Kernel Ring Buffer）信息。在系统启动时，在屏幕上会显示许多与硬件有关的信息，可以用 dmesg 查看它们。

/var/log/boot.log：包含系统启动时的日志。

/var/log/btmp：记录所有失败登录信息。

/var/log/cron：每当 cron 进程开始一项工作时，就会将相关信息记录在这个文件中。

/var/log/cups：涉及所有输出信息的日志。

/var/log/lastlog：记录所有用户的最近信息。这不是一个 ASCII 文件，因此需要用 lastlog 命令查看其内容。

/var/log/mail.log：包含来自系统运行电子邮件服务器的日志信息。例如，sendmail 日志信息就全部送到这个文件中。

/var/log/Xorg.x.log：来自 X 的日志信息。

/var/log/anaconda/anaconda.log：在安装 Linux 时，所有安装信息都储存在这个文件中。

/var/log/dnf.log：包含使用软件包管理器 dnf 安装的软件包信息。

/var/log/secure：包含验证和授权方面信息。例如，sshd 会将所有信息（包括失败登录）记录在这里。

/var/log/wtmp 或 /var/log/utmp：包含登录信息。使用 wtmp 可以找出谁正在登录系统，谁使用命令显示这个文件或信息等。

大多数日志可以使用任意文本编辑器如 vi 编辑器来查看，CentOS 提供了图形用户界面的日志查看工具，进入 Activities 界面，利用搜索文本框搜索“Logs”，可以打开图 5-4 所示的日志查看器。

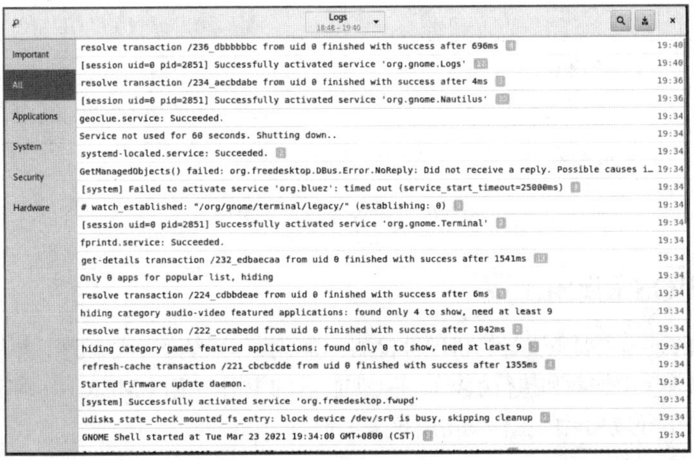

图 5-4　日志查看器

选择左侧想要查看的日志分类，通过中部的搜索文本框进行全文模糊搜索，查找需要的日志信息，如图 5-5 所示。

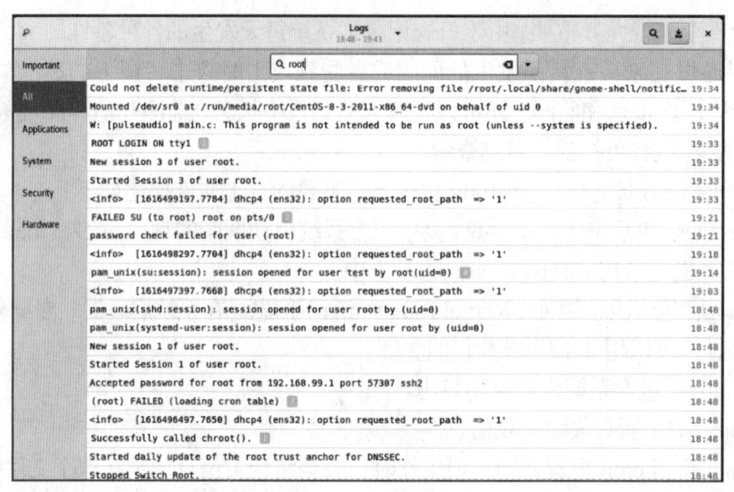

图 5-5　日志模糊搜索

5.5 系统初始化过程分析

Linux 系统从开机启动到启动成功进入桌面环境，整个过程比较复杂，但作为系统管理员，要想管理维护好 Linux 系统主机，很有必要了解整个启动过程，有了这些专业知识，万一 Linux 系统启动失败，也能分析问题出在哪里。

Linux 系统的引导大概有 10 个步骤，如图 5-6 所示。下面详细分析各个步骤所做的工作。

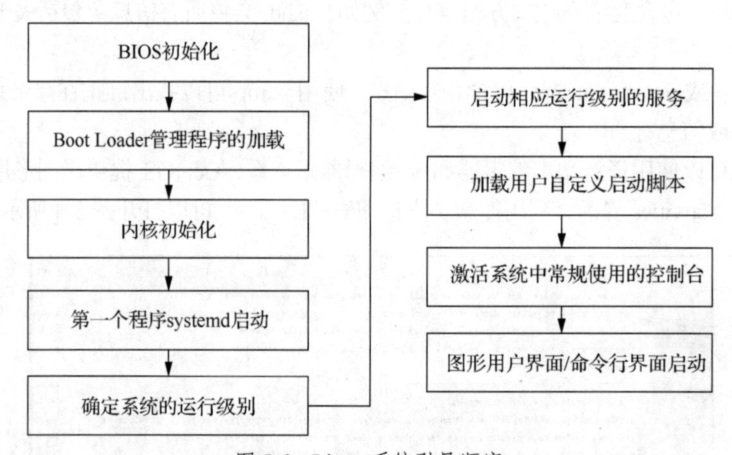

图 5-6　Linux 系统引导顺序

5.5.1　BIOS 初始化

BIOS 初始化的过程主要负责计算机硬件检测，确定操作系统的引导顺序，并从可引导设备（如光盘、U 盘、硬盘等）中加载和执行引导程序（如硬盘的主引导扇区 MBR），确定从哪里可以引导并启动操作系统，引导成功后的工作交由内核来负责。

5.5.2　GRUB 的加载

GNU GRUB（GRand Unified Bootloader，GRand 统一引导程序）是一个将引导装载程序安装到主引导记录的程序。主引导记录位于主引导记录区中特定的指令装载一个 GRUB 菜单或是 GRUB

的命令环境，这使得用户能够开始操作系统的选择，在内核引导时传递特定指令给内核，或者在内核引导前确定一些系统参数。GRUB 支持命令行界面，提供非常方便的引导程序修复功能，并支持引导菜单的加密保护。

CentOS 8 的 GRUB 引导界面如图 5-7 所示。

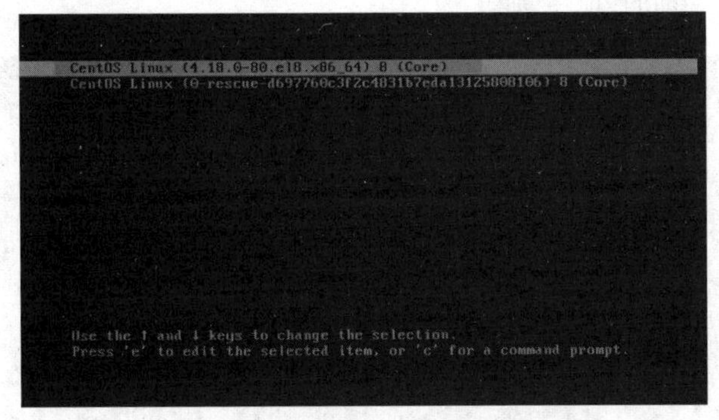

图 5-7　CentOS 8 的 GRUB 引导界面

5.5.3　内核初始化

当用户在 GRUB 的引导菜单中选择合适的启动内核后，操作系统正式执行加载内核的步骤。例如选择 Linux 的内核，接下来的工作就交由内核进行控制，内核主要负责以下工作。

（1）硬件设备的检测。

（2）设备驱动程序的初始化。

（3）以只读方式挂载根文件系统。

（4）启动第一个应用进程 systemd。

5.5.4　systemd 启动

当内核启动之后（已被装入内存、已经开始运行、已经初始化了所有设备驱动程序和数据结构等），通过启动用户级程序 systemd 来完成引导进程的内核部分。因此，systemd 总是第一个进程（它的进程号总是 1）。用户可以用命令 pstree 来查看系统的进程树，如图 5-8 所示。可以看到 systemd 进程是所有进程的发起者和控制者，如果 systemd 出现问题，系统随之垮掉。systemd 进程扮演了“终极父进程”的角色，失去了父进程的子进程会将 systemd 作为它们的父进程。

```
root@localhost:~
File  Edit  View  Search  Terminal  Help
[root@localhost ~]# pstree
systemd─┬─ModemManager───2*[{ModemManager}]
        ├─NetworkManager───2*[{NetworkManager}]
        ├─VGAuthService
        ├─accounts-daemon───2*[{accounts-daemon}]
        ├─alsactl
        ├─at-spi-bus-laun─┬─dbus-daemon───{dbus-daemon}
        │                 └─3*[{at-spi-bus-laun}]
        ├─at-spi2-registr───2*[{at-spi2-registr}]
        ├─atd
        ├─auditd─┬─sedispatch
        │        └─2*[{auditd}]
        ├─avahi-daemon───avahi-daemon
        ├─colord───2*[{colord}]
        ├─crond
        ├─cupsd
        ├─2*[dbus-daemon───{dbus-daemon}]
        ├─dbus-launch
        ├─dconf-service───2*[{dconf-service}]
        ├─dnsmasq───dnsmasq
        ├─evolution-addre─┬─evolution-addre───5*[{evolution-addre}]
        │                 └─4*[{evolution-addre}]
        ├─evolution-calen─┬─evolution-calen───8*[{evolution-calen}]
        │                 └─4*[{evolution-calen}]
```

图 5-8　Linux 系统进程树

5.5.5 系统运行级别确定

新版本的 CentOS 不再使用 inittab 配置文件来进行初始化设置，转而使用 systemd 来设置，如图 5-9 所示。可以通过 systemctl get-default 来获取当前的运行级别，也可以通过 systemctl set-default TARGET.target 来设置当前的运行级别。

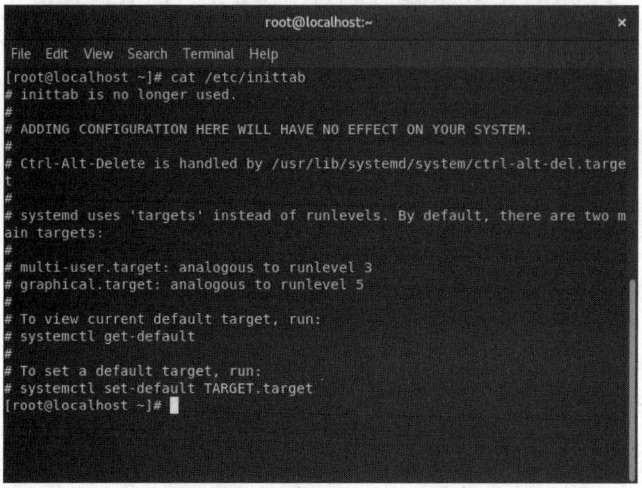

```
root@localhost:~
File Edit View Search Terminal Help
[root@localhost ~]# cat /etc/inittab
# inittab is no longer used.
#
# ADDING CONFIGURATION HERE WILL HAVE NO EFFECT ON YOUR SYSTEM.
#
# Ctrl-Alt-Delete is handled by /usr/lib/systemd/system/ctrl-alt-del.targe
t
#
# systemd uses 'targets' instead of runlevels. By default, there are two m
ain targets:
#
# multi-user.target: analogous to runlevel 3
# graphical.target: analogous to runlevel 5
#
# To view current default target, run:
# systemctl get-default
#
# To set a default target, run:
# systemctl set-default TARGET.target
[root@localhost ~]#
```

图 5-9 新版本 CentOS inittab 配置文件内容

新版本 CentOS systemd 使用 targets 来代替运行级别，targets 和运行级别数值的对应关系如图 5-10 所示。

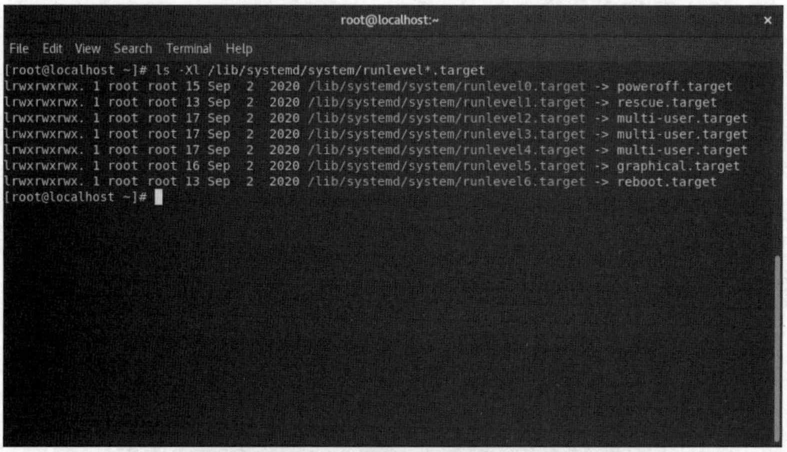

```
root@localhost:~
File Edit View Search Terminal Help
[root@localhost ~]# ls -Xl /lib/systemd/system/runlevel*.target
lrwxrwxrwx. 1 root root 15 Sep  2  2020 /lib/systemd/system/runlevel0.target -> poweroff.target
lrwxrwxrwx. 1 root root 13 Sep  2  2020 /lib/systemd/system/runlevel1.target -> rescue.target
lrwxrwxrwx. 1 root root 17 Sep  2  2020 /lib/systemd/system/runlevel2.target -> multi-user.target
lrwxrwxrwx. 1 root root 17 Sep  2  2020 /lib/systemd/system/runlevel3.target -> multi-user.target
lrwxrwxrwx. 1 root root 17 Sep  2  2020 /lib/systemd/system/runlevel4.target -> multi-user.target
lrwxrwxrwx. 1 root root 16 Sep  2  2020 /lib/systemd/system/runlevel5.target -> graphical.target
lrwxrwxrwx. 1 root root 13 Sep  2  2020 /lib/systemd/system/runlevel6.target -> reboot.target
[root@localhost ~]#
```

图 5-10 target 和运行级别数值的对应关系

5.5.6 相应运行级别下的服务启动

当我们通过 systemctl set-default TARGET.target 设置运行级别时，将会修改 /etc/systemd/system 目录下的 default.target 文件。可以看到当前 default.target 指向 multi-user.target，也就是运行级别 3。

```
    [root@localhost ~]# ls /etc/systemd/system/
    lrwxrwxrwx. 1 root root  37 Jun 9 12:03 default.target -> /lib/systemd/system/
multi-user.target
```

那么当系统启动的时候，会进入同一目录下的 multi-user.target.wants 来搜索当前运行级别下哪些服务开机启动。

```
[root@localhost ~]#ls/etc/systemd/system/multi-user.target.wants/

atd.service          libstoragemgmt.service  sshd.service
auditd.service       mcelog.service          sssd.service
crond.service        mdmonitor.service       tuned.service
dnf-makecache.timer  NetworkManager.service  vdo.service
firewalld.service    remote-fs.target        vmtoolsd.service
irqbalance.service   rsyslog.service
kdump.service        smartd.service
```

5.5.7 用户自定义脚本运行

用户可以自定义一些在系统启动时启动的脚本，通过修改/etc/rc.d/rc.local 的内容来增加用户自己需要的功能。该文件默认内容如下：

```
[root@localhost ~]# cat /etc/rc.d/rc.local
#!/bin/bash
# THIS FILE IS ADDED FOR COMPATIBILITY PURPOSES
#
# It is highly advisable to create own systemd services or udev rules
# to run scripts during boot instead of using this file.
#
# In contrast to previous versions due to parallel execution during boot
# this script will NOT be run after all other services.
#
# Please note that you must run 'chmod +x /etc/rc.d/rc.local' to ensure
# that this script will be executed during boot.

touch /var/lock/subsys/local
```

用户可以将自定义的开机启动脚本放在 rc.local 文件中，但需要给 rc.local 添加可执行权限，这个文件才会生效。

5.5.8 系统常规使用的控制台激活

tty 一词源于 Teletypes 或 Teletypewriters，原指电传打字机，是指通过串行线连接打印机和键盘发送信息的设备，后来被键盘与显示器取代，现在叫终端比较合适。

终端是一种字符设备，它有多种类型，通常使用 tty 来简称各种类型的终端设备。

在 Linux 系统的设备特殊文件目录/dev/下，终端特殊设备文件一般有以下几种。

1．串行端口终端

串行端口终端（Serial Port Terminal）是使用计算机串行端口连接的终端设备。计算机把每个串行端口都看作一个字符设备。有段时间这些串行端口设备通常被称为终端设备，因为那时它的用途就是连接终端。这些串行端口所对应的设备名称是 /dev/tts/0（或/dev/ttyS0）、/dev/tts/1（或/dev/ttyS1）等，分别对应于 DOS 下的 COM1、COM2 等。若要向一个端口发送数据，在命令行上把标准输出重定向到这些特殊文件名上即可。例如，在命令行提示符窗口中输入 echo test > /dev/ttyS1 会把单词"test"发送到连接在 ttyS1（COM2）端口的设备上。

2．伪终端

伪终端（Pseudo Terminal）是成对的逻辑终端设备，即 master 设备和 slave 设备，对 master 设备的操作会反映到 slave 设备上。

例如/dev/ptyp3 和/dev/ttyp3（或者/dev/pty /m3 和/dev/pty/s3）。它们与实际物理设备并不直接相关。如果一个程序把 ptyp3（master 设备）看作一个串行端口设备，则它对该端口的读/写操作会反映在该逻辑终端设备对应的另一个 ttyp3（slave 设备）上面。而 ttyp3 则是另一个程序用于读/写操作的逻辑设备。Telnet 主机 A 就是通过“伪终端”与主机 A 的登录程序进行通信。

3．控制终端

如果当前进程有控制终端（Controlling Terminal）的话，那么 /dev/tty 就是当前进程的控制终端设备的特殊文件。可以使用命令 ps -ax 来查看进程与哪个控制终端相连。对于用户登录的 Shell，/dev/tty 就是用户使用的终端，设备号是（5,0）。使用命令 tty 可以查看它具体对应哪个实际终端设备。/dev/tty 有些类似实际所使用的终端设备的一个连接。

4．控制台终端

在 Linux 系统中，计算机显示器通常被称为控制台终端（Console），有一些设备特殊文件与之相关联，如 tty0、tty1、tty2 等。当在控制台终端上登录时，使用的是 tty1。使用 Alt+[F1～F6]组合键时，可以切换到 tty2、tty3 等上面去。tty1～tty6 等称为虚拟终端，而 tty0 则是当前所使用虚拟终端的一个别名，系统所产生的信息会发送到该终端上。因此不管当前正在使用哪个虚拟终端，系统信息都会发送到控制台终端上。/dev/console 即控制台终端，是与操作系统交互的设备，系统将一些信息直接输出到控制台终端上，目前只有在单用户模式下，才允许用户登录控制台终端。

5．虚拟终端

在 X Window 模式下的伪终端，如在 CentOS 8 的图形用户界面模式下，打开终端输入如下命令：

```
[root@Localhost ~]# tty
/dev/pts/0
```

6．其他类型

Linux 系统中针对很多不同的字符设备存在很多其他种类的终端设备特殊文件。例如针对 ISDN（Integrated Service Digital Network，综合业务数字网）设备的 /dev/ttyIn 终端设备等。这里不赘述。

tty 设备包括虚拟终端、串行端口终端以及伪终端设备。

/dev/tty 代表当前 tty 设备，在当前的终端中输入 echo "hello" > /dev/tty，都会直接显示在当前的终端中。

以下列出系统可用的控制台终端：

```
[root@Localhost ~]# ls -l /dev/tty*
crw-rw-rw-   1 root tty  5,  0 07-12 13:50 /dev/tty
crw-rw----   1 root root 4,  0 07-12 13:42 /dev/tty0
crw-------   1 root root 4,  1 07-12 13:45 /dev/tty1
crw-rw----   1 root tty  4, 10 07-12 13:42 /dev/tty2
crw-rw----   1 root tty  4, 11 07-12 13:42 /dev/tty3
crw-rw----   1 root tty  4, 12 07-12 13:42 /dev/tty4
crw-rw----   1 root tty  4, 13 07-12 13:43 /dev/tty5
crw-rw----   1 root tty  4, 14 07-12 13:43 /dev/tty6
crw-rw----   1 root tty  4, 15 07-12 13:43 /dev/tty7
crw-rw----   1 root tty  4,  9 07-12 13:42 /dev/tty8
crw-rw----   1 root tty  4,  9 07-12 13:42 /dev/tty9
crw-rw----   1 root uucp 4, 64 07-12 13:42 /dev/ttyS0
crw-rw----   1 root uucp 4, 65 07-12 13:42 /dev/ttyS1
crw-rw----   1 root uucp 4, 66 07-12 13:42 /dev/ttyS2
crw-rw----   1 root uucp 4, 67 07-12 13:42 /dev/ttyS3
…
```

完成以上所有工作之后，操作系统启动完成，用户就可以登录了。如果是图形用户界面工作模式，X Window 的启动分析请参考本书 5.3 节的内容，这里不重复介绍。

5.6 本章小结

本章重点介绍了 Linux 系统存储设备的管理、用户和组管理、进程管理、系统监控与日志查看和系统初始化过程等知识。系统管理是一个综合性工作，需要各种知识融会贯通和综合应用，掌握本章的知识和工具，对系统的维护和管理非常重要。

习题

1. 终止一个前台进程可能用到的命令和操作是________。

   A. kill　　B. Ctrl+C　　C. shut down　　D. halt

2. 关于文件系统的安装和卸载，下面描述正确的是________。

   A. 如果光盘未经卸载，光驱是打不开的

   B. 安装文件系统的挂载点只能是/mnt下

   C. 不管光驱中是否有光盘，系统都可以安装CD-ROM设备

   D. mount /dev/fd0 /floppy 此命令中目录/floppy是自动生成的

3. 使用at规划进程任务时，为了删除已经规划好的工作任务，用户可以使用____工具。

   A. atq　　B. atrm　　C. rm　　D. del

4. 系统启动时的日志信息存放在________。

   A. /var/log/syslog　　B. /var/log/boot

   C. /var/log/messages　　D. /var/log/statues

5. 常用的文件系统有哪几种？
6. Linux系统为什么可以支持大部分的文件系统？
7. 进程的启动方式有几种？
8. Linux系统用户文件 /etc/passwd的每一行代表一个用户账号信息，它的每一个区域代表什么？
9. 简述Linux系统的引导过程。
10. 假设当前登录用户为oracle，要求每星期五21点30分开始以oracle用户执行/home/oracle/exportdata.sh程序导出数据库数据文件，请给出解决方案。
11. 写一个crontab语句，实现每天的09:00到10:00这个时间段内，每间隔10分钟调用一次脚本/usr/local/srcipt.sh。
12. 如何查看当前系统内还剩下多少可用内存？
13. 如何查看当前系统内磁盘还剩下多少可用空间？

第6章 网络管理

Linux 具备强大、高效而且灵活的网络功能，常常成为网络的“心脏”和“灵魂”，可向网络中其他计算机提供服务。本章首先介绍 Linux 的基本网络配置和网络管理命令，然后介绍常用的网络服务模型和几个典型网络服务的使用方法与配置，包括 Telnet 服务、FTP 服务、WWW 服务、DHCP 服务。

6.1 网络接口配置

Linux 系统要使用网络，首先要为网络接口配置 IP 地址、网关、域名系统（Domain Name System，DNS）等信息，这里说的网络接口主要指网卡设备。

6.1.1 图形用户界面配置工具

Linux 系统提供图形用户界面的配置工具和终端配置命令。

在桌面环境中单击左上角的“Activities”按钮，搜索“设置”，在“设置”中选择“网络”命令，打开图 6-1 所示的网络配置窗口。可以看到当前网络设备的信息，其中 enp0s3 表示以太网设备，要让它生效先要做“打开”操作。

选中一个网络设备，单击设置图标按钮，系统会弹出该设备的配置界面，如图 6-2 所示。在其中可以配置网络接口的 IP 地址、路由和硬件设备信息等。配置完后单击“应用”按钮退出该界面。

图 6-1　网络配置窗口

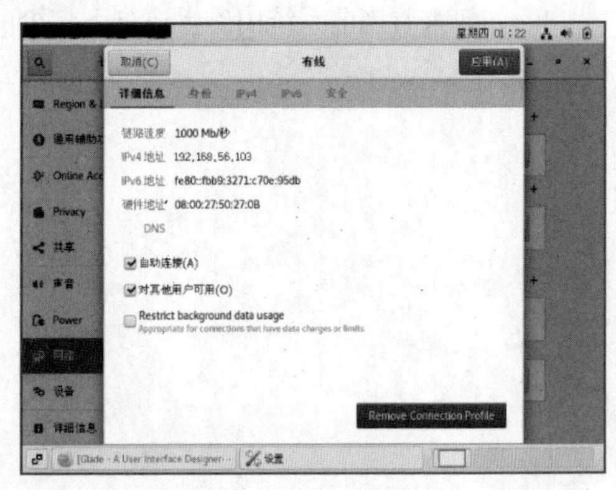

图 6-2　配置 IP 地址

网络配置信息并非立即生效，需要重启计算机或重启网络服务才会生效。我们可以采用命令重启网络服务，例如：

```
nmcli networking off && nmcli networking on
```

6.1.2 网络配置命令

ifconfig 命令是用来配置和显示当前网卡状态的命令，如果系统没有安装 ifconfig 命令，可以通过 yum install net-tools 命令进行安装。在计算机启动的时候，它被系统用来配置网卡。它的功能包括：列出各个已定义网络接口的配置情况、禁止/激活任何网络接口、修改网络接口配置参数等。其详细操作过程可扫描二维码查看。

在没有给出参数，直接运行 ifconfig 命令的时候，系统会给出所有正在活动的网卡的信息：

```
[root@localhost ~]# ifconfig
eth0      Link encap:Ethernet  HWaddr 08:00:27:1F:BF:15
          inet addr:192.168.0.17  Bcast:192.168.0.255  Mask:255.255.255.0
          inet6 addr: fe80::a00:27ff:fe1f:bf15/64 Scope:Link
          UP BROADCAST RUNNING MULTICAST  MTU:1500  Metric:1
          RX packets:1941 errors:0 dropped:0 overruns:0 frame:0
          TX packets:290 errors:0 dropped:0 overruns:0 carrier:0
          collisions:0 txqueuelen:1000
          RX bytes:667067 (651.4 KiB)  TX bytes:29369 (28.6 KiB)
          Base address:0xd010 Memory:f0000000-f0020000

         Link encap:Local Loopback
         inet addr:127.0.0.1  Mask:255.0.0.0
         inet6 addr: ::1/128 Scope:Host
         UP LOOPBACK RUNNING  MTU:16436  Metric:1
         RX packets:2034 errors:0 dropped:0 overruns:0 frame:0
         TX packets:2034 errors:0 dropped:0 overruns:0 carrier:0
         collisions:0 txqueuelen:0
         RX bytes:3151270(3.0 MiB)  TX bytes:3151270(3.0 MiB)
```

在上面的例子中，计算机有一块物理网卡 eth0。lo 是本地回环虚拟网卡，主要用于内部的通信和故障检测。回环接口可用于确定 TCP/IP 软件在本地网络中的运行是否正常。例如，可以通过 ping 回环地址来判断响应是否正确。

另外，RX 和 TX 显示出多少个数据包被收到了或多少个数据包发送错误、多少个数据包掉落等。当数据包到来的速度快于接收速度，接收装置通常会发生溢出。

在 Linux 中查看网卡的 IP 地址，都会使用 ifconfig 命令。如果要单独看某一块网卡，则可以加上网卡的名称：

```
[root@localhost ~]# ifconfig eth0
```

使用 ifconfig 命令可以禁止一个活动的网卡，也可以激活一个已经被禁止的网卡。在禁止状态，没有数据包被允许通过这块网卡，这等价于从网络上中断到该网卡的连接。当一个网卡被禁止时，从管理角度来看，它处于停止工作状态。为使一个网卡停止工作，需要使用 ifconfig 命令对相应的接口进行操作，这里要使用 down 选项，具体形式如下：

```
ifconfig eth0 down
```

停止 eth0 后执行 ifconfig 命令，可以发现已经没有了 eth0 的网卡信息，说明网卡已经被停止。如果再激活这块网卡，则执行：

```
ifconfig eth0 up
```

利用 ifconfig 还可以设置网络接口的 IP 地址和子网掩码，其命令格式如下：

```
ifconfig <设备名> <IP 地址> netmask <掩码>
```

例如：

```
[root@localhost ~]# ifconfig eth0 192.168.0.17 netmask 255.255.255.0
```

需要注意的是，使用 ifconfig 命令实现的修改都是临时性的，在计算机重新启动时就会失效。如果需要其永久生效，则要修改对应网络接口的配置文件或使用图形用户界面配置工具操作。

6.2 常用网络管理命令

网络管理命令主要包括网络连通性测试命令、路由控制命令和网络状态监控命令等。

1．ping 命令

作用：发送一个回送信号请求给网络主机，用于测试网络是否连通，测试主机是否在线。其详细操作过程可扫描二维码查看。

语法：

```
ping [选项] <目的主机或 IP 地址>
```

使用权限：所有使用者。

常用选项含义如下。

-c：指定要被发送（或接收）的回送信号请求的数目，由 Count 变量指定。

-s：指定要发送数据的字节数。默认值是 56，当和 8 字节的 ICMP（Internet Control Message Protocol，互联网控制报文协议）头数据合并时被转换成 64 字节的 ICMP 数据。

范例如下。

```
[root@localhost ~]# ping -c 4 192.168.0.1
PING 192.168.0.1 (192.168.0.1) 56(84) bytes of data.
64 bytes from 192.168.0.1: icmp_seq=1 ttl=255 time=2.16 ms
64 bytes from 192.168.0.1: icmp_seq=2 ttl=255 time=2.22 ms
64 bytes from 192.168.0.1: icmp_seq=3 ttl=255 time=3.64 ms
64 bytes from 192.168.0.1: icmp_seq=4 ttl=255 time=2.29 ms

--- 192.168.0.1 ping statistics ---
4 packets transmitted, 4 received, 0% packet loss, time 3038ms
rtt min/avg/max/mdev = 2.164/2.583/3.647/0.615 ms
```

Linux 系统中，ping 命令会连续不断地发送数据包，用户可以使用 Ctrl+C 组合键终止数据包的发送。以上例子中，ping 命令统计显示发送 4 个数据包，收到 4 个数据包，丢包率为 0。每个 ICMP 数据包返回的信息包括以下内容。

（1）icmp_seq：ICMP 数据包序号。

（2）ttl：数据包生存时间。

（3）time：发出数据包到收到返回信息的时间，以 ms 为单位。

2．traceroute 命令

作用：显示数据包到主机间的路径。

语法：

```
traceroute [选项] <目的主机或 IP 地址>
```

使用权限：所有使用者。

常用选项含义如下。

-g：设置来源路由网关，最多可设置 8 个。

-n：直接使用 IP 地址而非主机名称。

-v：详细显示指令的执行过程。

-w：设置等待远程主机回报的时间。

该命令向目的地址发送的数据包每经过一个网关或路由器，就返回一行信息，内容包括网关或路由器的主机名或 IP 地址、3 次经过该网关或路由器的时间（ms）。例如：

```
traceroute www.163.com
```

3．route 命令

作用：显示路由表、添加/删除路由记录。其详细操作过程可扫描二维码查看。

语法：

```
route add|del-net <网络号> netmask <网络掩码> dev <设备名>
route add|del default gw <网关名或网关 IP>
```

使用权限：所有使用者。

范例如下。

添加默认网关：

```
[root@localhost ~]# route add default gw 192.168.0.1
```

显示路由表：

```
[root@localhost ~]# route
Kernel IP routing table
Destination     Gateway         Genmask         Flags  Metric  Ref    Use Iface
192.168.0.0     *               255.255.255.0    U       0      0      0  eth0
169.254.0.0     *               255.255.0.0      U       0      0      0  eth0
default        192.168.0.1      0.0.0.0          UG      0      0      0  eth0
```

输出结果中各个字段的含义如下。

① Destination 表示路由的目标 IP 地址。

② Gateway 表示网关使用的主机名或者 IP 地址。上面输出的“*”表示没有网关。

③ Genmask 表示路由的网络掩码。在把它与路由的目标地址进行比较之前，内核通过 Genmask 和数据包的 IP 地址进行按位“与”操作来设置路由。

④ Flags 是表示路由的标志。可用的标志及其意义是：U 表示路由在启动，H 表示 target 是一台计算机，G 表示使用网关，R 表示对动态路由进行复位设置；D 表示动态安装路由，M 表示修改路由，！表示拒绝路由。

⑤ Metric 表示路由的单位开销量。

⑥ Ref 表示依赖本路由的其他路由数目。

⑦ Use 表示路由表条目被使用的数目。

⑧ Iface 表示路由所发送的包的目的网络。

通过查看这些输出信息，就可以方便地管理网络的路由表了。

4．netstat 命令

作用：显示网络状态。其详细操作过程可扫描二维码查看。

语法：

```
netstat [选项]
```

使用权限：所有使用者。

常用选项含义如下。

-a：显示所有会话数据。

-i：列出系统已经定义的每个网卡。

-r：显示计算机当前的路由表。

-s：显示当前网络协议统计信息。

netstat 命令是一个监控 TCP/IP 网络非常有用的工具，它的主要作用是显示网络状态，可以提供有关网络连接状态的许多信息，如显示路由表、实际的网络连接以及每一个网络接口设备的状态信息。

范例如下。

显示每个网卡的信息：

```
[root@localhost ~]# netstat -i
```

```
Kernel Interface table
Iface MTU Met RX-OK RX-ERR RX-DRP RX-OVR TX-OK TX-ERR TX-DRP TX-OVR Flg
eth0  1500  0  3525    0     0     0     1412     0     0     0    BMRU
lo   16436  0  2034    0     0     0     2034     0     0     0    LRU
```

上述例子中，每一行表示一块网卡。netstat 命令列出的某些信息和 ifconfig 命令的输出结果相似，只是前者增加了一些有关各个接口运行特性的统计数据，如网卡名、最大传输单元、网络或目的地址及网卡地址等。另外还列出了许多数字，包括输入包的数目、错误输入包的数目、输出包的数目、包冲突的数目及仍在队列中的包的数目等。

显示统计信息（部分内容）：

```
[root@localhost ~]# netstat -s
Ip:
     5557 total packets received
     0 forwarded
     0 incoming packets discarded
     5546 incoming packets delivered
     3455 requests sent out
Icmp:
     28 ICMP messages received
     0 input ICMP message failed.
     ICMP input histogram:
        destination unreachable: 12
        echo requests: 1
        echo replies: 15
     13 ICMP messages sent
     0 ICMP messages failed
     ICMP output histogram:
        destination unreachable: 12
        echo replies: 1
```

6.3 网络设置的相关文件

Linux 系统所有的设置信息均保存在文件中，除了使用网络管理命令修改配置信息外，还可以使用文本编辑器直接修改文件信息。了解这些文件的内容，对我们管理网络方面的配置有很大帮助。网络设置的相关文件主要有以下几种。

（1）/etc/hosts。

（2）/etc/sysconfig/network-scripts/ifcfg-eth*。

（3）/etc/sysconfig/network。

（4）/etc/resolv.conf。

（5）/etc/host.conf。

（6）/etc/services。

（7）/etc/protocols。

每个文件有一定的功能，详细介绍如下。

1. /etc/hosts 文件

/etc/hosts 文件是域名或主机名与 IP 地址的映射文件。当计算机启动时，在可以查询 DNS 以前，计算机需要查询一些计算机名到 IP 地址的匹配信息。这些匹配信息存放在 /etc/hosts 文件中。在没有域名服务器的情况下，系统上所有网络程序都通过查询该文件来解析对应于某个计算机名的 IP 地址。

下面是一个 /etc/hosts 文件的示例：

```
127.0.0.1        localhost   localhost.localdomain
::1              localhost   localhost.localdomain
192.168.0.17     linux.edu.cn    linuxedu
```

第一列是计算机 IP 地址信息，第二列是计算机名，任何后面的列都是该计算机的别名。一旦修改完计算机的网络配置文件，应该重新启动网络以使修改生效。上面的例子中，IP 地址为 192.168.0.17 的主机名为 linux.edu.cn，别名为 linuxedu，用户在进行网络操作时可直接使用 linux.edu.cn 和 linuxedu，系统会自动搜索 /etc/hosts 文件，转换成对应的 IP 地址。

2. /etc/sysconfig/network-scripts/ifcfg-eth*文件

在 Linux 系统中，系统网络设备的配置文件保存在 /etc/sysconfig/network-scripts 目录下，ifcfg-eth0 包含第一块网卡的配置信息，ifcfg-eth1 包含第二块网卡的配置信息，以此类推。若希望手动修改 IP 地址或在新的接口上增加新的网络界面，可以通过修改对应的文件（ifcfg-eth*）或创建新的文件来实现。以第一块网卡 ifcfg-eth0 文件为例，它的配置文件如下：

```
DEVICE=eth0                        //表示物理设备的名字
BOOTPROTO=none/dhcp                //启动协议，none 表示使用设置的 IP 地址，dhcp 表示动态获取 IP 地址
HWADDR=08:00:27:1F:BF:15           //表示物理地址
ONBOOT=yes                         //启动时是否激活该网络接口
NETMASK=255.255.255.0              //表示网络掩码
IPADDR=192.168.0.17                //表示赋给该网络接口的 IP 地址
GATEWAY=192.168.0.1                //表示网关地址
TYPE=Ethernet                      //表示网络接口类型
USERCTL=no                         //是否允许非 root 用户控制该设备
```

3. /etc/sysconfig/network 文件

该文件是基本的网络配置文件，系统启动时读取该文件。文件中定义了计算机网络方面的全局配置，对所有网卡生效。常见的几个配置项如下：

```
NETWORKING=yes                          //是否支持网络功能
NETWORKING_IPv6=no                      //是否对 IPv6 支持
HOSTNAME=localhost.localdomain          //表示主机名
```

4. /etc/resolv. conf 文件

/etc/resolv.conf 是域名服务器设置文件。其示例如下：

```
search localdomain
nameserver 202.96.128.166
nameserver 202.96.134.133
```

search localdomain 表示当提供了一个不包括完全域名的计算机名时，在该计算机名后添加 localdomain 的后缀；nameserver 表示解析域名时使用该 IP 地址指定的计算机为域名服务器。其中域名服务器是按照在文件中出现的顺序来查询的。

5. /etc/host. conf 文件

该文件指定如何解析计算机名。Linux 通过解析器库来获得与计算机名对应的 IP 地址。下面是一个/etc/host.conf 文件的示例：

```
order bind, hosts
multi on
nospoof on
```

“order bind, hosts” 指定计算机名查询顺序，这里规定先使用 DNS 来解析域名，再查询/etc/hosts 文件（先后顺序也可以相反）。

“multi on” 表示允许主机指定多个 IP 地址。

“nospoof on” 指不允许对该服务器进行 IP 地址欺骗。IP 地址欺骗是一种攻击系统安全的手段，通过把 IP 地址伪装成别的计算机，来取得其他计算机的信任。

6. /etc/services 文件

该文件是网络服务名与端口号的映射文件，/etc/services 文件使得服务器和客户端的程序能够把服务的名字转换成端口号，在每一台计算机上都存在，其文件名是 /etc/services。只有 root 用户才有

权限修改这个文件，通常情况下这个文件是没有必要修改的，因为这个文件中包含了常用的服务所对应的端口号。/etc/services 文件的部分内容如下：

```
http          80/tcp         www www-http    # WorldWideWeb HTTP
```

HTTP 服务是常见的 Web 服务，使用的端口号是 80，基于 TCP 通信，其服务名是“www”或“www-http”。

7. /etc/protocols 文件

该文件描述 TCP/IP 系统提供的各种网络互联协议以及对应的协议号，其命令如下。

```
ip      0      IP           # internet protocol, pseudo protocol number
icmp    1      ICMP         # internet control message protocol
```

其中第 1 列为协议名称，第 2 列为协议号，第 3 列为别名，第 4 列为说明。

6.4 常用网络服务管理

Linux 系统作为一种网络操作系统，其主要的功能之一就是提供各种网络服务，如经常提到的 WWW（World Wide Web，万维网）服务器、邮件服务器、DNS 服务器和 FTP 服务器等就是网络服务，这些网络服务是部署在服务器上的服务软件，客户端连接这些服务软件。例如采用 Linux 系统配置 WWW 服务，在其上部署了 Web 网站，客户端就可以使用浏览器访问该网站。Linux 系统支持大部分服务，/etc/service 文件列出了所有支持的服务名称。网络服务的管理可以采用命令行界面管理工具。

1. chkconfig 命令

chkconfig 命令用于检查和设置系统的各种服务。该命令具有以下 5 种功能。

（1）添加指定的服务，命令格式为：

```
chkconfig --add 服务名
```

（2）删除指定的服务，命令格式为：

```
chkconfig --del 服务名
```

（3）显示所有或指定的服务，命令格式为：

```
chkconfig --list [服务名]
```

（4）检查指定服务的状态，命令格式为：

```
chkconfig 服务名
```

（5）改变服务的运行级别，命令格式为：

```
chkconfig [--level 运行级别] 服务名 [状态]
```

其中，服务通常是运行在 3、4、5 级别中，状态可以是启动（on）、停止（off）、重置（reset）。

2. service 命令

service 命令用于对系统服务进行管理，例如启动（start）、停止（stop）、重启（restart）、查看状态（status）等。命令格式为：

```
service 服务名 [ start | stop | restart | status ]
```

3. systemctl 命令

systemctl 命令可用于检查和设置系统的各种服务。其详细操作过程可扫描二维码查看。常见的操作方法有以下几种。

（1）使服务开机自启动或取消开机自启动：

```
systemctl [ enable | disable ] 服务名
```

（2）启动、关闭、重启服务及查看服务状态：

```
systemctl [ start | stop | restart | status | is-active ] 服务名
```

（3）显示所有已启动的服务：

```
systemctl list-units -type=servisse
```

（4）加载自定义配置文件：

```
systemctl load 服务名.service
```

可以在/usr/lib/systemd/system/目录下找到系统服务器的开机启动配置文件，如 sshd.service：

```
[root@localhost system]# cat sshd.service
[Unit]
Description=OpenSSH server daemon
Documentation=man:sshd(8) man:sshd_config(5)
After=network.target sshd-keygen.target
Wants=sshd-keygen.target

[Service]
Type=notify
EnvironmentFile=-/etc/crypto-policies/back-ends/opensshserver.config
EnvironmentFile=-/etc/sysconfig/sshd
ExecStart=/usr/sbin/sshd -D $OPTIONS $CRYPTO_POLICY
ExecReload=/bin/kill -HUP $MAINPID
KillMode=process
Restart=on-failure
RestartSec=42s

[Install]
WantedBy=multi-user.target
```

不是所有的软件都有自带的*.service 文件。当软件没有自带*.service 配置文件时，可以参考现有的配置文件进行修改，然后利用 systemctl load 命令把指定的配置文件复制到系统的配置文件目录，再利用 systemctl enable 命令使得该服务可以开机自启动。

6.4.1 网络服务模型概述

网络服务主要靠服务名以及服务端口号进行区分，网络服务启动后，会在服务器上驻留服务进程。该进程对本身的服务端口进行监控，如有客户端连接服务端口，服务进程就响应该连接，提供服务。Linux 系统中网络服务模式有两种，一种是独立的守护进程工作模式，另一种是基于 xinetd 的工作模式。

1. 独立的守护进程工作模式

守护进程的工作原理就是在 Client/Server（客户端/服务器）模式下，服务器监听在一个特定的端口上等待客户端连接。连接成功后服务器和客户端通过端口进行数据通信。守护进程的工作就是打开一个端口，并且等待进入连接。如果客户端产生一个连接请求，守护进程就创建一个子服务器响应这个连接，而主服务器继续监听其他的连接请求。

独立的守护进程工作模式称作 stand-alone，它是 UNIX 传统的 Client/Server 模式的访问模式。服务器监听在一个特定的端口上等待客户端的连机，如果客户端产生一个连接请求，守护进程就创建一个子服务器响应这个连接，而主服务器继续监听其过程如图 6-3 所示。

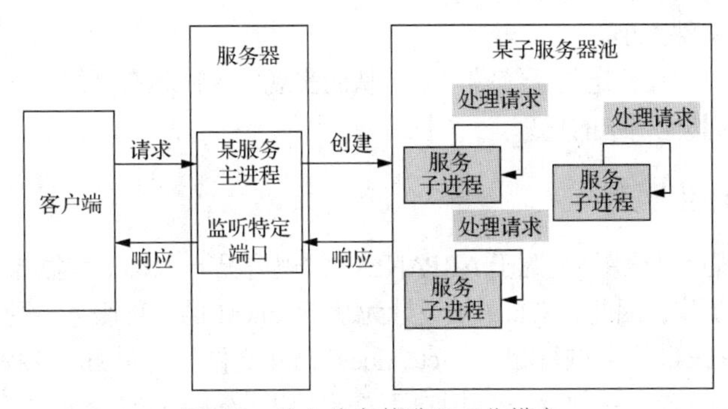

图 6-3 独立的守护进程工作模式

例如 Web 服务器 Apache、邮件服务器 Sendmail 和域名服务器 Bind 等应使用独立的守护进程工作模式启动，在这些负载很大的服务器上预先创建子服务器，可以提高客户端的服务速度。

2．基于 xinetd 的工作模式

从守护进程的概念可以看出，系统所要通过的每一种服务都必须运行一个监听某个端口的守护进程，这通常意味着资源浪费。为了解决这个问题，Linux 引进了网络守护进程服务程序的概念。CentOS 使用的网络守护进程是扩展因特网守护进程（eXtended Internet Daemon，xinetd），如图 6-4 所示，与 stand-alone 模式相对应，xinetd 模式也称 Internet Super-Server（超级服务器）。

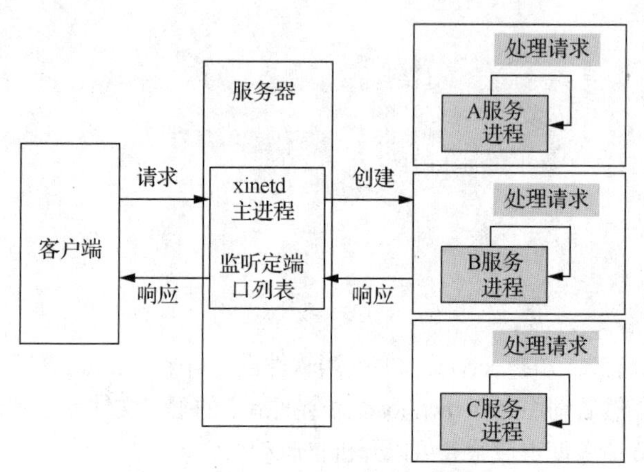

图 6-4　基于 xinetd 的工作模式

xinetd 能够同时监听多个指定的端口，在接受客户端请求时，它能够根据客户端请求的端口不同，启动不同的网络服务进程来处理这些客户端请求。可以把 xinetd 看作一个管理启动服务的管理服务器，它把一个客户端请求交给某个程序处理，然后启动相应的守护进程。

运行单个 xinetd 服务就可以同时监听多个服务端口，这样就降低了系统开销，保护了系统资源。但是当访问量大、经常出现并发访问时，xinetd 需要频繁启动对应的网络服务进程，反而会导致系统性能下降。xinetd 主要有以下特点。

（1）支持对 TCP、UCP、远程过程调用（Remote Procedure Call，RPC）服务。

（2）基于时间段的访问控制。

（3）能进行类似 TCP Wrappers 的访问限制。

（4）完备的日志功能，既可以记录连接成功的行为也可以记录连接失败的行为。

（5）能有效地防止部分拒绝服务（Denial of Services，DoS）攻击。

（6）能限制同时运行的同一类型的服务器数目。

（7）能限制启动的所有服务器数目。

（8）能限制日志文件大小。

（9）将某个服务绑定在特定的系统端口上，从而实现只允许私有网络访问某项服务。

（10）能实现作为其他系统的代理。

6.4.2 Telnet 服务

Telnet 是一种远程登录应用，起源于 ARPANET。常规情况下 Telnet 不会出现并发量很大的情况，常用于系统远程维护工作，因此，Telnet 被设计为基于 xinetd 的一种服务，受 xinetd 管理。要启用 Telnet 服务，先要对 xinetd 服务进行配置。/etc/xinetd.conf 文件是控制 xinetd 程序运行的配置文件，提供所有服务的默认配置。一般而言，用户不需要修改 /etc/xinetd.conf 文件的内容，而要进入

/etc/xinetd.d/目录。该目录包括所有由 xinetd 程序启动的服务配置文件。每个服务都有自己单独的配置文件，配置文件名与服务名一致。其详细操作过程可扫描二维码查看。配置流程具体如下。

（1）执行命令 rpm -q telnet 和 rpm -q xinetd，检查是否已经安装 telnet 命令和 xinetd 服务。

（2）如果没有安装，使用命令 yum install –y telnet-server xinetd 安装 telnet-server 和 xinetd。

（3）编辑 /etc/xinetd.d/telnet。

```
service telnet
{
    flags           = REUSE #表示当中断或重启 xinetd 服务时，TCP/IP Socket 可重用
    socket_type      = stream  #表示使用 TCP 的 Socket 类型
    wait            = no      #表示该服务提供多线程功能
    user            = root    #设置进程的 UID，由 root 用户操作
    server          = /usr/sbin/in.telnetd #设置服务程序文件
    log_on_failure   += USERID #表示当连接失败时，系统除记录/etc/xinetd.conf 文件中设置的内容外，
                              还需记录用户 ID
    disable          = no  #表示允许 xinetd 启动本项服务(该项原来是 yes)
}
```

保存退出。

（4）重启 xinetd 服务，命令如下：

```
systemctl restart xinetd
```

（5）检查 xinetd 服务是否启动成功，命令如下：

```
ps -ef | grep xinetd
```

（6）由于 Telnet 服务默认不允许 root 用户登录，因此需要先建立普通用户，用普通用户登录，然后通过 su 命令切换为 root 用户，如图 6-5 所示。

由于 Telnet 服务是受 xinetd 管理的，因此它的启动和停止都由 xinetd 控制。停止服务可以采用以下命令：

```
systemctl stop xinetd
```

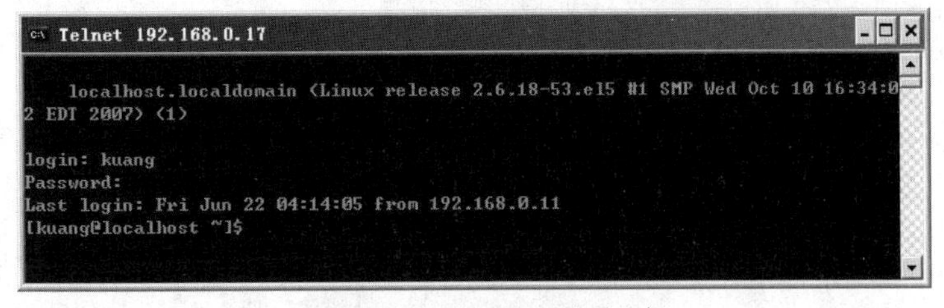

图 6-5　客户端远程登录到主机

6.4.3　FTP 服务

文件传输协议（File Transfer Protocol，FTP）是文件传输的通信协议，是一种常用的文件传输方式。在 Linux 下实现 FTP 服务的软件有很多，常见的有 vsFTPd、wu-FTPd、ProFTP 等。在 CentOS 中，默认安装的是 vsFTPd。其详细操作过程可扫描二维码查看。

vsFTPd 是一个小巧易用的 FTP 服务器程序，在安全性、高性能及稳定性 3 个方面有上佳表现。它提供的主要功能包括虚拟 IP 地址设置、虚拟用户设置、stand-alone 工作模式、xinetd 工作模式、强大的单用户设置能力及带宽限流等。在安全方面，它从原

理上修补了大多数 wu-FTP、ProFTP，乃至 BSD-FTP 的安装缺陷；使用安全编码技术解决了缓冲溢出问题，并能有效避免“globbing”类型的拒绝服务攻击。

1．vsFTPd 的安装

CentOS 8 中，安装的 vsFTPd 版本是 3.0.3-32.e18，用户可以在终端输入 rpm -q vsftpd 来查看系统是否已经安装了 vsFTPd 软件。如果系统安装过程中没有选择安装 vsFTPd 软件，则可以通过命令 yum install –y vsftpd 进行安装，还可以通过访问网站 https://pkgs.org/download/vsftpd 下载最新版本软件自行安装。

2．vsFTPd 的配置文件

vsFTPd 安装完毕后，就可进行配置了。vsFTPd 可以采用独立的守护进程工作模式运行，也可以纳入 xinetd 模式管理。本节介绍的是基于 stand-alone 模式的配置方法。vsFTPd 的配置文件有如下 3 个。

（1）/etc/vsftpd/vsftpd.conf：vsFTPd 的主配置文件。

（2）/etc/vsftpd/ftpusers：禁止使用 vsFTPd 的用户列表文件。

（3）/etc/vsftpd/user_list：禁止或允许使用 vsFTPd 的用户列表文件。

其他相关文件列表如下。

（1）/etc/vsftpd：vsFTPd 配置文件目录。

（2）/usr/sbin/vsftpd：vsFTPd 的主程序。

（3）/etc/pam.d/vsftpd：PAM（Pluggable Authentication Modules，可插拔认证模块）可动态加载验证模块的文件。

（4）/var/ftp：匿名用户主目录。

（5）/var/ftp/pub：匿名用户的下载目录。

配置过程主要针对主配置文件操作，用 vi 编辑器打开主配置文件 /etc/vsftpd/vsftpd.conf，其默认的配置信息如下：

```
12:anonymous_enable=NO          #不允许匿名用户登录
15:local_enable=YES             #允许本地用户登录
18:write_enable=YES             #允许本地用户写操作
22:local_umask=022              #设置本地用户的生成文件掩码为 022
36:dirmessage_enable=YES        #切换目录时显示该目录的信息
39:xferlog_enable=YES           #激活上传和下载日志
42:connect_from_port_20=YES     #使用 FTP 数据端口 20 的连接请求
56:xferlog_std_format=YES       #使用标准的 xftpd xferlog 日志格式
114:listen=NO                   #IPv4 下是否允许 vsFTPd 运行在独立的守护进程工作模式，如果值
                                为 NO，则使用 xinetd 模式管理
123:listen_ipv6=YES             #和 listen 功能一样
                                #默认情况下此选项会同时监听 IPv4 和 IPv6
                                # listen 和 listen_ipv6 只能打开一个
125:pam_service_name=vsftpd     #设置 PAM 认证服务的配置文件名称
126:userlist_enable=YES         #若是启动此功能，则会读取/etc/vsftpd.user_list 当中的使用者名称。
                               此项功能可以在询问密码前就出现失败信息，而不需要检验密码的程序
```

以上列出的主要配置项在使用过程中还经常使用下面的配置项：

```
anon_upload_enable=YES              #允许匿名用户上传文件
anon_mkdir_write_enable=YES         #允许匿名用户创建目录，并且可以写入文件
chroot_local_user=YES               #禁止本地用户离开其主目录
xferlog_file=/var/log/vsftpd.log    #指定 FTP 服务器的日志
```

```
idle_session_timeout=600              #设置会话超时时间（以秒为单位）
data_connection_timeout=120           #设置数据连接超时时间（以秒为单位）
ftpd_banner=Welcome                   #设置连接 FTP 服务器时的欢迎信息
```

3．vsFTPd 的启动与关闭

用户根据需要修改好配置项后，要重启 vsFTPd 才能使配置生效。启动与关闭 vsFTPd 可以采用以下命令实现：

```
service vsftpd [start | stop | restart]
```

或者

```
systemctl [start | stop | restart] vsftpd.service
```

4．关闭防火墙和 SELinux 对 FTP 的禁用状态

CentOS 在安全访问控制设计方面比较完善，选择“Activities”→“显示应用程序”→“防火墙”命令，打开图 6-6 所示的防火墙配置界面，用户可以将 FTP 服务设置为禁用或信任，或者使用命令 service firewalld stop 关闭防火墙，否则客户端无法访问 FTP 服务。

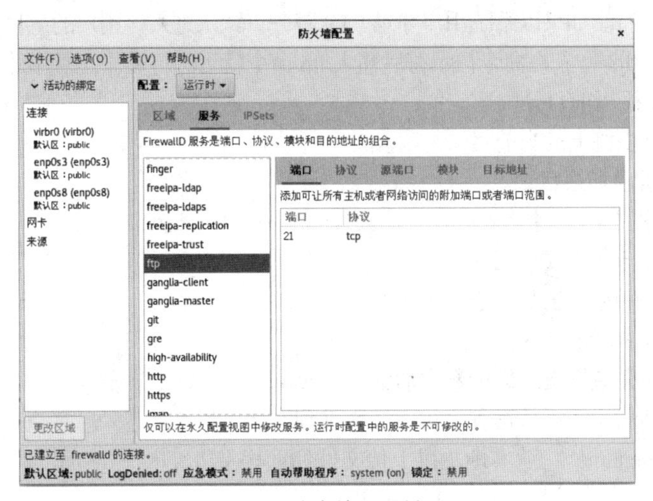

图 6-6 防火墙配置界面

SELinux（Security-Enhanced Linux，安全增强型 Linux）是对于强制访问控制的实现，是 NSA 在 Linux 社区的帮助下开发的一种访问控制体系。在这种访问控制体系的限制下，进程只能访问其任务所需文件。SELinux 默认安装在 Fedora、RHEL 和 CentOS 上，且强制使用，因此客户端在连接 FTP 时，会出现“500 OOPS:cannot change directory”错误。究其原因，就是 SELinux 对 FTP 服务进行了限制。因此，在使用相应的服务时，应该检查该服务的相关项目在 SELinux 中是如何设置访问控制的，例如采用如下命令行界面操作进行查看。

首先查看 SELinux 对 FTP 服务的控制。

```
[root@localhost log]# sestatus -b | grep ftp
ftpd_anon_write                          off
ftpd_connect_all_unreserved              off
ftpd_connect_db                          off
ftpd_full_access                         off
ftpd_use_cifs                            off
ftpd_use_fusefs                          off
ftpd_use_nfs                             off
ftpd_use_passive_mode                    off
httpd_can_connect_ftp                    off
httpd_enable_ftp_server                  off
tftp_anon_write                          off
tftp_home_dir                            off
```

然后，打开其中两项的设置。

```
[root@localhost log]#setsebool -P ftpd_full_access on
[root@localhost log]#setsebool -P tftp_home_dir on
```

最后，重启 vsFTPd。

5．FTP 客户端操作命令

建立好 FTP 服务器后，就可以对外提供服务，在其他主机上使用 FTP 客户端访问 FTP 服务器。用户可以使用浏览器、终端命令或专用 FTP 客户端工具来操作，这里对利用终端命令方式访问 FTP 服务器进行介绍。其详细操作过程可扫描二维码查看。

不同操作系统的命令行界面都支持使用 ftp 命令进行远程文件传输，例如 Windows 系统下的命令提示符窗口、Linux 系统下的 Shell 都支持 ftp 命令，命令格式如下：

```
ftp <FTP服务器IP地址或主机名>
```

连接成功后，系统提示输入用户名和密码。如果用户使用匿名方式登录，则输入 anonymous 或 ftp，密码为空或是任意字符。如果以系统用户登录 FTP 服务，默认进入该用户的主目录中。进入系统后，会出现命令提示符“ftp>”，在命令提示符后输入 ftp 命令就可进行操作。常用的 ftp 命令如下。

ls：列出远程主机当前目录内容。

pwd：显示远程主机上的当前目录。

cd：在远程主机上切换目录。

lcd：在本地主机上切换目录。

ascii：设置文件传输方式为 ASCII 模式。

binary：设置文件传输方式为二进制模式。

close：终止当前的 ftp 会话。

hash：每次传输完数据缓冲区的数据后显示一个#。

get（mget）<filename>：从远程主机下载文件到本地主机。

put（mput）<filename>：从本地主机上传文件到远程主机。

open：连接 ftp。

quit：断开连接并退出 ftp。

？：显示帮助信息。

！：转到 Shell 中。

图 6-7 所示为从一台 Windows 主机连接到 FTP 服务器，并从用户主目录下载一个 test.txt 文件到 C 盘的过程。

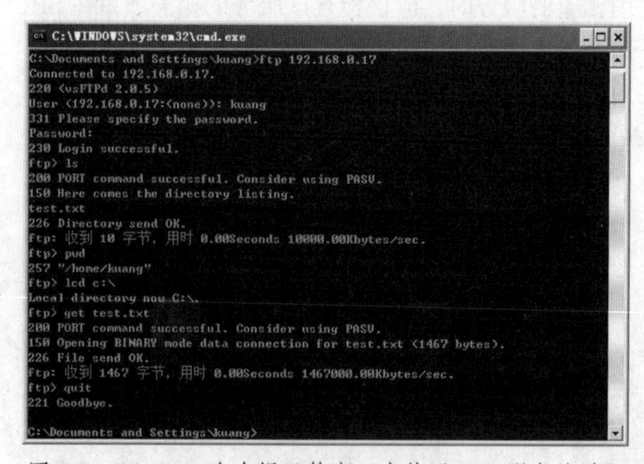

图 6-7　Windows 命令提示符窗口中使用 FTP 服务的过程

6.4.4 WWW服务

WWW服务也称Web服务，流行的WWW服务器软件有Apache和微软公司的IIS。IIS是由微软公司开发的，只能用在微软公司的操作系统上，而Apache是一款自由软件。CentOS 8中附带的Web服务器软件是Apache。Apache目前已成为市场占有率第一的Web服务器软件。其主要特点如下。

（1）支持HTTP 1.1通信协议。

（2）拥有简单而强有力的基于文件的配置过程。

（3）支持通用网关接口。

（4）支持基于IP和基于域名的虚拟主机。

（5）支持多种方式的HTTP认证。

（6）集成Perl处理模块。

（7）集成代理服务器模块。

（8）支持实时监视服务器状态和定制服务器日志。

（9）支持服务器端包含指令。

（10）支持安全套接字层（Secure Socket Layer，SSL）。

（11）提供用户会话过程的跟踪。

（12）支持Fast公共网关接口（Common Gateway Interface，CGI）。

（13）通过第三方模块可以支持Java Servlets。

本节简单介绍ApacheWeb服务器的使用。

1．httpd的安装

CentOS 8中，安装的httpd版本是httpd-2.4.7-37，用户可以在终端输入rpm -q httpd来查看系统是否安装了httpd软件。如果安装CentOS 8过程中没有选择安装httpd，可以通过命令yum install –y httpd来自行安装httpd，也可以通过访问Apache官方网站下载最新的软件版本自行安装。其详细操作过程可扫描二维码查看。

2．httpd的启动与关闭

httpd安装成功后，可以直接启动httpd服务。由于Web服务是并发量较大的服务，因此httpd是采用独立的守护进程工作模式来工作的。其启动与关闭类似vsFTPd，有如下两种方式：

```
service httpd [start | stop | restart]
```

或者

```
systemctl [start | stop | restart] httpd
```

3．httpd的配置

httpd的服务配置文件主要是/etc/httpd/conf/httpd.conf。该文件主要包括3部分，即全局环境设置、主服务器或默认服务器的参数定义以及虚拟主机设置。该文件的配置项目很多，这里介绍关键的几个。

（1）ServerRoot "/etc/httpd"。ServerRoot用于指定守护进程httpd的运行目录，httpd在启动之后自动将进程的当前目录改变为这个目录，管理员通常需要对这个目录下的文件进行维护和管理。

（2）Timeout 120。Timeout定义客户端和服务器连接的超时间隔，超过这个时间间隔（秒）后服务器将断开与客户端的连接。

（3）KeepAlive On。在HTTP 1.0中，一次连接只能传输一次HTTP请求，而KeepAlive参数用于支持HTTP 1.1版本的一次连接、多次传输功能，这样就可以在一次连接中传递多个HTTP请求。

（4）Listen 80。Listen参数可以指定服务器，除了监视标准的80端口之外，还监视其他端口的

HTTP 请求。

（5）ServerName localhost。默认情况下，并不需要指定这个 ServerName 参数，服务器将自动通过名字解析过程来获得自己的名字，但如果服务器的名字解析有问题（通常为反向解析不正确），或者没有正式的 DNS 名字，也可以在这里指定 IP 地址。当 ServerName 设置不正确时，服务器不能正常启动。

（6）DocumentRoot "/var/www/html"。DocumentRoot 定义这个服务器对外发布的超文本文档存放的路径，客户端请求的统一资源定位符（Uniform Resource Locator，URL）被映射为这个目录下的网页文件。只要在 URL 上使用同样的相对目录名，这个目录下的子目录以及使用符号链接后的文件和目录都能被浏览器访问。

4．客户端连接

启动 httpd 服务器后，在其他主机的浏览器地址栏输入 Linux 主机的 IP 地址，默认就能打开 CentOS 的 Test Page，如图 6-8 所示，这表明 httpd 服务正常运行。如果无法打开，请检查防火墙是否关闭或者在防火墙配置界面打开 80 端口。用户可以把已经编写好的网页复制到/var/www/html 目录下，其中首页文件一般命名为 index.html，再次刷新浏览器页面，就可以看到用户自定义的页面，如图 6-9 所示。

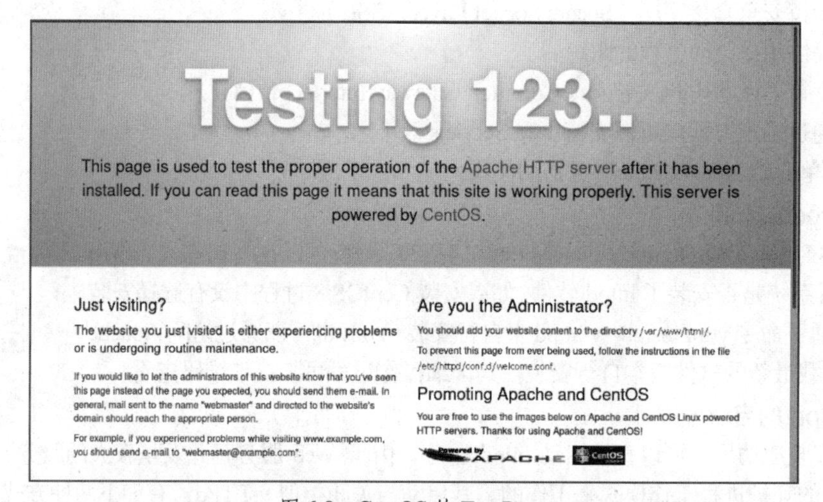

图 6-8　CentOS 的 Test Page

图 6-9　用户自定义的页面

6.4.5　DHCP 服务

如果想管理好一个比较大的网络或是计算机节点经常发生变化的网络，使用人工手动配置的方式，一台一台去设定，工作量大而且出错的概率也比较大，进行 IP 地址重新规划分配的工作也会非常烦琐。在静态IP地址无法满足的时候，用户可以用更好的办法来解决，动态分配IP地址技术DHCP就是为满足这个需求而产生的。

DHCP（Dynamic Host Configuration Protocol，动态主机配置协议）分为两个部分：服务器和客户端。所有的IP网络设定信息都由DHCP服务器集中管理，并负责处理客户端的DHCP请求。而客户端则会使用从服务器分配下来的IP地址信息。

1．DHCP的安装

CentOS 8 可以使用命令 yum install –y dhcp-server 安装 DHCP 服务，当前的版本是 dhcp-server-12:4.3.6-41.el8。

2．DHCP的配置

装好 dhcp-server 软件后，可以在 /etc/dhcp 目录下找到 DHCP 服务的相关配置文件。DHCP 服务默认配置文件为空，按照文件提示可以参考/usr/share/doc/dhcp-server/dhcpd6.conf.example，直接复制模板文件的内容：

```
[root@localhost~]# cp -y /usr/share/doc/dhcp-server/dhcpd.conf.example /etc/dhcp/dhcpd.conf
```

一般配置命令如下：

```
ddns-update-style interim;
ignore client-updates;
subnet 192.168.2.0 netmask 255.255.255.0 {
   option routers                  192.168.2.1;
   option subnet-mask              255.255.255.0;
   option nis-domain               "domain.org";
   option domain-name              "domain.org";
   option domain-name-servers      202.96.128.166,202.96.134.133;
   option time-offset              -18000;
   range dynamic-bootp 192.168.2.11 192.168.2.230;
   default-lease-time 244800;
   max-lease-time 489600;
}
subnet 192.168.3.0 netmask 255.255.255.0 {
   option routers                  192.168.3.1;
   option subnet-mask              255.255.255.0;
   option nis-domain               "domain.org";
   option domain-name              "domain.org";
   option domain-name-servers      202.96.128.166,202.96.134.133;
   option time-offset              -18000;
   range dynamic-bootp 192.168.3.21 192.168.3.230;
   default-lease-time 244800;
   max-lease-time 489600;
}
```

以上例子各关键配置项说明如下。

range dynamic-bootp 192.168.2.11 192.168.2.230} 表示 DHCP 服务器将给 192.168.2.0 网络分配从 192.168.2.11 到 192.168.2.230 这个范围的 IP 地址。

option routers：为客户端分配的默认网关地址。

option domain-name-servers：为客户端分配的 DNS 服务器地址。

default-lease-time：动态 IP 地址默认的租期时间。

max-lease-time：可获得的最长租期时间。租期可以从 0 秒到无限长，可以根据需要来定（以秒为单位）。默认的租期时间为一天，即 86 400 秒。

CentOS 使用 dhcpd 进程来提供 DHCP 服务。启动时 dhcpd 进程会自动读取它的配置文件 /etc/dhcp/dhcpd.conf，然后 dhcpd 进程将客户端的租用信息保存在/var/lib/dhcpd/dhcpd.leases 文件中，该文件不断被更新，从这里面可以查到 IP 地址的分配情况。

3．DHCP 的启动与关闭

DHCP 的启动与关闭与 vsFTPd 类似，DHCP 服务采用独立的守护进程工作模式，可以使用以下命令实现：

```
service dhcpd [start | stop | restart]
```

或者

```
service [start | stop | restart] dhcpd
```

DHCP 服务启动后，在客户端的网卡上设置自动获取 IP 地址就能获取到服务器分配的 IP 地址。

6.5 本章小结

本章主要介绍了 Linux 系统网络接口的基本配置、网络管理相关命令的使用方法以及几种常见网络服务的配置方法。大部分的配置任务都可以使用图形用户界面操作，但是图形用户界面的配置有时候不完整，所以用户应该熟悉配置文件的各个配置项，掌握直接修改配置文件的方法。

习题

1. Linux 系统下，如何永久设置网络接口的 IP 地址？
2. 以绘图方式解释服务的 xinetd 工作模式和 stand-alone 工作模式，并说明选择不同工作模式的原则。
3. Linux 系统中的 WWW 服务软件是什么？Windows 系统的 WWW 服务软件是什么？
4. vsFTPd 可以采用 xinetd 工作模式或 stand-alone 工作模式运行，两种模式的配置方法有什么区别？
5. SELinux 具有哪些作用？
6. 如果要检测本地到 192.168.1.102 的网络是否连通，应该怎么检测？
7. 想要查看 8080 端口被哪个进程占用，应该使用什么命令？
8. 如何修改默认网关？
9. DHCP 服务的作用是什么？什么场景下会用到 DHCP 服务？
10. 想要在本地增加一个域名解析，使得域名 MH01 路由到 192.168.1.102，应该怎么做？

第二部分

基于 Linux 系统的程序设计

本部分包括第 7 章～第 9 章，介绍 Linux 平台下的软件开发技术。本部分要求读者掌握一定的 C 语言程序编写技能，且掌握本书第一部分关于 Linux 系统使用的基础知识。本部分内容涵盖 Shell 程序设计、Linux C 编程方法和 GTK+程序设计。在介绍程序设计的同时，本部分还介绍许多开发工具的使用方法，如 GCC、gdb、make 和 gettext 等。通过本部分内容的学习，读者应该掌握 Linux 系统程序设计的基本方法和流程，仿照本部分的例子可以写出具有一定功能的软件，为从事 Linux 系统软件开发工作做好技术储备。

第 7 章 Shell 程序设计

Linux 的命令行界面在系统管理与维护中起着举足轻重的作用，许多强大的功能都可以在 Shell 程序轻松实现，了解 Shell 程序可以更好地配置和使用 Linux。本章介绍 Shell 程序的特点、编写 Shell 程序的基本思路以及 bash 程序的语法和综合应用。

7.1 Shell 程序概述

7.1.1 Shell 程序特点

Shell 程序也称为 Shell 脚本，Shell 程序可以被认为是将 Shell 命令按照控制结构组织到一个文本文件中，批量交给 Shell 去执行。Shell 程序可以帮助用户完成特定的任务，提高使用、维护系统的效率，其主要特点如下。

（1）不同的 Shell 解释器使用不同的 Shell 命令语法。当前主流的 Shell 有很多种，如 bash、zsh 和 csh 等，使用不同的 Shell 编写的程序的语法是有区别的。Shell 程序需要在自己的 Shell 解释器环境下才能运行。本章描述的 Shell 程序均使用 bash 编写，采用 bash 的命令语法。

（2）Shell 使用解释型语言，不需要重新编译。Shell 程序是通过 Shell 解释器解释执行的。解释型语言可以逐行执行命令，节省重新编译的时间，因此它适用于编写、执行相对简单的任务，它更强调易于配置、维护和可移植性，但是不适合用来完成时间紧迫型和处理器忙碌型的任务。

7.1.2 第一个 Shell 程序

1．创建 Shell 程序

Shell 程序的实质是 Shell 命令的集合，用户可以在终端输入一系列命令，但有时这个过程较冗长，因此我们需要把这些命令以文件形式保存起来，以便需要的时候执行，这个文件即常说的 Shell 程序。采用 vi 编辑器创建 Shell 程序举例如下。

【例 7-1】第一个 Shell 程序。其详细操作过程可扫描二维码查看。

```
#!/bin/bash
#this is the first Shell script.
function welcome()
{
  echo -n "Input your name,please: "
  read name
  echo "Welcome $name"
}
echo "Programme starts here. "
welcome
echo "Programme ends. "
```

2. 执行Shell程序

编辑完文件，保存为 first.sh。这里 first.sh 文件带有扩展名.sh，代表该文件是 Shell 程序文件，但 Linux 系统不要求文件有扩展名，带上扩展名只是为了方便识别。执行 first.sh 程序有如下两种方法。

（1）使用/bin/bash filename 执行程序。在终端输入/bin/bash first.sh，例如：

```
[root@localhost ~]# /bin/bash first.sh
Programme starts here.
Input your name,please: Linuxer
Welcome Linuxer
Programme ends.
```

（2）给予文件可执行权限，然后直接执行。first.sh 文件生成后，赋予文件可执行权限，就可以通过文件名执行，例如：

```
[root@localhost ~]# chmod +x first.sh
[root@localhost ~]# ls -l first.sh
-rwxr-xr-x 1 root root 202 06-23 01:21 first.sh
[root@localhost ~]# ./first.sh
```

./first.sh 表示通过文件名直接执行程序，其效果与第一种方法的一致。

Shell 程序的编写过程快速、简单，即使在基本的 Linux 中也会提供一种 Shell。Shell 程序的编写和运行过程总结如下。

（1）一般步骤如下。

① 编辑文件。

② 保存文件。

③ 对文件赋予可执行权限。

④ 运行及排错。

（2）常用到的命令如下。

① vi：编辑、保存文件。

② ls -l：查看文件权限。

③ chmod：改变程序权限。

④ 直接通过文件名运行文件。

7.2 bash 程序设计

7.2.1 bash 程序结构

bash 是优秀的 Shell，可安装在 Linux 系统上。它是开源的，并且可以被移植到绝大多数的类 UNIX 系统上，因此学习并掌握 bash 程序编写非常有必要。bash 程序结构遵循一定的规则，如图 7-1 所示。bash 程序包括 Shell 类型说明、注释、函数定义和主过程。通常程序的第一行是 Shell 类型说明，它告诉系统以下是什么类型的 Shell 程序，用哪个 Shell 来运行。例如#!/bin/bash 表示使用 bash 来运行程序。#!/bin/bash 也常常被写成#!/bin/sh，这是因为在 Linux 系统中，默认的 Shell 是作为/bin/sh 安装的，而 bash 恰恰被作为默认的 Shell，实际上/bin/sh 是对程序/bin/bash 的一个符号链接。bash 程序中，注释要以#开头。由于 bash 程序是解释执行的，也就是说它是从上到下按顺序解释运行的，因此函数的定义必须写在调用函数的代码前面，通常函数都定义在主过程的前面就是这个原因。

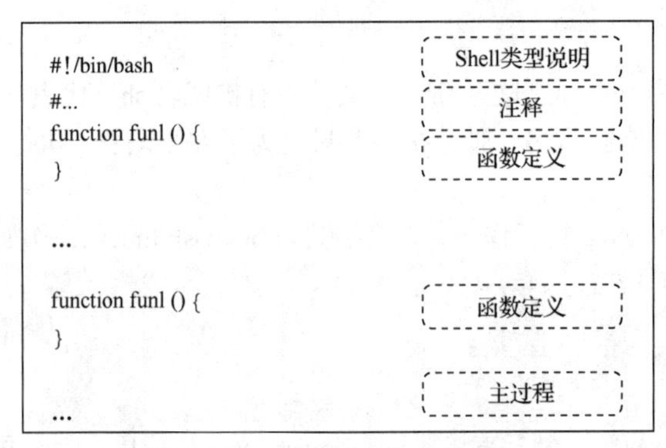

图 7-1 bash 程序结构

7.2.2 变量的声明和使用

bash 中有 4 种变量：用户自定义变量、位置变量、环境变量和预定义变量。下面对前 3 种变量分别进行介绍。

1. 用户自定义变量

bash 的变量属于弱类型变量，弱类型变量的特点是声明变量不用声明类型以及可以存储不同类型的值，使用起来非常灵活。用户自定义变量是 bash 程序里用户自己声明的变量，区分大小写，使用时必须明确变量的类型，以避免运算过程中变量类型的错用。变量的声明及赋值格式如下：

变量=值（注意：等号两边不能有空格）

例如：

```
[root@localhost ~]#a="CentOS Linux 8"
[root@localhost ~]#bc=5
```

上面的例子中，用户定义了两个变量分别为 a 和 bc，分别赋值为"CentOS Linux 8"和 5。当为变量赋值时，只需要使用变量名，该变量会被自动创建。其详细操作过程可扫描二维码查看。

对用户自定义变量进行调用时需要在变量前加$，而且有时需要用{}括起来，以与其他字符分开，例如：

```
[root@localhost ~]#echo $a
[root@localhost ~]#echo CentOS is ${a}${bc}
```

变量名多于一个字符时，建议采用{}把变量括起来使用。变量赋值后，可以在程序的其他地方对其进行重新赋值，且没有类型限定的要求。

变量的使用通常配合引号的应用，引号分为双引号、单引号和反引号，各种引号在 Shell 程序中的意义是不同的。

① 双引号：如果把一个带有$字符的变量放在双引号中，程序执行到该行时会把变量替换为它的值。另外，如果在参数中包含一个或多个空白字符，必须给参数加双引号。

② 单引号：如果把一个带有$字符的变量放在单引号中，不会发生替换现象。这相当于用转义字符取消$的特殊含义。

③ 反引号：用于命令替换。在反引号内部的 Shell 命令首先被执行，其结果输出代替用反引号括起来的文本。

具体应用参见下面的例子。

【例 7-2】引号的使用。

```
#!/bin/bash
```

```
a="CentOS Linux"
echo $a
echo "$a"
echo '$a'
echo \$a
a='pwd'
echo '$a' now equals $a
```

该例子表示引号的使用方法，在/root 目录下程序运行结果如下：

```
CentOS Linux
CentOS Linux
$a
$a
$a now equals /root
```

2．位置变量

位置变量也称为参数变量，bash 在解释用户命令时，会把所输入命令后面的参数使用位置变量传递给 bash 程序，$1、$2……$n 分别代表参数 1、参数 2……参数 n，而$0 则代表程序的名字，例如：

```
[root@localhost ~]#mv old.txt new.txt
```

上述 mv 命令带有两个参数，这两个参数通过位置变量保存起来，$1 的值等于 old.txt，$2 的值等于 new.txt。在 mv 程序中，可以使用$1 和$2 获取这两个参数的值。

位置变量还有另外 3 个，具体如下。

① $*：传入的参数列表，字符串形式，不可用于 for 循环。

② $@：传入的参数列表，数组形式，可用于 for 循环。

③ $#：参数的个数。

【例 7-3】演示位置变量的使用方法。

```
#!/bin/bash
echo "There are $# parameters. "
echo "The parameters are * ${*} *"
echo "The parameters are * $@ *"
echo "The script $0 is now running. "
echo "The first parameter was * $1 *"
echo "The second parameter was * $2 *"
echo "The third parameter was * $3 *"
```

将上述程序保存为 showpara.sh，把它设置为可执行，运行后得到如下结果：

```
[root@localhost ~]#./showpara.sh one two
There are 2 parameters.
The parameters are * one two *
The parameters are * one two *
The script ./showpara.sh is now running.
The first parameter was * one *
The second parameter was * two *
The third parameter was *  *
```

由于程序只有 one 和 two 这两个参数，这两个参数分别赋值给$1 和$2，因此$3 值为空。

3．环境变量

Shell 运行时系统自动设置的一些变量称为环境变量，这些变量的名称通常由大写字母或数字组成，以便与用户自定义变量区分。这些环境变量由 Shell 维护和管理，比较重要的环境变量说明如表 7-1 所示。

表 7-1　Shell 环境变量

环境变量	说明
$HOME	用户的主目录
$IFS	内部的域分隔符，一般为空格符、制表符或换行符
$PATH	寻找命令或可执行文件的搜索路径列表，路径以冒号分隔

续表

环境变量	说明
$PS1	主命令提示符，默认为“[\u@\h \W]\$”
$PS2	从命令提示符，默认为“>”
$TERM	使用的终端类型

另外，Shell 程序运行过程中有一些特殊变量，其变量名和变量值只有在 Shell 程序本身环境中可用，这些变量说明如表 7-2 所示。

表 7-2　Shell 程序特殊变量

特殊变量	说明
$$	Shell 程序的进程号
$?	紧邻的前驱命令的返回值

7.2.3　算术运算

高级语言中变量是具有类型的，即变量将被限制为某一数据类型，如整型或字符类型。Shell 变量是弱类型变量，通常按字符类型进行存储，为了对 Shell 变量进行算术运算，必须使用 expr 命令和 let 命令。

1. expr 命令

expr 命令把一个算术表达式作为参数，其详细操作过程可扫描二维码查看。expr 命令通常形式如下：

```
expr arg
```

其中 arg 通常为“[操作数] [运算符] [操作数]”格式的表达式，这里的运算符和操作数要由空格隔开，用户必须保证参加算术运算的操作数为数值。有效的算术运算符主要有：+、-、*、/、%。例如：

```
[root@localhost ~]#expr 2 + 1
```

结果显示：3

```
[root@localhost ~]#int=3
[root@localhost ~]#expr $int + 4
```

结果显示：7

通配符*在作为乘法运算符时要用转义字符\修饰，否则*将以文件名替换。

```
[root@localhost ~]#expr 4 \* 5
```

结果显示：20

多个算术表达式可以组合在一起，如：

```
[root@localhost ~]#expr 5 + 7 / 3
```

结果显示：7

运算次序是先乘除后加减，若要改变运算次序，必须使用反引号“`”，如：

```
[root@localhost ~]#int=`expr 5 + 7`
[root@localhost ~]#expr $int / 3
```

结果显示：4

或者

```
[root@localhost ~]#expr `expr 5+7` / 3
```

结果显示：4

expr 命令的功能十分强大，它可以完成许多表达式求值，可完成的运算不只是简单的四则运算，表 7-3 列出了主要的一些表达式求值与说明。

表 7-3 表达式求值

表达式求值	说明
expr1 + expr2	加法
expr1 − expr2	减法
expr1 * expr2	乘法
expr1 / expr2	除法
expr1 % expr2	求余
expr1 | expr2	如果 expr1 非零，则等于 expr1，否则等于 expr2
expr1 \& expr2	只要有一个表达式为 0，则等于 0，否则等于 expr1
expr1 = expr2	等于
expr1 \> expr2	大于
expr1 \>= expr2	大于等于
expr1 \< expr2	小于
expr1 \<= expr2	小于等于
expr1 != expr2	不等于

2．let 命令

除了 expr 命令外，还可以使用 let 命令实现运算。let 命令格式为：

```
let arg1 [arg2…]
```

let 命令是 bash 内置的整数运算命令，相比 expr 命令，let 命令的语法更接近人的习惯。例如：

```
[root@localhost ~]#let a=(5+7)/3
[root@localhost ~]#echo $a
```

注意，let 命令后面接的表达式数字和运算符之间是没有空格的。其详细操作过程可扫描二维码查看。

使用 expr 命令和 let 命令完成表达式计算，效率比较低，因为它们需要用一条新的 Shell 程序来处理命令。如果使用$((…))扩展，把准备求值的表达式括在$((…))中能够高效地完成简单的算术运算。例如：

```
[root@localhost ~]#echo $(((5+7)/3))
```

7.2.4 条件判断

bash 程序的条件判断与 C 语言等常规编程语言的条件判断在用法和判断结果的定义上有一些区别，条件判断的结果为 0 表示真，为 1 表示假，正好与 C 语言的相反。条件判断经常用在程序的控制结构中，可用于比较的条件分为如下 4 类。

（1）比较两个字符串之间的关系，如表 7-4 所示。

（2）比较两个整数之间的关系，如表 7-5 所示。

（3）测试文件是否存在或是否具有某种状态或属性，如表 7-6 所示。

（4）多个条件的逻辑组合（与或非）。

表 7-4 字符串比较

字符串比较	说明
string1 = string2	如果两个字符串相同则结果为真
string1 != string2	如果两个字符串不同则结果为真
-n string	如果字符串不为空则结果为真
-z string	如果字符串为空则结果为真

表 7-5　整数比较

整数比较	说明
expr1-eq expr2	如果两个表达式相等则结果为真
expr1-ne expr2	如果两个表达式不等则结果为真
expr1-gt expr2	如果 expr1 大于 expr2 则结果为真
expr1-ge expr2	如果 expr1 大于或等于 expr2 则结果为真
expr1-lt expr2	如果 expr1 小于 expr2 则结果为真
expr1-le expr2	如果 expr1 小于或等于 expr2 则结果为真
!expr	如果表达式为假则结果为真，表达式为真则结果为假

表 7-6　文件属性比较

文件属性比较	说明
-d file	如果文件是一个目录则结果为真
-e file	如果文件存在则结果为真
-f file	如果文件是一个普通文件则结果为真
-g file	如果文件的 SGID 位被设置则结果为真
-r file	如果文件可读则结果为真
-s file	如果文件长度不为 0 则结果为真
-u file	如果文件的 SUID 位被设置则结果为真
-w file	如果文件可写则结果为真
-x file	如果文件可执行则结果为真

条件判断的格式有两种：

```
test condition
[ condition ]
```

以上两种写法是等价的。以上命令可用于 Shell 程序中的条件判断，也可以独立执行。需要注意的是，利用方括号[ ]进行判断时，左右方括号和判断条件之间要用空格隔开。

除了上述 3 个表列出的条件判断外，也可以结合逻辑运算符实现多重条件判断，逻辑运算符有以下几个。

（1）逻辑与-a：condition1 -a condition2，如果两个条件都为真，则结果为真。

（2）逻辑或-o：condition1 -o condition2，如果两个条件有一个为真，则结果为真。

（3）逻辑非!：! condition，结果与 condition 相反。

下面举例说明条件判断的使用方法。

【例 7-4】利用 test 和[ ]进行字符串判断。其详细操作过程可扫描二维码查看。

```
[root@localhost ~]# str1="Linux"
[root@localhost ~]# str2="UNIX"
[root@localhost ~]# test $str1 = $str2
[root@localhost ~]# echo $?
1
[root@localhost ~]# [ -n $str1 ]
[root@localhost ~]# echo $?
0
```

上面的例子中，用 test 命令比较字符串 str1 和 str2 的关系，结果为假。在输出条件判断的值时使用 echo $?，$?存储的是紧邻的前驱命令的返回值，最近一条命令是 test str1 = str2，因此返回的是 test $str1 = $str2 的结果。要注意 test $str1 = $str2 中等号两边必须有空格。

【例 7-5】进行整数关系比较。其详细操作过程可扫描二维码查看。

```
[root@localhost ~]# a=10
[root@localhost ~]# b=15
[root@localhost ~]# [ $a -eq $b ]
[root@localhost ~]# echo $?
1
[root@localhost ~]# [ $a -le $b ]
[root@localhost ~]# echo $?
0
```

【例 7-6】利用逻辑运算符对目录中的文件进行多个条件的判断。其详细操作过程可扫描二维码查看。

```
[root@localhost ~]# ls -l
总计 72
-rw-------   1 root root   1532 06-17 14:51 anaconda-ks.cfg
drwxr-xr-x   2 root root   4096 06-22 18:31 Desktop
-rwxr-xr-x   1 root root    202 06-23 01:21 first.sh
-rw-r--r--   1 root root  38597 06-17 14:50 install.log
-rw-r--r--   1 root root      0 06-17 14:28 install.log.syslog
```

判断文件 first.sh 是否可写。

```
[root@localhost ~]# test -w first.sh
[root@localhost ~]# echo $?
0
```

判断 Desktop 是否为目录且文件 first.sh 是否可执行。

```
[root@localhost ~]# [ -d Desktop -a -x first.sh ]
[root@localhost ~]# echo $?
0
```

判断文件 install.log 是否不存在或文件 first.sh 是否为目录文件。

```
[root@localhost ~]# [ ! -e install.log -o ! -d first.sh ]
[root@localhost ~]# echo $?
0
```

7.2.5 控制结构

程序控制结构主要有顺序、分支和循环 3 种，本节介绍 bash 的分支结构和循环结构。bash 支持的分支结构有 if 分支和 case 分支，支持的循环结构有 for 循环、while 循环和 until 循环。它们的使用方法与其他编程语言的类似，细节上有些区别，下面分别介绍。

1. if 分支语句

if 分支语句语法格式如下：

```
if 条件1
then
命令
[elif 条件2
   then
  命令]
[else
  命令]
fi
```

其中，方括号里面的部分可以省略。当条件为真时，执行 then 后面的语句，否则执行 else 后面的语句。elif 是 else-if 的缩写，它表示 if 语句的嵌套。每个 if 语句要以 fi 结束。下面举例说明。

【例 7-7】使用 if 语句判断用户输入并显示结果。其详细操作过程可扫描二维码查看。

```
1   #!/bin/bash
2   echo -n "Which OS do you like , Linux or Windows? "
3   read answer
4   if [ "$answer" = "Linux" ]
5   then
6      echo "Linux is good. "
7   elif [ "$answer" = "Windows" ]; then
8      echo "Windows is not bad. "
9   else
10    echo "sorry,$answer not recognized. Enter Linux or Windows"
11    exit 1
12  fi
13  exit 0
```

上述例子使用了一个 if 分支结构，程序有 3 个分支，程序开始提示用户输入 Linux 或 Windows，输入的内容保存在变量 answer 中，然后通过条件判断 answer 变量的值，如果值等于 Linux 则执行第 6 行语句，否则进入第 7 行语句。第 7 行语句中 then 关键字与条件判断在同一行，需要在方括号末尾添加分号作为分隔符，否则程序会报错。如果第 7 行条件不成立，则执行第 10、11 行语句，第 12 行为整个 if 语句的结束。

程序的第 11 行和第 13 行采用了 exit [n]语句。该语句的功能是将 n 的值返回给调用的进程，exit 语句允许用户用受限方式在两个程序间进行通信。exit 语句也使用户方便地知道程序的运行情况。例如上面的例子中程序顺利执行完，运行第 13 行 exit 0，程序结束，回到命令行界面，这时输入 echo $?，就会显示 0。此外，bash 中很多命令都有返回值，为了简化程序结构，可以直接以某个 Shell 命令的返回值作为判断条件。其含义是：命令执行成功则返回 0，命令执行失败则返回 1。

【例 7-8】以 Shell 命令返回值作为判断条件。其详细操作过程可扫描二维码查看。

```
1   #!/bin/bash
2   echo -n "please input a directory:"
3   read dir
4   if cd $dir > /dev/null 2>&1 ; then
5         echo "enter directory $dir succeed"
6    else
7         echo "enter directory $dir failed"
8    fi
```

上述程序使用 cd 命令作为判断条件，cd 命令如果执行成功，则返回真，否则返回假。注意，如果使用命令作为判断条件，不需要加 test 或[ ]。程序的执行结果如下：

```
[root@localhost ~]# ./7-8.sh
please input a directory:abc
enter directory abc failed
[root@localhost ~]# ./7-8.sh
please input a directory:Desktop
enter directory Desktop succeed
```

上述程序第 4 行语句，cd 命令后面增加了重定向语句 > /dev/null 2>&1，这里使用重定向语句的目的是屏蔽程序错误输出。我们可以把程序运行过程中产生的错误信息丢弃到 /dev/null 设备中，/dev/null 设备可以被认为是垃圾回收站。> /dev/null 2>&1 的完整写法是 1> /dev/null 2>&1，1 和 2 是文件描述符，即 1 表示标准输出重定向到 /dev/null，2 表示标准错误输出重定向到与标准输出同样的地方。如果我们删除这部分语句，重新执行程序，会出现下面的结果。

```
please input a directory:abc
./7-8.sh: line 4: cd: abc: 没有那个文件或目录
enter directory abc failed
```

程序运行过程中出现错误很常见，如命令 kill -9 123 >/dev/null 2>&1，终止进程时如果没有进程号是 123 的进程，该命令便会出错，影响程序的运行。因此，利用重定向实现错误信息的屏蔽很有必要，不仅可以避免程序中断，还可以减少不必要的提示。

2．case 分支语句

case 分支语句允许我们通过一种比较复杂的方式将变量的内容和模式进行匹配，然后根据匹配的模式去执行不同的代码，其语法格式如下：

```
case 条件 in
模式 1)
    命令 1
    ;;
[模式 2)
    命令 2
    ;;
…
模式 n)
    命令 n
    ;;]
esac
```

其中，“条件”可以是变量、表达式、Shell 命令等，“模式”为条件的值，并且一个“模式”可以匹配多种值，不同值之间用竖线（|）连接，一个模式要以双分号（;;）结束，最后一个 case 模式的双分号可以省略。一旦某个模式匹配成功，case 命令就会执行紧随右圆括号的代码，然后结束。最后，以逆序的 case（esac）表示 case 分支语句的结束。

【例 7-9】使用 case 语句改写例 7-7。其详细操作过程可扫描二维码查看。

```
#!/bin/bash
echo -n "Which OS do you like, Linux or Windows? Please answer Linux or Windows?"
read answer
case "$answer" in
Linux|linux)
  echo "Linux is good."
  ;;
[Ww]*)
  echo "Windows is not bad."
  ;;
*)
 echo "sorry,$answer not recognized. Enter Linux or Windows"
 exit 1
esac
exit 0
```

将上面的程序使用 case 语句改写，使用变量 answer 作为条件，条件有 3 个匹配模式，第 1 种模式匹配 Linux 和 linux 两个字符串；第 2 种模式采用通配符来匹配，表示以大小写 w 开头的任意字符串；第 3 种模式是匹配*，如果前面两种模式匹配不成功，其他输入都会匹配*模式。通常会把最精确的匹配放在最开始，把最一般的匹配放在最后。case 语句的模式匹配更灵活，下面列举一些常用的匹配规则。

（1）?：仅与一个任意字符匹配。

（2）*：匹配任意字符。

（3）[...]：与方括号中的任意一个字符相匹配。这些字符可以用字符范围（如1～9）或者离散值或同时使用两者表示。例如[a-zBE5-7]与所有a到z之间的字符和B、E、5、6、7相匹配。

（4）[!...]：与所有不在方括号中的某个字符匹配。例如[!a-z]与某个非小写字母相匹配。

（5）{c1,c2}：与c1或者c2相匹配。其中c1和c2也是通配符。因此，可以使用 {[0-9]*,[acr]}，表示匹配数字开头的任意字符串或字母a、c、r。

3. for语句

for语句是常用的循环控制语句，其语法格式如下：

```
for 变量 [in 列表]
do
命令
done
```

for语句循环遍历列表中的各个值，对每个值执行一次语句块。如果方括号中的部分省略，bash则认为是"in $@"，表示通过命令行获取用户输入的参数列表。

【例7-10】用for语句找出数组中的最大数。其详细操作过程可扫描二维码查看。

```
#!/bin/bash
max_n=0
for n in 1 2 3 4 5 6 7 8 9
do
  if test $max_n -lt $n
  then
   max_n=$n
fi
done
echo "The maximum value is $max_n. "
exit 0
```

上述程序中变量n遍历了1到9，循环9次得到结果。

4. while和until语句

for循环特别适合对一系列值进行循环处理，但是在处理值列表较长的时候显得有些笨拙，for循环的程序就比较长，这时应该考虑采用while语句和until语句，这两种循环语句的语法格式很相似，基本格式如下：

```
while/until 条件
do
命令
done
```

while循环中，只要条件为真，就循环执行do和done之间的命令。until循环中，只要条件不为真，就循环执行do和done之间的命令，或者说，在until循环中，一直执行do和done之间的循环命令，直到条件为真。

【例7-11】while语句与until语句的比较。其详细操作过程可扫描二维码查看。

while语句

```
#!/bin/bash
foo=1
while [ "$foo" -le 20 ]
do
  echo "$foo"
  foo=$(($foo+1))
done
exit 0
```

until语句

```
#!/bin/bash
foo=1
until [ "$foo" -gt 20 ]
do
  echo "$foo"
  foo=$(($foo+1))
done
exit 0
```

以上两个程序的输出结果是完全一样的，只是循环条件的判断有差别。与循环相关的命令还有

break、continue 和 shift。其中 break 和 continue 的意义与其他编程语言中的基本相同，break 表示跳出循环；continue 则表示结束本次循环，进入下一轮循环。shift 命令是用于调整位置变量的，每执行一次 shift，就使位置变量左移一个位置，如$3 的值赋给$2，$2 的值赋给$1，原来$1 的值左移出去后就不在位置变量列表中，同时$#、$*和$@的值随着变量左移做相应的变动。

【例 7-12】shift 命令实例。其详细操作过程可扫描二维码查看。

```
#!/bin/bash
while [ -n "$1" ]
do
    echo $@
    shift
done
exit 0
```

程序执行时如果带有 3 个参数，执行结果如下。

```
[root@localhost ~]# ./7-12.sh a b c
a b c
b c
c
```

从上可知，shift 命令每执行一次，变量的个数减 1，位置变量左移一位。

7.2.6　函数使用

函数在 Shell 程序中的使用非常频繁，特别是在编写中大型 Shell 程序时，经常要借助函数把一个大型 Shell 程序分成许多函数，通过函数调用来完成任务分解，实现模块化编程。函数是一个语句块，完成相对独立的功能。在 bash 中定义函数的方法很简单，其格式如下：

```
[function]函数名()
{
   命令
}
```

其中，方括号部分可以省略，函数名后的圆括号不带有形式参数。如果在函数内部需要使用传递给函数的参数，一般用$0、$1、……、$n 及$#、$*、$@等，这些特殊变量是函数内部使用的，而不是程序的特殊变量。函数的定义要写在引用函数的语句前，这是因为 Shell 是解释执行的语言，还未定义函数就引用，解释器将报错。函数的引用格式如下：

```
函数名 [参数 1 参数 2 ...参数 n ]
```

通常情况下 bash 的函数是很少需要返回值的，但是有的时候需要，例如确定一个函数是否成功执行，然后确定下一步的动作。这样的逻辑必须得到 bash 函数的返回值，用以表示函数执行的状态。如果没有在一个函数内使用 return 命令指定一个返回值，函数返回的就是执行的最后一条命令的返回值。

【例 7-13】函数使用。其详细操作过程可扫描二维码查看。

```
#!/bin/bash
yesorno(){
    echo "is your name $*? "
    while true
    do
        read -p "Enter yes or no: "
        case $x in
            yes|Yes)
                return 0;;
            no|No)
             return 1;;
                *)
            echo "answer yes or no"
        esac
    done
}
```

```
echo "original parameters are $*"
if yesorno "$1"
then
  echo "Hi $1, nice name"
else
  echo "Never mind"
fi
exit 0
```

上面的程序含有函数 yesorno()，该函数完成获取用户输入和内容判断，然后返回值给主过程。用户输入 yes 或 Yes，函数返回 0；输入 no 或 No，函数返回 1，如果匹配*模式，则继续循环。

7.2.7 调试程序

用户刚编写完的 Shell 程序，难免会有错误，这时可以利用 bash 中提供的跟踪选项，该选项会显示刚刚执行的命令及参数。

【例 7-14】使用 bash 调试跟踪模式运行程序。其详细操作过程可扫描二维码查看。

```
#!/bin/bash
if [ $# -eq 0 ]
then
  echo "usage:sumints integer list"
    exit 1
fi
sum=0
until [ $# -eq 0 ]
do
  sum=`expr $sum + $1`
  shift
done
echo $sum
```

使用如下命令执行该程序：

```
[root@localhost~]#/bin/bash -x 7-14.sh 2 3 4
+[ 3 -eq 0 ]
+sum=0
+[ 3 -eq 0 ]
+expr 0 + 2
+sum=2
+shift
+[ 2 -eq 0 ]
+expr 2 + 3
+sum=5
+shift
+[ 1 -eq 0 ]
+expr 5 + 4
+sum=9
+shift
+[ 0 -eq 0 ]
+echo 9
9
```

从上面可以看出，跟踪模式下 Shell 显示执行的每一条命令以及该命令使用的变量替换后的参数值。一些关键字如 if、then、until 等不显示。

7.3 综合应用

Shell 程序非常适用于系统配置、维护和数据备份等工作。Shell 程序编写实际上是 Shell 命令和操作系统等知识的综合应用，本节给出 bash 程序的一些综合应用实例，供读者参考。

【例 7-15】检测输入参数个数，若等于 0，则列出当前目录本身；否则，对于每个输入参数，显示其所包含的子目录。其详细操作过程可扫描二维码查看。

```
if test $# -eq 0
then
    ls .
else
    for i in $@
    do
        ls -l $i | grep '^d'
    done
fi
```

程序执行结果如下：

```
[root@localhost ~]# ./7-15.sh /root
drwxr-xr-x 2 root root  4096 06-29 11:33 Desktop
```

上面的程序先判断输入参数个数是否为 0，为 0 则执行命令 ls . 显示当前目录内容；否则用 for 语句遍历参数列表，for 语句省略参数列表，程序默认 in $@。程序第 6 行每次循环执行一遍，ls -l $i 列出输入的目录里文件详细列表，grep '^d'则表示从管道传输过来的每一行数据筛选以 d 开头的行。例如：

```
drwxr-xr-x 2 root root  4096 06-29 11:33 Desktop
```

以长格式显示的文件信息，第一列为文件类型和权限，共 10 个字符，其中第一个字符是指文件类型，通过判断该属性，便可用 grep 命令筛选出目录下的子目录。下面简单介绍 grep 命令。

grep 是一种强大的文本搜索工具，它使用正则表达式搜索文本，可以搜索文件或搜索通过管道传输过来的数据。基本的 grep 正则表达式元字符集列举如下。

^：锚定行的开始，如'^grep'表示匹配所有以 grep 开头的行。

$：锚定行的结束，如'grep$'表示匹配所有以 grep 结尾的行。

.：匹配一个非换行符的字符 如'gr.p'表示匹配 gr 后接一个任意字符，然后是 p。

*：匹配零个或多个先前字符 如'*grep'表示匹配所有一个或多个空格后紧跟 grep 的行。“.”和“*”一起用代表任意字符。

[]：匹配一个指定范围内的字符，如'[Gg]rep'表示匹配 Grep 和 grep。

[^]：匹配一个不在指定范围内的字符，如'[^A-FH-Z]rep'表示匹配不包含以 A～F 和 H～Z 的一个字母开头，紧跟 rep 的行。

\(..\)：标记匹配字符，如'\(love\)'，表示 love 被标记为 1。

\<：锚定单词的开始，如'\<grep'表示匹配包含以 grep 开头的单词的行。

\>：锚定单词的结束，如'grep\>'表示匹配包含以 grep 结尾的单词行。

x\{m\}：重复字符 x，m 次，如'0\{5\}'表示匹配包含 5 个 0 的行。

x\{m,\}：重复字符 x，至少 m 次，如'0\{5,\}'表示匹配至少有 5 个 0 的行。

x\{m,n\}：重复字符 x，至少 m 次，不多于 n 次，如'0{5,10\}'表示匹配包含 5～10 个 0 的行。

\w：匹配文字和数字字符，也就是[A-Za-z0-9]，如'G\w*p'表示匹配以 G 后跟零个或多个文字或数字字符，然后是 p。

\W：\w 的反置形式，匹配一个或多个非单词字符，如逗号、句号等。

\b：单词锁定符，如'\bgrep\b'只匹配 grep。

范例如下。

通过管道过滤 ls -l 输出的内容，只显示以 a 开头的行：

```
ls -l | grep '^a'
```

显示所有以 d 开头的文件中包含 test 的行：

```
grep 'test' d*
```

显示在aa、bb、cc文件中匹配test的行：

```
grep 'test' aa bb cc
```

显示所有包含至少5个连续小写字母的字符串的行：

```
grep '[a-z]\{5\}' aa
```

【例 7-16】检测输入参数个数，若等于0，则退出程序；否则，对于每个输入的文件或目录参数，进行tar压缩打包和cp备份到指定目录的操作。其详细操作过程可扫描二维码查看。

```
1   #!/bin/bash
2   #an example script of backup files or directories.
3   backup_date=`date +'%Y-%m-%d-%H:%M:%S'`
4   backup_dir=~/backup
5   backup_log="${backup_dir}/${backup_date}.log"
6   function backup_file()
7   {
8       if [ -e "$1" ]; then
9            tarfilename="$1.tar.gz"
10           tar -czf ${tarfilename} $1 >/dev/null 2>&1
11           cp -fr ${tarfilename} $backup_dir >/dev/null 2>&1
12           if [ $? -eq 0 ]; then
13              rm -fr ${tarfilename}
14              return 0
15           fi
16      fi
17      return 1
18  }
19  function write_log()
20  {
21    log_time=`date +'%Y-%m-%d-%H:%M:%S'`
22    backup_file=$2
23    error_msg="${log_time} error in backup ${backup_file}"
24    success_msg="${log_time} success in backup ${backup_file}"
25    if [ $1 -eq 0 ]; then
26       echo ${success_msg}
27       echo ${success_msg} >> ${backup_log}
28    else
29       echo ${error_msg}
30       echo ${error_msg} >> ${backup_log}
31    fi
32   }
33  clear
34  if [ $# -eq 0 ]; then
35   echo "Usage:7-16.sh arg..."
36   exit 1
37  fi
38  if [ ! -e ${backup_dir} ]; then
39    mkdir ${backup_dir}
40  fi
41  if [ ! -e ${backup_log} ]; then
42    touch ${backup_log}
43  fi
44  echo "backup begin at ${backup_date}" >> ${backup_log}
45  for file in $@
46  do
47          backup_file $file
48          write_log $? $file
49  done
50  echo "backup end..." >> ${backup_log}
51  exit 0
```

上面的例子包含主过程和两个函数，函数backup_file()用于压缩打包文件或目录，并复制压缩文件至指定的备份目录中。该程序运行时，tar包会生成在运行目录下，因此，为了节省磁盘空间，备份完成后可以把生成的 tar 包删除。函数 write_log()用于向日志文件记录备份信息，如果 backup_file()函数执行成功，则记录备份成功的信息，否则记录备份失败的信息。这里要注意的是在程序第 48 行，函数 write_log()的第一个参数是$?，即使用前驱命令的返回值作为参数，其前驱命令是第 47 行执行的 backup_file()函数，观察该函数内部代码，第 14 行待所有操作执行完毕后，函数返回值为 0，函数结束，否则返回值为 1。

程序的主过程中，第 3～5 行代码定义 3 个全局变量，分别为 backup_date（备份开始时间）、backup_dir（放置备份文件的目录）和 backup_log（备份日志文件）。第 34～37 行代码判断参数数量是否为 0，如果程序不带参数，则提示用户使用该程序的语法格式。第 38～43 行代码分别判断 backup_dir 和 backup_log 对应的目录和文件是否存在，若不存在，则分别创建。第 45～49 行利用 for 循环遍历变量参数列表$@，对输入的各个参数进行备份。程序的运行结果如下。

```
[root@localhost ~]#./7-16.sh /var/www /root/Desktop /etc/vsftpd/vsftpd.conf
2020-06-30-18:48:40 success in backup /var/www
2020-06-30-18:48:40 success in backup /root/Desktop
2020-06-30-18:48:40 success in backup /etc/vsftpd/vsftpd.conf
[root@localhost ~]# cd ~/backup
[root@localhost backup]# ll
总计 1036
-rw-r--r-- 1 root root     197 06-30 18:48 2020-06-30-18:48:39.log
-rw-r--r-- 1 root root     538 06-30 18:48 Desktop.tar.gz
-rw-r--r-- 1 root root    2057 06-30 18:48 vsftpd.conf.tar.gz
-rw-r--r-- 1 root root 1027327 06-30 18:48 www.tar.gz
```

程序运行中输入了 3 个参数，包括目录和文件，程序对这些参数对应的目录或文件进行备份操作，如果输入的目录或文件不存在，则备份失败。该程序不会因为一个目录或文件备份失败而导致所有目录或文件备份失败。备份产生的日志信息如下：

```
[root@localhost backup]# cat 2020-06-30-18\:48\:39.log
backup begin at 2020-06-30-18:48:39
2020-06-30-18:48:40 success in backup /var/www
2020-06-30-18:48:40 success in backup /root/Desktop
2020-06-30-18:48:40 success in backup /etc/vsftpd/vsftpd.conf
backup end...
```

7.4 本章小结

在本章中，我们看到 Shell 本身就是一种功能强大的程序设计语言，利用它能够简单、快速和方便地编写程序。本章介绍的是 bash 程序设计的基本内容，读者应该先掌握 Linux 指令系统，再结合 bash 语法编程。如要深入学习，读者还可以结合 C 程序，一些不适合采用 Shell 编写的程序的可以使用 C 或 C++等高级语言实现，然后由 Shell 调用。第 8 章将介绍 Linux 系统下 C 和 C++编程的相关知识。

习题

1. 下列对 Shell 变量 FRUIT 操作，正确的是_____。
   A. 为变量赋值：$FRUIT=apple
   B. 显示变量的值：fruit=apple
   C. 显示变量的值：echo $FRUIT
   D. 判断变量是否有值：[-f "$FRUIT"]
2. 简述 Shell 程序的特点和用途。
3. 如何执行 bash 程序？如何调试 bash 程序？
4. 概述 Shell 程序的基本结构。

5. 编写程序，列出 1～50 的奇数。

6. 编写程序，查看/usr/local/hue.log 第 10 行第 3 列的内容。

7. 编写程序，求 100 以内的素数。

8. 设计一个函数，使其列出指定目录下的子目录。

9. bash 中%和#的用法描述如下。

#的作用是去掉符号左边内容，%的作用是去掉符号右边内容，假设有变量 file=/dir1/dir2/dir3/my.file.txt，观察以下实例。

${file#*/};表示去掉第一个及其左边的字符串：dir1/dir2/dir3/my.file.txt。

${file##*/};表示去掉最后一个及其左边的字符串：my.file.txt。

${file#*.};表示去掉第一个及其左边的字符串：file.txt。

${file##*.};表示去掉最后一个及其左边的字符串：txt。

${file%/*};表示去掉最右边一个及其右边的字符串：/dir1/dir2/dir3。

${file%%/*};表示去掉最右边最后一个及其右边的字符串。

${file%.*};表示去掉最后一个及其右边的字符串：/dir1/dir2/dir3/my.file。

${file%%.*};表示去掉第一个及其右边的字符串：/dir1/dir2/dir3/my。

根据以上描述编写 Shell 程序，功能是将输入的目录下的.txt 文件批量修改为.doc 文件。

第8章

基于 Linux 的 C 编程

C 语言是 UNIX 和 Linux 系统的标准系统语言，掌握在 Linux 平台下开发 C 程序是 Linux 程序设计的重要技能。C 程序开发涉及开发环境、编译工具、调试工具和维护工具等，本章着重介绍如何利用 GCC 工具在 Linux 平台上进行 C 程序开发，对 gdb、make 等辅助工具也会进行相应的介绍。

8.1 Linux C 编程

C 语言是一种通用的、过程式的编程语言，广泛用于系统与应用软件的开发，具有高效、灵活、功能丰富、表达力强和有较强的移植性等特点，在程序员中备受青睐。

目前，C 编译器普遍存在于各种不同的操作系统中，例如 UNIX、DOS、Windows 及 Linux 等。C 语言的设计影响了许多后来出现的编程语言，例如 C++、Objective-C、Java、C#等。

C 语言是所有版本的 UNIX 上的系统语言，也是 Linux 程序设计的标准系统语言，Linux 内核就是使用 C 语言编写的。

8.1.1 C 语言的标准

1. ANSI C

ANSI C 是 ANSI（American National Standards Institute，美国国家标准学会）于 1989 年制定的 C 语言标准。1990 年，ISO 接受以 ANSI C（C89）为 ISO C 的标准（ISO 98910—1990）。1994 年，ISO 修订了 C 语言的标准。目前流行的 C 语言编译系统大多是以 ANSI C 为基础进行开发的，但不同版本的 C 语言编译系统所实现的语言功能和语法有差别。

ANSI C 的目标是为各种操作系统上的 C 程序提供可移植性保证，而不仅仅限于 UNIX。该标准不仅定义了 C 语言的语法和语义，而且定义了一个标准库。这个库可以根据头文件划分为 14 个部分，其中包括字符类型<ctype.h>、错误码<errno.h>、浮点常数<float.h>、数学常数<math.h>、标准定义<stddef.h>、标准 I/O <stdio.h>、工具函数<stdlib.h>、字符串操作<string.h>、时间和日期<time.h>、可变参数表<stdarg.h>、信号<signal.h>、非局部跳转 <setjmp.h>、本地信息<local.h>、程序断言<assert.h>等。

2. POSIX

POSIX 标准最初是由电气与电子工程师学会（Institute of Electrical and Electronics Engineers，IEEE）开发的标准族，部分已经被 ISO 接受为国际标准。POSIX.1 和 POSIX.2 分别定义了 POSIX 兼容操作系统的 C 语言系统接口以及 Shell 和工具标准。POSIX 表示可移植操作系统接口（Portable Operating System Interface，缩写为 POSIX 是为了使读音更像 UNIX）。IEEE 最初开发 POSIX 标准，是为了提高 UNIX 环境下应用程序的可移植性。然而，POSIX 并不局限于 UNIX，许多其他的操作系统（例如 DEC OpenVMS 和 Windows NT）都支持 POSIX 标准。POSIX.1 已经被 ISO 所接受，并命名为 ISO/IEC 9945-1:1990 标准。

3．SVID

System V 接口描述（System V Interface Description，SVID）是描述 AT&T UNIX System V 操作系统的文档，是对 POSIX 标准的扩展集。

4．XPG：X/Open 可移植性指南

X/Open 拥有 UNIX 的版权，而 XPG 被指定为 UNIX 操作系统必须满足的要求。X/Open 可移植性指南是比 POSIX 更为一般的标准。

5．GNU C

GNU C 对标准 C（ANSI/ISO C）进行了很多扩展，这些扩展在代码布局安全性检测方面提供了很强的支持，我们把支持 GNU 扩展的 C 语言称为 GNU C。Linux 内核代码使用了大量的 GNU C 扩展，以至于唯一能够编译 Linux 内核的编译器就是 GCC（GCC 是一个功能非常强大的跨平台 C 编译器）。

8.1.2 C 语言开发环境简介

在 Linux 系统下开发 C 程序的工具很多，如简单的程序编辑器是 vi/Vim、gedit 和 Emacs，其中 Vim 编辑器是 vi 编辑器的升级版，带有关键字高亮显示及语法检查功能。高级的 IDE（Integrated Development Environment，集成开发环境）则有 Eclipse CDT、Source Insight 和 KDevelop 等。这些编辑器各有特点，但作为初学者，我们建议从简到繁，从基本的工具开始学起，因此本章的程序采用 Vim 编辑器编写。在本书第 4 章中，已经介绍了 vi 编辑器的使用方法，直接使用 vi 编辑器编写 C 程序当然可以，但是如果希望编辑器对 C 语法及关键字有检查、自动缩进、高亮彩色显示、自动显示行号等功能，就应该使用 Vim 编辑器。

CentOS 已经内置了 Vim 8.x 版本，开始编写 C 程序前，先对 Vim 配置文件 /etc/.vimrc 进行简单设置。在 /etc/.vimrc 末尾加入如下几行：

```
syntax on
set autoindent
set cindent
set nu
```

其中 syntax on 为语法加亮，set autoindent、set cindent 为自动缩进，set nu 为设置行号，可设置的还有很多，如设置配色方案、自动提示、文件列表等功能，用户可查阅相关资料完成设置。

在命令行界面输入 Vim 命令即可进入编辑器，输入如下的一个简单的 C 程序，并保存为 hello.c。

```
1  #include<stdio.h>
2  int main()
3  {
4          printf("hello world!\n");
5          return 0;
6  }
7
```

C 程序编写完后，需要使用 C 编译器对其编译生成二进制可执行程序，才算真正完成程序的编写。Linux 系统上广泛使用的 C 编译器是 GNU C 编译器。在本节先简单说明 GNU C 编译器如何编译上述程序，更详细的分析将在后续内容中介绍。

```
[root@localhost ~]#gcc hello.c -o hello
[root@localhost ~]#ls -l hello*
-rwxr-xr-x  1 root root  4729 06-30 22:11 hello
-rw-r--r--   1 root root    62 06-30 22:10 hello.c
[root@localhost ~]# ./hello
hello world!
```

在终端输入上述命令，其中 gcc hello.c -o hello 即编译指令，编译 hello.c，输出名为 hello 的可执

行文件。随后运行生成的可执行文件 hello，屏幕显示“hello world! ”，至此，一个简单的 C 程序的开发就完成了。

8.1.3 C 头文件和 C 函数库

除了开发工具和编译器外，C 头文件和 C 函数库也是组成 C 语言开发环境的重要部分。

1. C 头文件

用 C 语言进行程序设计时,需要用到头文件来提供对常量的定义和对系统及库函数调用的声明。对 C 语言来说，这些头文件默认情况下在 /usr/include 目录及其子目录下。那些依赖于特定 Linux 发行版本的头文件通常可在目录 /usr/include/sys 和 /usr/include/linux 中找到。其他编程系统也有各自的头文件，将其存储在可被相应编译器自动搜索到的目录里，例如 X Window 的/usr/include/X11 目录、文字处理和图形渲染的 /usr/include/pango 目录等。

2. C 函数库

库是一组预先编译好的函数的集合，这些函数都是按照可重用的原则编写的。标准系统库文件一般存储在 /lib 和 /usr/lib 目录中。C 语言并没有为常见的操作（例如输入/输出、内存管理、字符串操作等）提供内置的支持。相反，这些功能一般由标准的函数库来提供。GNU 的 C 函数库即 glibc，是 Linux 上最重要的函数库之一，它定义了 ISO C 标准指定的所有的库函数，以及 POSIX 或其他类 UNIX 系统特有的附加库，还包括与 GNU 系统相关的扩展。因为 glibc 符合许多标准与规格，所以在 glibc 下开发的程序可以很容易地移植到其他 UNIX 平台去。这些标准包括 ANSI C/ISO C、POSIX、Berkeley UNIX、SVID 和 XPG。

8.2 利用 GCC 开发 C 语言程序

8.2.1 GCC 概述

GCC（GNU Compiler Collection，GNU 编译器套装）是一套由 GNU 开发的编程语言编译器。它是一套 GNU 以 GPL 及 LGPL 许可证发行的自由软件，是 GNU 计划的关键部分，也是各种 UNIX 的标准编译器。GCC 原名为 GNU C 语言编译器，这是因为它原本只能处理 C 语言。GCC 发展很快，已可处理 C++，之后也可处理 Fortran、Pascal、Objective-C、Java，以及 Ada 与其他语言。读者可以访问 GCC 项目官方网站了解其最新发展情况。

一个 C/C++程序从开始编码到生成二进制可执行文件至少要经过如下 4 个步骤。

（1）预处理：对源文件的宏进行展开。

（2）编译：将源程序编译成汇编文件。

（3）汇编：将汇编文件编译成机器码。

（4）链接：将目标文件和外部符号进行链接，生成可执行文件。

GCC 在编译时根据输入文件的类别和参数选项，可以分别完成上述 4 个步骤，产生对应的处理文件，也可以一次性完成所有步骤，直接生成可执行文件。在 Linux 系统中，可执行文件没有统一的后缀，系统从文件的属性来区分可执行文件和不可执行文件。而 GCC 则通过扩展名来区分输入文件的类别，其文件扩展名规范介绍如下。

（1）以.c 为扩展名的文件，是 C 语言源代码文件。

（2）以.C、.cc、.cpp、.cp 或.cxx 为扩展名的文件，是 C++源代码文件。

（3）以.h 为扩展名的文件，是程序所包含的头文件。

（4）以.i 为扩展名的文件，是已经预处理过的 C 源代码文件。

（5）以.ii 为扩展名的文件，是已经预处理过的 C++源代码文件。

（6）以.m 为扩展名的文件，是 Objective-C 源代码文件。

（7）以.o 为扩展名的文件，是编译后的目标文件。

（8）以.s 为扩展名的文件，是汇编语言源代码文件。

（9）以.S 为扩展名的文件，是经过预编译的汇编语言源代码文件。

8.2.2 GCC 的使用方法

在使用 GCC 编译器时，必须给出一系列必要的参数选项和文件名称。GCC 基本的用法如下：

```
gcc [options] [filenames]
```

其中 options 就是编译器所需要的选项，filenames 表示相关的文件名称。GCC 编译器的参数选项大约有 100 多个，其中多数选项我们可能根本用不到，这里只介绍其中常用的选项，如表 8-1 所示。

表 8-1 GCC 常用选项

选项	说明
-c	只编译，不连接成为可执行文件，编译器只是由输入的以.c 等为扩展名的源代码文件生成以.o 为扩展名的目标文件，通常用于编译不包含主程序的子程序文件
-o filename	确定输出文件的名称为 filename，输出的文件可以是预处理文件、汇编文件、目标文件和可执行文件。如果不给出这个选项，GCC 就给出预设的汇编文件 filename.s、目标文件 filename.o 或可执行文件 a.out，而生成的预处理文件则发送到标准输出设备
-g	在可执行文件中加入调试信息，方便进行调试
-O[0,1,2,3]	对生成的代码使用优化。方括号部分为优化级别，默认的情况为 2 级优化，为 0 表示不进行优化
-L dirname	在编译时增加搜索库文件的目录
-l name	在连接时，装载名字为 libname.a 的函数库，该函数库位于系统预设的目录或者由-L 选项确定的目录下
-I dir	在编译时增加一个搜索头文件的目录 dir
-E	指定 GCC 在生成预处理文件后停止
-S	指定 GCC 在生成汇编文件后停止
-w	禁止所有警告
-W warning	允许产生 warning 类型的警告，类型取值可以是 main、unused、error 和 all 等。all 表示产生所有警告

下面举例说明 GCC 编译器的基本使用方法。

【例 8-1】利用 GCC 对下列程序做预处理，生成对应的预处理文件。其详细操作过程可扫描二维码查看。

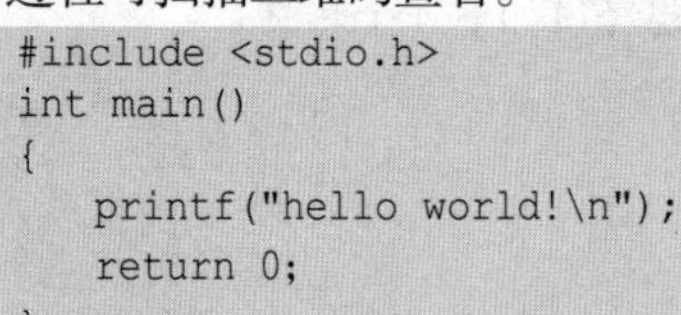

```
#include <stdio.h>
int main()
{
   printf("hello world!\n");
   return 0;
}
```

把上述程序命名为 hello.c，源代码中的预处理语句以“#”为前缀。我们可以通过在 gcc 命令后加上-E 选项来调用预编译器。例如：

```
[root@localhost ~]# gcc -E hello.c -o hello.i
[root@localhost ~]# ls -l hello*
-rwxr-xr-x  1 root root   4729 06-30 22:11 hello
-rw-r--r--  1 root root     62 06-30 22:10 hello.c
-rw-r--r--  1 root root  17982 07-03 15:44 hello.i
[root@localhost ~]# wc -l hello.i
935 hello.i
```

执行预处理主要完成以下 3 个任务。

（1）把“include”的文件复制到要编译的源文件中。

（2）用实际值替代“define”的文本。

（3）在调用宏的地方进行宏替换。

从输出的结果可以观察到，预处理文件 hello.i 的大小比源代码文件大很多，共有 935 行代码，其中大多数来自 stdio.h 头文件。预处理文件很长，以下列出预处理文件的部分内容：

```
…
extern void funlockfile(FILE *__stream) __attribute__((__nothrow__));
# 844 "/usr/include/stdio.h" 3 4

# 2 "hello.c" 2
int main()
{
printf("hello world!\n");
}
```

【例 8-2】针对例 8-1 的源代码，利用 GCC 执行编译，生成对应的汇编文件。其详细操作过程可扫描二维码查看。

输入如下指令：

```
[root@localhost ~]# gcc -S hello.i -o hello.s
[root@localhost ~]# ls -l hello*
-rwxr-xr-x  1 root root   4729 06-30 22:09 hello
-rw-r--r--  1 root root     62 06-30 22:10 hello.c
-rw-r--r--  1 root root  17982 07-03 15:44 hello.i
-rw-r--r--  1 root root    430 07-03 16:02 hello.s
```

-S 选项可使 GCC 在生成汇编文件后停止，产生的部分汇编代码如下：

```
…
main:
        leal    4(%esp), %ecx
        andl    $-16, %esp
        pushl   -4(%ecx)
        pushl   %ebp
        movl    %esp, %ebp
        pushl   %ecx
        subl    $4, %esp
        movl    $.LC0, (%esp)
        call    puts
        addl    $4, %esp
        popl    %ecx
        popl    %ebp
        leal    -4(%ecx), %esp
        ret
…
```

【例 8-3】针对例 8-1 的源代码，利用 GCC 执行汇编，生成对应的目标文件。其详细操作过程可扫描二维码查看。

输入如下指令：

```
[root@localhost ~]# gcc -c hello.s -o hello.o
[root@localhost ~]# ls -l hello*
-rwxr-xr-x  1 root root   4729 06-30 22:09 hello
-rw-r--r--  1 root root     62 06-30 22:10 hello.c
-rw-r--r--  1 root root  17982 07-03 15:44 hello.i
-rw-r--r--  1 root root    868 07-03 16:10 hello.o
-rw-r--r--  1 root root    430 07-03 16:02 hello.s
```

编译器选项 -c 把以.s 为扩展名的文件转换为以.o 为扩展名的目标文件。目标代码并不能在 CPU 上运行，但它离二进制可执行文件已经很近了，再输入以下编译指令即可生成二进制可执行文件。

```
[root@localhost ~]# gcc hello.o -o hello
```

【例 8-4】利用 GCC 对目标文件执行链接，生成二进制可执行文件。其详细操作过程可扫描二维码查看。

在例 8-3 中，最后执行指令 gcc hello.o -o hello 生成二进制可执行文件其实就是利用 GCC 对目标文件执行链接，链接完成后就得到了二进制可执行文件。为了能更好地说明链接的过程，在此修改上例的源程序文件，并增加两个文件，程序清单如表 8-2 所示。

表 8-2　例 8-4 程序清单

文件名	代码

say_hello.h	`#ifndef _SAY_HELLO_H`
	`#define _SAY_HELLO_H`
	`  void say_hello(char *str);`
	`#endif`

say_hello.c	`#include <stdio.h>`
	`#include "say_hello.h"`
	`void say_hello(char *str)`
	`{`
	`  printf("%s",str);`
	`}`

hello.c	`#include <stdio.h>`
	`#include "say_hello.h"`
	`int main( )`
	`{`
	`  say_hello("hello world!\n");`
	`}`

表格中 hello.c 文件增加了一条预处理语句（#include "say_hello.h"），say_hello()函数的实现放在 say_hello.c 中，3 个文件都放在同一个目录下，使用 gcc 指令对 hello.c 生成目标文件，然后对其执行链接，结果显示如下：

```
[root@localhost~]# gcc -c hello.c -o hello.o
[root@localhost ~]# gcc hello.o -o hello
hello.o: In function 'main':
hello.c:(.text+0xa): undefined reference to 'say_hello'
collect2: error: ld returned 1 exit status
```

与例 8-3 对比，该例子虽然可以顺利生成目标文件 hello.o，但是在对这个目标文件执行链接时，却产生了错误，编译器提示找不到 say_hello()函数。所谓链接，就是链接器（编译器的链接工具）要告诉编译器哪里可以找到这个函数。say_hello()函数的实现在 say_hello.c 文件中，我们需要先生成 say_hello.o 目标文件，链接器才能从 say_hello.o 目标文件中找到 say_hello()函数，并把它放入可执行文件。例如：

```
[root@localhost~]# gcc -c say_hello.c -o say_hello.o
[root@localhost~]# gcc hello.o say_hello.o -o hello
[root@localhost~]# ./hello
hello world!
```

【例 8-5】修改例 8-4 的程序结构，建立 functions 目录，把 say_hello.h 文件和 say_hello.c 文件放置在 functions 目录下，利用 GCC 编译整个项目。其详细操作过程可扫描二维码查看。

对于多文件组成的项目，采用 GCC 编译有两种方案：一步编译和分步编译。在例 8-4 中使用的是分步编译的方案，即编译每一个.c 文件，得到.o 目标文件，然后将每一个.o 目标文件链接成一个可执行文件。一步编译则是直接编译出可执行文件，中间不生成.o 目标文件。例如在例 8-4 中，采用一步编译，可输入下面的编译命令：

```
gcc hello.c say_hello.c -o hello
```

上述编译命令适合例8-4的程序结构——所有源文件放在同一个目录下。此处已经修改了程序结构，其结构如图8-1所示。

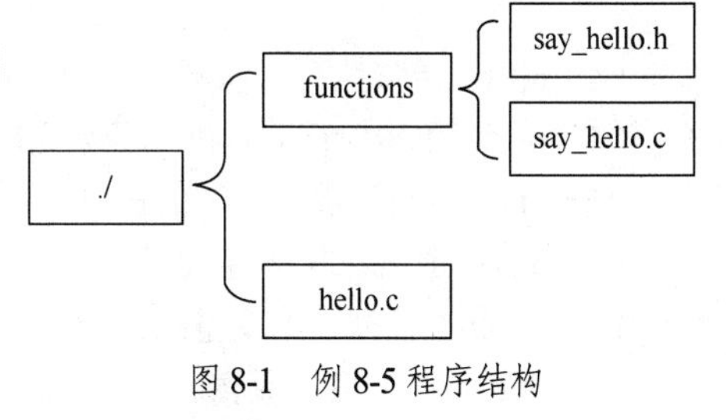

图8-1　例8-5程序结构

为了适应程序结构的变化，需要对GCC命令进行修改。文件hello.c引用的头文件say_hello.h不在当前目录中，也不在GCC默认的头文件搜索路径 /usr/include 中，这时我们应该使用 -I选项指定搜索头文件的特殊目录，具体编译指令如下：

```
gcc hello.c functions/say_hello.c -o hello -Ifunctions
```

这里进行了两处修改，加粗部分告诉GCC如何找到say_hello.c源文件和在functions目录下搜索头文件say_hello.h。

8.2.3　C程序调试

C 程序调试分为静态调试和动态调试。静态调试用在程序编译阶段查找错误并修正错误，它主要利用GCC编译器对语法错误进行检查。动态调试则用在程序运行阶段的错误检查与修正，适用于检查算法的错误、输入输出的错误等。

程序的动态调试需要借助调试工具，Linux系统包含一个叫gdb（GNU Debugger）的GNU调试程序。gdb是一个用来调试C和C++程序的调试器，是一个交互式工具，工作在命令行模式下。以下是gdb的一些功能。

（1）设置断点。

（2）监视程序变量的值。

（3）单步执行程序。

（4）修改变量的值。

为了使gdb正常工作，必须使用 -g选项编译源文件，使程序在编译时包含调试信息。调试信息包含程序中每个变量的类型和在可执行文件里的地址映射以及源代码的行号。gdb 利用这些信息使源代码和机器码相关联。在命令行上输入gdb并按Enter键就可以运行gdb，如果一切正常，gdb将被启动并在屏幕上输出如下类似内容：

```
[root@localhost ~]# gdb
GNU gdb (GDB) Red Hat Enterprise Linux 8.2-12.el8
Copyright (C) 2018 Free Software Foundation, Inc.
License GPLv3+: GNU GPL version 3 or later <http://gnu.org/licenses/gpl.html>
This is free software: you are free to change and redistribute it.
There is NO WARRANTY, to the extent permitted by law.
Type "show copying" and "show warranty" for details.
This GDB was configured as "x86_64-redhat-linux-gnu".
Type "show configuration" for configuration details.
For bug reporting instructions, please see:
<http://www.gnu.org/software/gdb/bugs/>.
Find the GDB manual and other documentation resources online at:
    <http://www.gnu.org/software/gdb/documentation/>.

For help, type "help".
Type "apropos word" to search for commands related to "word".
(gdb)
```

进入gdb环境后，就可以输入相应的命令对程序进行调试了。gdb常用命令描述如下。

（1）file：打开想要调试的可执行文件。

（2）kill：终止正在调试的程序。

（3）list：查看指定文件或者函数的源代码，并标出行号。

（4）next：单步执行，但不进入函数内部。

（5）step：单步执行而且进入函数内部。

（6）run：执行当前被调试的程序。

（7）quit：退出 gdb 环境。

（8）watch：监视一个变量的值而不管它何时被改变。

（9）print：查看变量或表达式的值。

（10）break：在代码里设置断点，这将使程序执行到这里时被挂起。

（11）make：不退出 gdb 环境并重新产生可执行文件。

gdb 支持很多与 Shell 程序一样的命令编辑特征。例如类似在 bash 中按 Tab 键让 gdb 补齐一个唯一的命令，如果不唯一的话 gdb 会列出所有匹配的命令。gab 也支持用方向键上下翻动历史命令。下面举例说明 gdb 的用法。

【例 8-6】 sum.c 程序实现从 1 到 *n* 的累加，程序算法有误，使用 gdb 调试以下程序。其详细操作过程可扫描二维码查看。

首先使用带-g 选项的 gcc 命令编译该程序。

```
[root@localhost ~]# gcc -g sum.c -o sum
```

进入 gdb 环境，使用 file 命令加载需要调试的程序。

```
(gdb) file ./sum
Reading symbols from /root/sum...done.
Using host libthread_db library "/lib/libthread_db.so.1".
```

利用 list 命令查看源代码。

```
(gdb) list 1,20
1          #include <stdio.h>
2          int func(int n)
3          {
4                  int sum=0,i;
5                  for(i=0;i<n;i++)
6                  {
7                           sum+=i;
8                  }
9                  return sum;
10     }
11     int main()
12     {
13                 int N,total=0;
14                 printf("input a number:");
15                 scanf("%d",&N);
16                 total=func(N);
17                 printf("1+2+...+%d=%d",N,total);
18                  return 0;
19
20     }
```

在第 16 行设置断点。

```
(gdb) break 16
Breakpoint 1 at 0x8048418: file sum.c, line 16.
```

在 gdb 中运行程序。

```
1   (gdb) run
2   Starting program: /root/sum
3   input a number:2
4   Breakpoint 1, main() at sum.c:16
5   16                 total=func(N);
6   (gdb) step
7   func(n=2) at sum.c:4
8   4                  int sum=0,i;
```

```
9   (gdb) next
10  5                  for(i=0;i<n;i++)
11  (gdb) next
12  7                          sum+=i;
13  (gdb) next
14  5                  for(i=0;i<n;i++)
15  (gdb) next
16  7                          sum+=i;
17  (gdb) next
18  5                  for(i=0;i<n;i++)
19  (gdb) print i
20  $1 = 1
21  (gdb) print n
22  $2 = 2
23  (gdb) print sum
24  $3 = 1
25  (gdb) next
26  9                  return sum;
27  (gdb) print sum
28  $4 = 1
29  (gdb) kill
30  Kill the programe being debugged?(y or n)y
31  (gdb)quit
```

执行 run 命令，程序调试开始，在第 4 行提示源代码的第 16 行存在断点；在第 6 行输入 step 命令单步执行，并且进入函数 func()内部；在函数内部使用 next 命令单步执行，使用 print 命令查看循环过程中变量值的变化情况。从调试过程我们可以看到，程序在输入 n=2 的时候，for 循环 2 次便结束了，最后的 sum 值为 1。很明显可以观察到循环少了一次，这时我们可以定位应该是 for 循环的条件判断出了问题。仔细查看程序代码，for 循环中 i<n 有误，应该改为 i<=n。至此，找到错误后就可以退出调试了。第 29 行终止对 sum.c 程序的调试，第 31 行退出 gdb 环境。

8.2.4 创建与使用库函数

8.1.3 小节中简单介绍了 C 函数库的概念，库从本质上来说是一种可执行代码的二进制格式，可以被载入内存中执行。函数库分静态函数库和动态函数库两种。

（1）静态函数库。这类库的名称一般是 libxxx.a。利用静态函数库编译成的文件比较大，因为整个函数库的所有数据都会被整合进目标代码中。但它的优点也显而易见，即编译后的执行程序不需要外部的函数库支持，因为所有使用的函数都已经被编译进去了。当然这也会成为它的缺点，因为如果静态函数库改变了，程序必须重新编译。

（2）动态函数库。这类库的名称一般是 libxxx.so。相对于静态函数库，动态函数库在编译的时候并没有被编译进目标代码中，程序执行到相关函数时才调用该函数库里的相应函数，因此动态函数库产生的可执行文件比较小。由于函数库没有被整合进用户程序，而是程序运行时动态地申请并调用，因此程序的运行环境必须提供相应的库。动态函数库的改变并不影响用户的程序，所以动态函数库的升级比较方便。

使用 GCC 编译器可以将库与自己开发的程序链接起来，例如 libc.so 中包含了标准的输入输出函数，当链接程序进行目标代码链接时会自动搜索该程序并将其链接到可执行文件中。下面举例说明创建与使用库函数的方法。

【例 8-7】有 C 库函数源代码 pr1.c 和 pr2.c，如表 8-3 所示，分别创建对应的静态函数库和动态函数库，并在 main 函数中进行调用。其详细操作过程可扫描二维码查看。

表8-3 例8-7程序清单

文件名	代码

pr1.c	`#include<stdio.h>`
	`void print1()`
	`{`
	`        printf("This is the first lib src!\n");`
	`}`

pr2.c	`#include<stdio.h>`
	`void print2()`
	`{`
	`        printf("This is the second src lib!\n");`
	`}`

main.c	`int main()`
	`{`
	`        print1();`
	`        print2();`
	`        return 0;`
	`}`

1．静态函数库创建与使用

（1）编译.c文件生成.o目标文件。

```
[root@localhost ~]# gcc -c pr1.c pr2.c
[root@localhost ~]# ls -l pr*.o
-rw-r--r-- 1 root root 864 07-04 05:31 pr1.o
-rw-r--r-- 1 root root 864 07-04 05:31 pr2.o
```

（2）链接静态函数库。为了在编译程序中正确找到库文件，静态函数库必须按照lib[name].a的规则命名，如[name]=pr.。用到的 ar 命令可以用来创建、修改库，也可以从库中提出单个模块。ar命令的主要选项如下。

d：从库中删除模块。

m：在一个库中移动成员。

p：显示库中指定的成员到标准输出。

q：快速追加。增加新模块到库的结尾处。

r：在库中插入模块（替换）。当插入的模块名已经在库中存在，则替换同名的模块。如果若干模块中有一个模块在库中不存在，执行ar命令时显示一个错误消息，并不替换其他同名模块。默认情况下，新的成员增加在库的结尾处，可以使用其他选项来改变增加的位置。

t：显示库的模块表清单。一般只显示模块名。

s：写入一个目标文件索引到库中，或者更新一个存在的目标文件索引。

v：显示执行操作选项的附加信息。

```
[root@localhost ~]# ar -rsv libpr.a pr1.o pr2.o
ar: creating libpr.a
a - pr1.o
a - pr2.o
[root@localhost ~]# ls -l libpr.a
-rw-r--r-- 1 root root 1942 07-04 05:40 libpr.a
```

（3）加载库文件编译main.c。

```
[root@localhost ~]# gcc main.c -o main -L. -lpr
[root@localhost ~]# ls -l main
-rwxr-xr-x 1 root root 4998 07-04 05:48 main
```

```
[root@localhost~]# ./main
this is the first lib src!
this is the second lib src!
```

2．动态函数库创建与使用

（1）生成动态函数库。

```
[root@localhost~]# gcc -fpic -shared -o libpr.so pr1.c pr2.c
[root@localhost~]# ls -l libpr.so
-rwxr-xr-x 1 root root 4326 07-04 05:53 libpr.so
```

（2）隐式调用动态函数库。

在编译调用库函数代码时指明动态函数库的位置及名称。

```
[root@localhost~]# gcc main.c -o main_so ./libpr.so
[root@localhost~]# ls -l main_so
-rwxr-xr-x 1 root root 4994 07-04 05:54 main_so
[root@localhost~]# ./main_so
this is the first lib src!
this is the second lib src!
```

（3）显式调用动态函数库。

使用动态函数库时，会查找 /usr/lib、/lib 目录下的动态函数库，而此时生成的库不在其中。这个时候有如下几种方法可以让它成功运行。

① 将 libpr.so 复制到 /usr/lib 或 /lib 中去。

② 使用 export LD_LIBRARY_PATH=$(pwd)。

③ 在 /etc/ld.so.conf 文件里加入生成的库的目录，然后执行/sbin/ldconfig。/etc/ld.so.conf 是非常重要的一个目录，里面存放的是链接器和加载器搜索共享库时要检查的目录，默认是从 /usr/lib 中读取的，所以想要顺利运行，也可以把库的目录加入这个文件中并执行 /sbin/ldconfig。

这里采用第二种方案，例如：

```
[root@localhost~]# export LD_LIBRARY_PATH=$(pwd)
[root@localhost~]# gcc main.c -o main_so_2 -L. -lpr
[root@localhost~]# ./main_so_2
this is the first lib src!
this is the second lib src!
```

8.3 软件维护工具

大型软件开发项目中，涉及文件数目众多，完全通过手动输入 gcc 命令进行编译是不现实的。例如修改了一个源文件，要重新编译所有源文件，非常浪费时间。GNU 的 make 是用来自动完成大批量源文件编译工作的维护工具。make 工具最主要也是最基本的功能之一是通过 makefile 文件来描述源文件之间的相互关系并自动进行编译工作。makefile 文件需要按照某种语法进行编写，文件中需要说明如何编译各个源文件并链接生成可执行文件，并要求定义源文件之间的依赖关系。make 程序能够根据程序中各模块的修改情况，自动判断应对哪些模块重新编译，保证软件是由最新的模块构建的。至于检查哪些模块，以及如何构建软件则由 makefile 文件来决定。

makefile 文件带来的好处是自动化编译，一旦写好，只需要一个 make 命令，整个工程可以完全自动编译，极大地提高了软件开发效率。makefile 文件作为一种描述文档，一般需要包含以下内容。

（1）宏定义。

（2）源文件之间的相互依赖关系。

（3）可执行的命令。

makefile 文件的基本格式是：

```
目标：依赖项列表
(Tab 缩进)命令
…
```

其中“目标”可以是目标文件，也可以是可执行文件。“依赖项列表”是指要生成这个“目标”所需的文件或目标。“命令”是指生成该目标所需的 GCC 编译命令。make 工具最大的特点之一就是能够智能识别哪些文件被修改过从而需要重新编译，其他文件则不被重新编译。在 Linux 系统中，创建或更新文件，系统会记录最新修改时间，make 依靠判断这个最后修改时间来决定需重新编译的文件。

【例 8-8】写出表 8-2 程序清单的 makefile 文件。其详细操作过程可扫描二维码查看。

```
1   hello:hello.o say_hello.o
2       gcc hello.o say_hello.o -o hello
3   say_hello.o:say_hello.c say_hello.h
4       gcc -c say_hello.c -o say_hello.o
5   hello.o:hello.c say_hello.h
6       gcc -c hello.c -o hello.o
```

上述文件中，第 1 行 hello 为最终要生成的目标，它依赖于 hello.o 和 say_hello.o 两个文件，生成可执行文件 hello 的命令是第 2 行的 gcc hello.o say_hello.o -o hello。以此类推，第 3 行和第 5 行分别说明了两个目标文件的依赖关系，整个项目的依赖关系如图 8-2 所示。

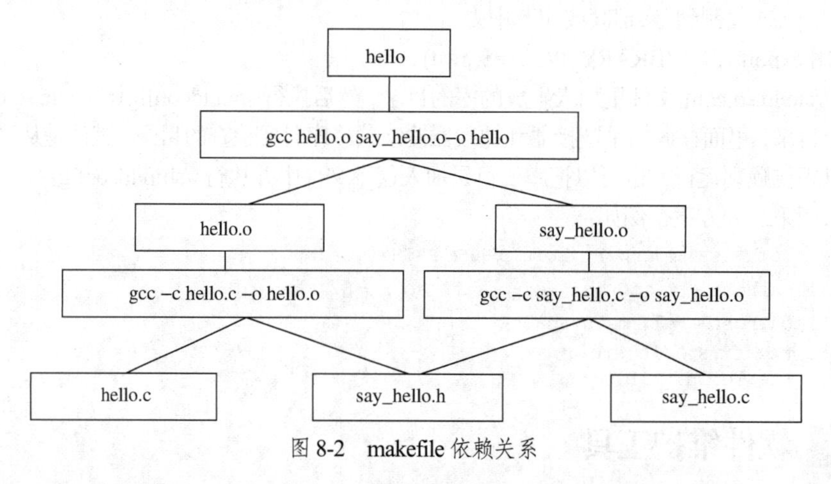

图 8-2　makefile 依赖关系

makefile 文件编写完毕后，使用 make 工具来编译就很简单了。假设 makefile 文件保存在当前目录中，只需要在终端输入 make 命令即可，如下：

```
[root@localhost ~]# make
gcc -c hello.c -o hello.o
gcc -c say_hello.c -o say_hello.o
gcc hello.o say_hello.o -o hello
[root@localhost ~]# ./hello
hello world!
```

从上面的输出信息可以看到，make 工具执行时根据 makefile 定义的依赖关系自底向上执行编译命令。为了更好地观察 make 工具的自动更新功能，对 say_hello.c 文件进行更新，增加一行语句。例如：

```
void say_hello(char *str)
{
        printf("New ");
        printf("%s",str);
}
[root@localhost ~]# make
```

```
gcc -c say_hello.c -o say_hello.o
gcc hello.o say_hello.o -o hello
[root@localhost ~]# ./hello
New hello world!
```

重新执行 make 后,输出信息显示只执行了两条编译指令,这两条指令均涉及 say_hello.c 的更新，say_hello.c 修改导致 say_hello.o 更新，从而导致 hello.o 更新。

此外，在 makefile 文件中还可以定义一些宏，宏的作用类似 C 语言中的 define 命令，利用它们来代表某些多处使用而又可能发生变化的内容，可以节省重复修改的工作，还可以避免遗漏。定义宏的基本语法是：宏标识符=值列表。其中，宏标识符即宏的名称，通常全部大写，但它实际上可以由大、小写字母，阿拉伯数字和下画线构成。等号左右的空白符没有严格要求，因为它们最终将被 make 命令删除。至于值列表，既可以是零项，也可以是一项或者多项。当一个宏定义之后，我们就可以通过$(宏标识符)或者${宏标识符}来访问这个标识符所代表的值。

例如，上述的 makefile 文件可修改成下面更灵活的 makefile 文件：

```
CC=gcc
CFLAGS=-Wall -c
OBJS= hello.o say_hello.o
hello:${OBJS}
	${CC} ${OBJS} -o hello
say_hello.o:say_hello.c say_hello.h
	${CC} ${CFLAGS} say_hello.c -o say_hello.o
hello.o:hello.c say_hello.h
	${CC} ${CFLAGS} hello.c -o hello.o
```

8.4 本章小结

本章介绍 Linux 平台下利用 GCC 进行 C 程序开发和调试的基本方法。举例说明 GCC 编译 C 程序的过程、使用 gdb 调试过程、库函数使用过程以及 make 工具使用过程。这些内容是 Linux 下 C 程序开发的基本技能，学习本章后，读者可以尝试进行 Linux 平台下的 C 程序设计。

习题

1. 总结 Linux 环境下 C 语言程序的开发工具。
2. C 头文件和 C 函数库之间有什么联系?
3. 简述 GCC 的用法和常用选项的含义。
4. 静态函数库与动态函数库有什么区别?
5. 软件维护工具 make 是如何使用的?
6. 什么场景下需要使用 make 工具?
7. 使用 gcc 生成的.o 文件和.s 文件有什么区别?
8. 简述采用 gdb 调试 C 语言程序的步骤。
9. 图 8-1 所示的程序结构所对应的 makefile 文件如何编写?

第9章 GTK+图形用户界面程序设计

本章首先介绍X Window的相关基础知识，包含X Window系统的组成、特点和运行原理，并对常见的图形用户界面系统进行简要介绍。接着介绍GNOME桌面环境下GTK+图形用户界面程序设计方法，特别是GTK+程序开发涉及的重点问题（如程序的初始化、控件的创建、界面的布局、信号链接与回调函数等），并辅以由简到繁的例子进行分析说明，带领读者逐步进入GTK+的编程世界。

9.1 X Window的组成和特点

9.1.1 X Window系统简介

X Window系统（X Window System，也常称为X11或X）是一种以位图方式显示的软件窗口系统。X Window系统的诞生早于Microsoft Windows，其产生于1984年麻省理工学院与DEC公司的一个合作计划。麻省理工学院的计算机科学研究室当时正在开发一套网络分布式系统，而DEC公司正在麻省理工学院做Athena计划的一部分，两个项目都需要一套可以在UNIX平台上运行的图形用户界面系统，这样合作就开始了。他们把这个图形用户界面系统称为“X”，这是因为它是以斯坦福大学的实验性图形用户界面系统“W”为基础设计、开发出来的，开发人员便用字母W后面的字母X来命名这个系统。

到了1985年，X的第10个版本（X Version 10）正式发布，DEC公司随后在第二年发布了VAXstation-II/GPX，这是第一套商业的具有UNIX图形用户界面的操作系统，其版本定为X Version 10（release 3），简称X10R3。从此X Window开始被人们广泛接受，并且人们纷纷在不同的UNIX平台上着手对其进行开发、使用。

1988年，麻省理工学院成立了X Consortium组织，并将X Window的开发控制权移交给X Consortium，此后的X Window版本都由他们来开发和发布。从此X Window进入一个高速发展期。1988年3月，X11R2发布；同年12月的时候X11R3发布；至1994年4月，X Window最稳定的一个版本X11R6诞生了，此时X Window的功能大致确定，至今许多Linux系统使用的仍是这个版本。

9.1.2 X Window的组成

X Window系统由3个基本元素组成：X Server、X Client和X通信通道，如图9-1所示。

1. X Server

X Server（X服务器）是X Window系统的核心，是运行在系统后台的进程，用于管理图形用户界面的显示、键盘/鼠标等输入设备与后台程序的通信等。它最重要的功能之一是显示，X Server可以创建视窗，在视窗中绘图和输入文字，回应X Client程序的请求，但它不会自己完成，只有在X Client

程序提出需求后才完成动作。每一套显示设备只对应唯一的 X Server，而 X Server 一般由系统供应商提供，通常无法被用户修改。对操作系统而言，X Server 只是一个普通的用户程序而已，因此很容易更换新版本，甚至更换成第三方提供的原始程序。

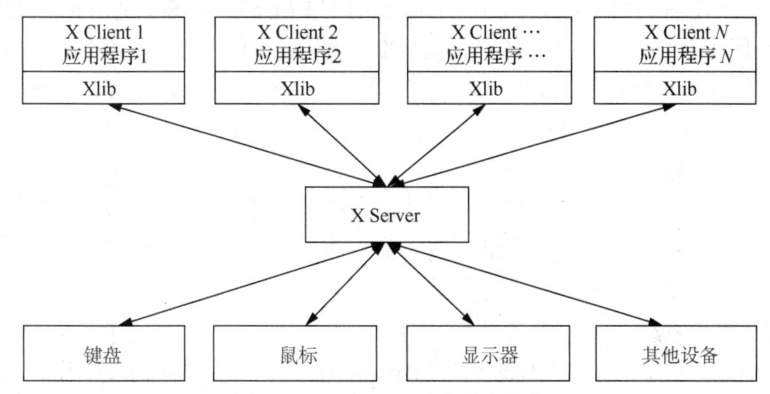

图 9-1　X Window 系统基本结构

自由软件编写者或厂商开发出了多种 X Server，在此略举几例。

（1）XFree86：一个免费的 X Server 软件。

（2）Xorg：运行在大多数 Linux 系统上的 X Server，CentOS 上也可运行。

（3）Accelerated X：由 Accelerated X Product 开发，在图形加速显示上做了改进。

（4）X Server SuSE：SuSE Team 开发。

2．X Client

X Client（X 客户端）是 X Window 中的用户程序。X Client 与 X Server 也符合标准的 Client/Server 模式的特点，多种多样的 X Client 程序向 X Server 发出请求，由 X Server 运算得出结果，再显示到指定的地方去，如本地或者远程的显示器。

X Client 无法直接影响视窗行为或显示效果，它们只能发送一个请求给 X Server，由 X Server 来完成这些请求。例如，发送的请求可以是在某个视窗中写“Hello World”字符串，或者从 *A* 到 *B* 画一条直线。

X Client 的功能大致可分为两部分：向 X Server 发出请求只是它的一部分功能，另一部分功能是为用户执行程序而准备的。例如输入文字信息、计算等。一般而言，应用程序对许多输出设备具有输出能力，而在 X Window 中的显示只是 X Client 程序许多输出中的一种，因此 X Client 程序中和 X Window 相关的部分只占整个程序中很小的一部分。

用户可以通过不同的途径使用 X Client 程序：通过系统提供的程序使用；通过第三方的软件使用；或者用户为了某种特殊应用而自己编写 X Client 程序并使用。

3．X 通信通道

X 通信通道是 X Server 和 X Client 之间用于传输数据的媒介。借助这个通道，X Client 可以发送请求给 X Server，而 X Server 可以回复状态及其他一些信息给 X Client。X 通信通道的主体是 Xlib（X 函数库），X Client 调用 Xlib，利用相应的通信功能向 X Server 发出请求；X Server 完成任务之后，再次调用 Xlib 把结果显示到指定设备。

9.1.3　X Window 的特点

1．良好的网络支持

X Window 本身是一种基于网络协议的图形用户界面，任何硬件只要遵守 X Protocol，就可以进行相应的显示。从大型计算机到个人计算机，每一种 UNIX 系统都支持 X Protocol，目前 UNIX 与类 UNIX 系统上的图形用户界面基本都是 X Window。X Window 采用 Client/Server 网络架构，X Client 和 X Server 可以通过网络来通信，而且有良好的网络透明性，这种架构使得两端的计算机不需要相同的语言环境，甚至不需要相同的操作系统，Linux 可以与 AIX 系统、Solaris、FreeBSD 的 X Window 相互操作，就是因为它们都支持 X11R6 的协议标准。有了相应的软件，甚至 Microsoft Windows 都可以与 Linux 进行 X Window 相互操作，而且由于通信是基于网络协议的，X Client、X Server 和显示器可以完全分离，分布在办公环境的局域网中，甚至是广域网中。

2．个性化的窗口界面

X Window 并未对图形用户界面进行统一的规范，程序员可以根据需求自行设计，后面将要介绍的 GNOME 与 KDE 是其中的代表性产品。例如窗口的摆放、大小及显示顺序等，并不包含在系统中，而是由应用程序来控制，可以轻易更换。

3．不内嵌于操作系统

X Window 只定义了一个标准，不属于某个操作系统，因此可在不同的操作系统上运行相同的 X Window 软件。在 macOS 和 Windows 中，构建图形用户界面的功能都在操作系统里面实现，用户只能使用固定的图形用户界面；而 X Window 不属于内核的一部分，它只是部署在内核周围的应用程序。因此，在安装 Linux 系统时，可以选择不安装 X Window，系统一样可以运行，只是没有图形用户界面，操作不直观而已。但是这对那些任务繁重的服务器来说，没有 X Window 软件，便可以集中资源向用户提供其他服务。

9.1.4 X Window 的运行原理

X Window 属于 Client/Server 架构。X Server 是服务器，对外提供渲染图形的能力；X Client 是客户端，负责给 X Server 发送显示图形的请求，X Protocol 是 X Server 和 X Client 的通信协议。X Client 只能通过 X Server 与输入输出设备进行交互，也就是说，X Server 控制硬件的运行状况，X Client 只是单纯地执行程序，只能使用 X Server 提供的服务进行输入输出。

例如，X Client 程序要在屏幕上输出一条直线，它就使用 X Protocol 与 X Server 交互："我需要在屏幕上画一条直线。"同时 X Client 会告诉 X Server 在什么地方以什么颜色画多长、多粗的直线。而涉及具体画的动作，如这条直线如何生成、用什么显卡驱动程序驱动显卡完成画线等工作由 X Server 完成。同理，X Server 捕捉到鼠标右键按下，它就与 X Client 通信："发现鼠标右键被按下，有什么指示吗？"这时 X Client 按照用户操作返回信息给 X Server，由此不断地形成消息循环，从而完成应用程序的运行。

另外，X Server 是一个管理显示的进程，必须运行在一个有图形显示能力的主机上。理论上，一台主机上可以同时运行多个 X Server，每个 X Server 能管理多个与之相连的显示设备。X Client 是一个使用 X Server 显示其资源的程序，它与 X Server 可以运行在不同主机上。例如，可以在 Windows 系统上运行一个 X Server，在 Linux 上运行 X Client，这样它们就可以通信。另外，macOS 计算机的图形用户界面用的也是 X Protocol，而且被认为是做得最好的 X Protocol 图形用户界面，它对 X Protocol 的实现是在系统内核里完成的，性能明显好很多，因此很多大型三维图形设计软件都是运行在 macOS 计算机上。

9.1.5 X Window 的启动和关闭

在 Linux 系统中启动 X Window 有几种方法，一般来说系统安装了 X Window 后，系统启动时默认会启动 X Window 进入图形用户界面。如果系统启动后默认进入的是命令行界面，可以采用切换系统运行级别的方法进入图形用户界面。例如：

```
[root@localhost ~]# init 5
```

其中 5 表示 X Window 图形用户界面模式。

另外，也可以通过 startx 命令启动 X Window，例如：

```
[root@localhost ~]# startx
```

如果想在图形用户界面切换到命令行界面，可以在图形用户界面的模拟终端输入 init 3，其中 3 表示多用户的命令行界面，这样系统就会结束 X Window 进程，回到命令行界面。

9.2 常见桌面环境

为了使 X Window 更容易使用，很多大型公司与组织针对 X Window 开发了相应的集成桌面环境（Desktop Environment），它们的操作界面不同，但都包括某些特定的基本功能，且它们均在 X Window 上运行。

9.2.1 GNOME

GNOME（The GNU Network Object Model Environment，GNU 网络对象模型环境）最早发布于 1999 年，迄今为止已经迭代更新了多个版本。由于其美观、实用，因此现已逐渐成为许多 Linux 发行版默认的桌面环境。

GNOME 问世之前，用户要面对毫无生气的文本环境，初学者往往感到难用和不够友好。因此，GNOME 的初衷是构造一个功能完善、操作简单以及界面友好的桌面环境。为了实现这个目标，GNU 在 1997 年启动了 GNOME 计划，该计划旨在实现软件的完全自由，同时是开源运动的一个重要组成部分。

GNOME 的主要特点如下。

（1）简单、易用。GNOME 的每个部分都简单、易用。“活动概览界面”是访问所有基本任务的简单方法。只需单击按钮即可查看打开的窗口、启动应用程序或检查是否有新消息。将所有东西都放在一个方便的地方可减少不必要的学习成本。

（2）直观、高效。GNOME 提供了一个专注的工作环境帮助用户完成工作。它包含使用户提高工作效率的功能：强大的搜索功能，可帮助用户从一个地方访问所有工作；可以同时查看多个文档的并排窗口；与在线账户无缝集成，可以在一个地方访问所有数据；提供一个可以轻松处理通知的消息系统，可以在适当的时候快速响应或在方便的时候返回。

9.2.2 KDE

KDE（K Desktop Environment，K 桌面环境）由图宾根大学的学生马蒂亚斯·埃特里希（Matthias Ettrich）于 1996 年开发。当时，UNIX 桌面没有一个统一的标准或样式，使得当时的桌面应用程序对最终用户来说太过复杂。为了解决这个问题，他发帖提议开发一个易于使用的桌面环境。他的帖子引起广泛响应，KDE 项目因而诞生。

起初，埃特里希选择使用奇趣科技的 Qt 框架来开发 KDE 项目。其他程序员很快也开始 KDE/Qt 应用程序的开发，到 1997 年初，已经有不少应用程序发布出来。1998 年 7 月，KDE 桌面环境的第一个版本 KDE 1.0 发布。该工具包的原始 GPL 许可版本仅适用于使用 X11 的平台，但随着 Qt 4 的发布，LGPL 许可版本可用于更多平台。这使得基于 Qt 4 或更新版本的 KDE 软件理论上可以分发到 Microsoft Windows 和 macOS。

KDE 营销团队于 2009 年 11 月宣布对 KDE 项目组件进行品牌重塑。在目标转变的推动下，品牌重塑侧重于强调软件社区建设和为 KDE 提供各种工具，而不仅仅是桌面环境。后来，以前称为 KDE 4 的内容被拆分为 KDE Plasma 工作区、KDE 应用程序和 KDE 平台（现为 KDE 框架）。自 2014 年以来，KDE 这个名称不再代表 K 桌面环境，而是代表开发该软件的社区。

9.2.3 Unity

Unity 是 GNOME 桌面环境的图形外壳，最初由 Canonical 公司为其 Ubuntu 操作系统开发，现由 Unity7 的运维工程师和 UBports（Unity8/Lomiri）共同开发。Unity 在 Ubuntu 10.10 版本中首次亮相，其最初设计目的是更有效地利用空间，因此它包含很多节省空间的设计，例如，它提供一个称为启动器的垂直应用程序切换器，以及一个能够极大节省空间的水平多用途顶部菜单栏等。

Unity 是 Ayatana 项目的一部分，该项目旨在改善 Ubuntu 的用户体验。与 GNOME、KDE 等不同，Unity 并没有被设计成应用程序的集合，而是尽可能地使用现有的应用程序。2017 年 4 月，马克·沙特尔沃恩（Mark Shuttleworth）宣布结束 Canonical 在 Unity 上的工作，接着，Ubuntu 18.04 LTS 放弃了 Unity 桌面，转而使用 GNOME 3 桌面。此时，原本 Unity7 的运维工程师们接管了 Unity7 的开发项目，而 UBports 的创始人则宣布该组织将继续开发 Unity8。2020 年 2 月，UBports 宣布将 Unity8 更名为 Lomiri，并在同年 5 月首次发布了一个新的非官方 Ubuntu 版本 Ubuntu Unity，该版本默认使用 Unity7 桌面。目前，Ubuntu Unity 和 Unity7 的运维工程师已经开始着手开发 Unity7 的下一个版本 UnityX。

Unity 使用了与 GNOME 和 KDE 不同的界面风格，其最具特色的一项功能“scopes”，允许通过“dash”搜索不同类型的网络与本地内容类型，也包括安装在系统当中的应用程序。Unity 简单、运行速度快、界面简洁直观，其不足之处是默认的定制功能和通知机制较差，例如，其系统设置下没有定制桌面的太多选项，用户想要安装主题或者定制不同的桌面，需要安装第三方工具。

9.2.4 UKUI

UKUI 是麒麟软件团队历经多年打造的一款 Linux 桌面，默认搭载在优麒麟开源操作系统中，同时支持 Ubuntu、Debian、Arch、openEuler 等主流 Linux 发行版本。与其他图形用户界面相比，UKUI 更加注重易用性和敏捷度，各元件相依性小，可以不依赖其他套件而独立运行，给用户带来亲切和高效的使用体验。

经过多年的发展，UKUI 已经发展到 3.0 版本，全新的 UKUI 3.0 使用 Qt 开发，以奥卡姆剃刀原理为依据，以用户体验为根本，将视觉和交互舒适、自然地结合在一起。

UKUI 3.0 桌面环境全面兼容 x86、ARM64 等多种主流架构，让桌面用户在 x86、ARM 等主流硬件平台上拥有更美观的图形用户界面、更友好的一致性交互体验。设计风格方面则采用块状底色分隔视觉区域，去除多余的分割线，让用户更易于聚焦内容。同时为实现系统整体风格的一致性，UKUI 组件与自研应用均采用统一的窗口和控件样式，并对系统中默认集成的第三方应用程序进行优化，同时兼容 Qt 和 GTK 程序。

UKUI 3.0 中提供了丰富的可扩展的系统插件，如书签、闹钟和用户反馈程序等，用户可通过开始菜单和侧边栏小插件入口快速启动相应的程序，也可以根据个人喜好自定义扩展更多实用有趣的小插件。

9.2.5 DDE

DDE（Deepin Desktop Environment，Deepin 桌面环境）是 Deepin 系统默认的桌面环境，以轻型、美观、稳定等作为设计目标。DDE 的操作方式与 Windows 系统的类似，由 Windows 系统切换到 DDE

桌面环境不需要太多的学习成本。

DDE 由前端界面以及后台服务组成。DDE 环境的前端界面提供用户友好的图形化系统，由多个提供特定功能的组件组成，包括任务栏、桌面、启动器和文件管理器等。DDE 后台服务采用模块化的设计风格，通过接口约束模块，并通过注册管理服务对模块进行管理，然后由注册管理服务根据依赖关系启动模块。DDE 后台服务包括系统级别服务和用户级别服务。系统级别服务为 dde-system-daemon，由 systemd 启动；用户级别服务由 dde-session-daemon 提供，由 startdde 启动。

DDE 采用 Deepin UI 图形库，对各个设置模块进行了全新设计，主要包括显示、声音、个性化、电源、账户、网络等系统设置模块，可以方便地对系统各模块进行个性化设置。

Deepin 作为率先进入全球开源操作系统排行榜前十名的中国 Linux 系统发行版，对国产操作系统的贡献是巨大的。但在系统的稳定性、资源消耗、兼容性等方面还有不少提升的空间，希望国产操作系统可以继续做大做强，在全球操作系统中能有一席之地。

9.2.6 GTK+

GTK+是一种图形用户界面工具包，它是一个库（或者，实际上是若干个密切相关的库的集合），支持创建基于图形用户界面的应用程序。可以把 GTK+想象成一个工具包，从这个工具包中可以找到用来创建图形用户界面的许多已经准备好的构造块。最初，GTK+是作为另一个知名的开放源码项目 GNU Image Manipulation Program（GIMP）的副产品而创建的，GIMP 是一个类似 Photoshop 的图像处理程序，而 GTK+是它的一个工具包。现在基于 GTK+编写的程序已经非常多，主要的桌面环境 GNOME 和 Xfce 均采用 GTK+为用户提供完整的工作环境。实际上，KDE 环境和 Microsoft Windows 环境都可以运行 GTK+。

GTK+作为开发工具包，具有许多优点。

（1）得到积极的开发与维护，它有一个充满活力的社区。

（2）提供广泛的选项，用于把工作扩展到尽可能多的人，其中包括一个针对国际化、本地化和可访问性的完善框架。

（3）简单、易用，对开发人员和用户来说都一样。

（4）设计良好、灵活且可扩展。

（5）它是自由软件，有一个自由的开放源码许可。

（6）它是可移植的，对用户和开发人员来说都一样。

GTK+由以下几个部分组成。

（1）GLib：一个底层库，封装了基本的数据结构操作、底层功能接口以及平台相关的代码。它是 GTK+的基础。

（2）GDK（GIMP Drawing Kit），封装了底层访问窗口系统的函数，如 X Window 系统中的 Xlib。

（3）gdk-pixbuf：一个客户端的图像处理库。

（4）Pango：一个文本布局和渲染库，着重解决国际化功能。它是 GTK+2.0 文本和字体处理的核心。

（5）Cairo：一个 2D 图形库，支持多种输出设备（如 X Window、Win32），支持硬件加速功能。

（6）ATK：一组提供访问功能的接口，支持 screen reader、magnifiers 和其他的输入设备。

GTK+采用 C 语言开发，同时采用很多面向对象的设计思想，通过一些技巧用 C 语言实现了面向对象中的封装、继承、多态等机制，并使用类和回调函数。GTK+采用 LGPL 协议发布，可用于开发自由软件和商业软件。除了提供 C 接口之外，GTK+还支持与多种语言绑定，如 C++、Guile、Perl、Python、Ada95、Objective C、Free Pascal、Eiffel、Java 和 C#等。

9.3 GTK+图形用户界面程序

9.3.1 GTK+程序运行环境

本章介绍的 GTK+程序是基于 GNOME/GTK+开发环境运行的，因此必须在 Linux 系统上安装 GNOME/GTK+开发库。如果在安装操作系统时没有勾选该项，可以通过命令 yum install gtk*进行安装。本章的代码运行环境是 CentOS 8，GTK+版本是 gtk2-2.24.31。

在开始编程之前，需要确定所有库都已安装好，可以使用以下命令确定是否正确安装所有库。其详细操作过程可扫描二维码查看。

```
[root@localhost ~]# pkg-config --modversion gtk+-2.0
2.24.31
[root@localhost ~]# pkg-config gtk+-2.0 --cflags --libs
-I/usr/include/gtk-2.0 -I/usr/lib/gtk-2.0/include -I/usr/include/atk-1.0 -I/usr/
include/cairo -I/usr/include/pango-1.0 -I/usr/include/glib-2.0 -I/usr/lib/glib-2
.0/include -I/usr/include/freetype2 -I/usr/include/libpng12 -L/lib -lgtk-x11-2.
0 -lgdk-x11-2.0 -latk-1.0 -lgdk_pixbuf-2.0 -lm -lpangocairo-1.0 -lpango-1.0 -lca
iro -lgobject-2.0 -lgmodule-2.0 -ldl -lglib-2.0
```

上述命令用于检查 GTK+和 GNOME 在系统中的版本与配置情况。此外，用户也可以尝试运行 GTK+的演示程序，它展示了所有窗口部件的外观和装饰。例如输入命令 gtk-demo，打开图 9-2 所示的界面，这里可以逐项查看演示程序。

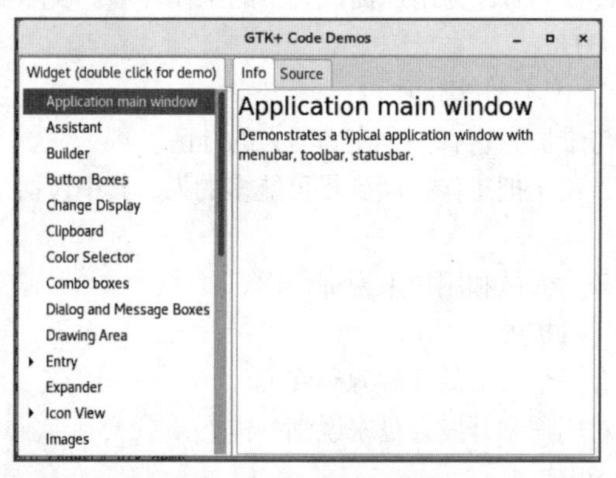

图 9-2　GTK+ 演示程序

9.3.2 GTK+程序实例

GTK+程序采用 C 语言编写，此处也使用 vi 编辑器编写。如例 9-1 所示的代码，该程序只显示一个窗口。

【例 9-1】一个显示简单窗口的 GTK+程序。

```
1   #include <gtk/gtk.h>
2   int main(int argc,char *argv[])
3   {
4           GtkWidget *window;
5           gtk_init(&argc,&argv);
6           window=gtk_window_new(GTK_WINDOW_TOPLEVEL);
7           gtk_widget_show(window);
8           gtk_main();
9           return 0;
10  }
```

保存以上代码为 9-1.c，输入如下指令编译 9-1.c：

```
[root@localhost gtk_demo]# gcc 9-1.c -o 9-1 `pkg-config gtk+-2.0 --cflags --libs`
```

运行程序，显示图 9-3 所示的窗口。

```
[root@localhost gtk_demo]# ./9-1
```

图 9-3　GTK+窗口

对上述程序代码重点部分分析如下。

第 1 行是预处理部分，利用 include 语句将<gtk/gtk.h>的头文件包含进来，这个头文件是开发 GTK+程序时必需的头文件，GTK+库中的大部分接口、数据结构都在这个头文件中定义。

第 5 行 gtk_init()函数接收从启动程序中传递过来的参数信息，用于初始化运行环境。

第 4、6 和 7 行创建界面元素 window，并把 window 显示出来。

第 8 行 gtk_main()函数用于启动 GTK+程序的消息循环，使得程序可以接收各种信号事件，进而触发处理函数。

以上部分是每个 GTK+图形用户界面程序都必需的内容，而程序的业务逻辑和界面设计可根据实际需求添加到代码中间。程序的编译指令是 gcc 9-1.c -o 9-1 `pkg-config gtk+-2.0 --cflags --libs`，命令的后半部分是一个用反引号括起来的命令，命令 pkg-config 用于查询系统中安装的库信息，此处是查询 gtk+-2.0 软件包的配置情况，并输出其中的有关预编译和编译的信息以及有关函数库的信息。`pkg-config gtk+-2.0 --cflags --libs`的执行结果主要是 GTK+配置信息的格式化字符串，包含了 GCC 命令的-I、-L、-l 等命令选项。

图 9-3 所示的窗口只包含一个窗口对象，窗口内没有其他元素，该程序没有其他业务逻辑，程序运行时窗口停留在桌面的左上角，单击窗口右上角的关闭按钮，窗口可正常关闭，此时程序并没有完全退出，进程依然占用终端。此外，该程序虽然可以显示一个窗口，但是还有缺陷，本章后续内容中将对其进行完善。

9.4 GTK+控件

与大多数图形用户界面开发工具一样，GTK+的控件也是以对象的形式出现的。GTK+控件的基础对象 GtkObject 继承自 GObject，因此具有 GObject 的所有特征，完全可以用创建 GObject 的方法来创建 GtkObject 或新的 GTK+控件。直接继承自 GtkObject 的控件主要是 GtkWidget，它几乎是所有可视控件的共同起源，大多数控件共有的属性都包括在其中。GTK+的对象层次描述如下：

```
GObject
GtkObject
          GtkWidget
                    GtkContainer
                         GtkBin
                              GtkWindow
```

这个对象列表说明 GtkWindow 是 GtkBin 的一个子类，因此所有带 GtkBin 参数的函数被调用时都可以带 GtkWindow 参数。同样，GtkContainer 继承自 GtkWidget，在 GtkWidget 和 GtkContainer 之间可以使用宏 GTK_CONTAINER 进行类型转换，GtkWidget 与 GtkWindow 之间使用 GTK_WINDOW 进行转换。为方便起见，在 GTK+中，所有窗口控件创建函数都返回一个 GtkWidget 类型。GTK+控件的创建函数一般形式为 gtk_控件名_new(参数…)或 gtk_控件名_new_with_参数名(参数…)，它的返回值为 GtkWidget 型的指针，创建完成后就可以调用 gtk_widget_show()函数来显示或隐藏此控件，或用相关函数修改控件的属性。常用控件介绍如下。

1．窗口控件 GtkWindow

GtkWindow 是窗口控件，它是 GTK+程序的基础元素，其主要的函数列表如下。

（1）创建窗口：

```
GtkWidget * gtk_window_new(GtkWindowType type);
```

（2）设置窗口标题：

```
void gtk_window_set_title(GtkWindow *window, const gchar *title);
```

（3）设置窗口位置：

```
void gtk_window_set_position(GtkWindow *window, GtkWindowPosition position);
```

（4）设置窗口大小：

```
void gtk_window_set_default_size(GtkWindow *window, gint width, gint height);
```

（5）调整窗口大小：

```
void gtk_window_resize(GtkWindow *window, gint width, gboolean resizable);
```

（6）设置窗口是否可调整大小：

```
void gtk_windwo_set_resizable(GtkWindow *window, gboolean resizebale);
```

其中设置窗口位置函数的参数 position 属于 GtkWindowPosition 类型，其值有 5 个，具体如下。

（1）GTK_WIN_POS_NONE（位置由窗口管理器决定）。

（2）GTK_WIN_POS_CENTER。

（3）GTK_WIN_POS_MOUSE。

（4）GTK_WIN_POS_CENTER_ALWAYS。

（5）GTK_WIN_POS_CENTER_ON_PARENT（对话框有用）。

2．按钮控件 GtkButton

按钮是很常用的控件，其主要 API 函数如下。

（1）创建按钮：

```
GtkWidget *gtk_button_new(void);
```

（2）创建带标签的按钮：

```
GtkWidget *gtk_button_new_with_label(const gchar *label);
```

除了普通按钮外，还有转换开关按钮（GtkToggleButton）、复选框按钮（GtkCheckButton）和单选按钮（GtkRadioButton）。它们都继承自 GtkButton，继承关系如下：

```
GtkButton
GtkToggleButton
          GtkCheckButton
                    GtkRadioButton
```

转换开关按钮由 GtkButton 派生而来。它的外观类似 GtkButton，但运行方式稍有不同。转换开关按钮与一种状态结合在一起，它可以按下和弹回。转换开关按钮的外观反映它的状态。在开始时，转换开关按钮看上去和普通按钮一样，这是处于“关”状态。如果按下按钮，它就停留在按下的状态，这时它处于“开”状态。转换开关按钮需要再按一次才能弹回来。转换开关按钮的常用 API 函数如下。

（1）创建转换开关按钮：

```
GtkWidget* gtk_toggle_button_new(void);
```

（2）创建带标签的转换开关按钮：

```
GtkWidget* gtk_toggle_button_new_with_label(const gchar *label);
```

（3）读取转换开关按钮的状态：

```
gboolean gtk_toggle_button_get_active(GtkToggleButton *toggle_button);
```

（4）设置转换开关按钮的状态：

```
void gtk_toggle_button_set_active (GtkToggleButton *toggle_button,gboolean is_active);
```

复选框按钮由转换开关按钮派生而来。复选框按钮的表现类似转换开关按钮。两者的主要差别是按钮在屏幕上的显示方式不同。以下是复选框按钮常用的 API 函数。

（1）创建复选框按钮：

```
GtkWidget *gtk_check_button_new(void);
```

（2）创建带标签的复选框按钮：

```
GtkWidget *gtk_check_button_new_with_label(const gchar *label);
```

单选按钮是从复选框按钮派生而来的。单选按钮和复选框按钮的区别不大，对单选按钮来说，任何时候在一组按钮中只可以选择一个按钮，单击一个按钮就释放前面选择的按钮，使单击的按钮成为被选择的按钮。可以用 gtk_radio_button_new_with_label()函数建立带标签的单选按钮，或者用 gtk_radio_button_new()函数建立不带标签的单选按钮。建立单选按钮只完成了工作的一半。因为单选按钮必须和组联系起来，使其任何时候只能选择一个按钮。单选按钮的主要 API 函数如下。

（1）创建单选按钮：

```
GtkWidget* gtk_radio_button_new(GSList *group);
```

（2）创建带标签的单选按钮：

```
GtkWidget* gtk_radio_button_new_with_label(GSList *group,const gchar *label);
```

（3）从现有单选按钮中获取组信息进而创建单选按钮：

```
GtkWidget* gtk_radio_button_new_from_widget(GtkRadioButton *group);
```

（4）设置单选按钮组信息：

```
void gtk_radio_button_set_group(GtkRadioButton *radio_button,GSList *group);
```

（5）获取单选按钮组信息：

```
GSList* gtk_radio_button_get_group(GtkRadioButton *radio_button);
```

3．标签控件 GtkLabel

标签控件 GtkLabel 是 GTK+中常见的控件之一，它是静态的不可编辑的控件。在屏幕上，常常用标签说明其他控件。在按钮上设置标签用来说明按钮，或者放在其他控件的旁边对控件提供说明。它不能自发产生信号，其主要 API 函数如下。

（1）创建标签：

```
GtkWidget* gtk_label_new(const char *str);
```

（2）获取标签的文本内容：

```
void gtk_label_set_text(GtkLabel*label, const char *str);
```

（3）设置标签的文本内容：

```
const gchar* gtk_label_get_text(GtkLabel *label);
```

4．文本框控件 GtkEntry

GtkEntry 是单行文本输入控件，其主要 API 函数如下。

（1）创建文本框：

```
GtkWidget * gtk_entry_new(void);
```

（2）创建文本框并设置其最大输入长度：

```
GtkWidget * gtk_entry_new_width_max_length(gint max);
```

（3）设置文本框最大输入长度：

```
void gtk_entry_set_max_length (GtkEntry *entry,gint max);
```

（4）获取文本框的内容：

```
G_CONST_RETURN gchar* gtk_entry_get_text(GtkEntry *entry);
```

（5）设置文本框的内容：

```
void gtk_entry_set_text(GtkEntry *entry,const gchar *text);
```

（6）在文本框内容末尾插入内容：

```
void gtk_entry_append_text(GtkEntry *entry,const gchar *text);
```

（7）在文本框内容开头插入内容：

```
void gtk_entry_prepend_text(GtkEntry *entry,const gchar *text);
```

（8）设置文本框内容是否可见：

```
void gtk_entry_set_visibility(GtkEntry *entry,gboolean visible);
```

其中，在 gtk_entry_set_visibility()函数中传递 FALSE 给 visible 参数的话，文本框输入字符的地方将显示星号，成为密码输入框。

5．对话框控件 GtkDialog

对话框控件 GtkDialog 是 GtkWindow 的一个子类，GtkDialog 的主要 API 函数如下。

（1）创建对话框：

```
GtkWidget * gtk_dialog_new(void);
```

（2）创建对话框并指定设置：

```
GtkWidget* gtk_dialog_new_with_buttons(const gchar *title,GtkWindow
 *parent,GtkDialogFlags flags,const gchar *first_button_text,…);
```

（3）运行对话框：

```
gint gtk_dialog_run(GtkDialog *dialog);
```

其中 gtk_dialog_new_with_buttons()函数用于创建一个完整的带有标题和按钮的对话框，parent 参数指向应用程序的主窗口，flags 参数指定对话框的属性组合，它是 GtkDialogFlags 枚举值按位或。

对话框分为模态对话框和非模态对话框，两者主要区别在于前者只要对话框存在，对话框的父窗口就不能响应任何外在的动作；后者是尽管对话框存在，但是不影响其父窗口对外部事件的响应。在 GTK+中，当调用 gtk_dialog_run()函数时，对话框总会设置成模式对话框，也可通过设置 GTK_DIALOG_MODAL 标记使对话框成为模态对话框。

6．消息对话框 GtkMessageDialog

消息对话框 GtkMessageDialog 继承于 GtkDialog，用起来比较简单，它的创建函数如下：

```
GtkWidget* gtk_message_dialog_new (GtkWindow *parent,
                                  GtkDialogFlags flags,
                                  GtkMessageType type,
                                  GtkButtonsType buttons,
                                  const gchar *message_format,
                                  ...);
```

以上函数用于创建一个带有图标、标题和可配置按钮的完整对话框，其中 GtkMessageType 的值有如下 4 种。

（1）GTK_MESSAGE_INFO（信息）。

（2）GTK_MESSAGE_WARNING（警告）。

（3）GTK_MESSAGE_QUESTION（询问）。

（4）GTK_MESSAGE_ERROR（严重错误）。

参数 GtkButtonsType buttons 表示消息对话框显示的按钮，GtkButtonsType 的值有如下 6 种。

（1）GTK_BUTTONS_NONE（无按钮）。

（2）GTK_BUTTONS_OK（确认按钮）。

（3）GTK_BUTTONS_CLOSE（关闭按钮）。

（4）GTK_BUTTONS_CANCEL（取消按钮）。

（5）GTK_BUTTONS_YES_NO（Yes 和 No 按钮）。

（6）GTK_BUTTONS_OK_CANCEL（Ok 和 Cancel 按钮）。

GTK+的控件不止上面提到的几种，还有许多也是在开发中经常用到的，如 GtkSpinButton、GtkTreeView、GtkList、GtkCombBox 等，在此不一一列举，读者可查看 GTK+参考手册。

【例 9-2】在例 9-1 的基础上进一步修饰窗口，定义窗口各种属性，增加按钮控件。其详细操作过程可扫描二维码查看。

```
1  #include <gtk/gtk.h>
2  int main(int argc,char *argv[])
3  {
4      GtkWidget *window,*button;
5      gtk_init(&argc,&argv);
6      window=gtk_window_new(GTK_WINDOW_TOPLEVEL);
7      gtk_window_set_title(GTK_WINDOW(window),"Hello World!");
8      gtk_container_set_border_width(GTK_CONTAINER(window),10);
9      gtk_window_set_position(GTK_WINDOW(window),GTK_WIN_POS_CENTER);
10     gtk_window_set_default_size(GTK_WINDOW(window),200,200);
11     button=gtk_button_new_with_label("Hello World");
12     gtk_container_add(GTK_CONTAINER(window),button);
13     gtk_widget_show_all(window);
14     gtk_main();
15     return 0;
16 }
```

上述代码扩展了例 9-1 的代码，增加了设置窗口标题、边框、初始位置、大小的语句，新建按钮控件，利用 gtk_container_add()函数把 button 添加进 window 中。在显示控件元素时，本例使用 gtk_widget_show_all()函数，它的作用比较简单，就是从当前的 widget 开始，对所有 GtkContainer 类型的 widget（以及子 widget）都调用 gtk_widget_show()函数，而 gtk_widget_show()函数的作用是显示 widget。例 9-2 运行效果如图 9-4 所示。

图 9-4　带按钮的简单窗口

9.5 事件、信号和回调函数

图形用户界面程序有一个共同特点，必须有某种机制响应用户动作，以执行对应的代码。命令行界面程序的做法就是暂停执行，等待用户输入，然后采用 switch 语句等机制使程序根据输入的不同而分支执行。图形用户界面程序主要采取事件驱动机制，由事件和事件监听器系统来解决问题。

GTK+用信号（Signal）和回调函数（Callback）的方式来处理来自外部的事件，这些外部事件可以是单击按钮、用键盘输入信息和关闭窗口等。GTK+信号是指当某事件发生时控件对象发出的数据，GTK+控件间继承其父控件的相同信号，不同的窗口部件也有各自不同的信号，如按钮有“clicked”信号，而文字标签则没有此信号。回调函数是指与信号相连接的，一旦信号发出就会被调用的函数。事件、信号和回调函数的关系就是某事件产生，控件对象发出信号，GTK+监控各种信号消息，检查信号是否与某个回调函数绑定，如果信号与某个回调函数绑定则调用此函数。信号与回调函数是采用函数 g_signal_connect()来完成信号与回调函数的连接绑定的，该函数的原型如下：

```
g_signal_connect(gpointer *object,
                 const gchar *name,
                 Gcallback func,
                 gpointer user_data)
```

这个函数有 4 个参数，第一个参数是连接信号的对象；第二个参数为字符串格式的信号名；第三个参数为回调函数名；第四个参数为要传给回调函数的参数的指针。

不同控件的信号对应的回调函数原型可能是不一样的，回调函数的原型可概括为：

```
void callback_func (GtkWidget *widget,
                   … /* other signal arguments */
                   gpointer  callback_data )
```

该函数一般有两个参数，第一个是指向发出信号的控件的指针，第二个是传递进函数的数据。表 9-1 列出了常用 GTK+事件、信号及回调函数原型，更完整的事件及回调函数信息可以参考 GTK+参考手册。

表 9-1　常用 GTK+事件、信号及回调函数原型

事件	信号名称	回调函数原型
GtkObject	destroy	void callback_func(GtkObject *object, gpointer data);
GtkWidget	show hide draw	void callback_func(GtkWidget *widget,gpointer data);
	delete-event expose-event key-press-event key-release-event	gboolean callback_func(GtkWidget*widget, GdkEventExpose *event , gpointer data);
GtkContainer	add remove	void callback_func(GtkContainer *container, GtkWidget *widget,gpointer data);
GtkButton	activate clicked enter leave pressed released	void callback_func(GtkButton *button, gpointer data);
GtkToggleButton	toggle	void callback_func(GtkButton *button, gpointer data);
GtkList	selection-changed	void callback_func(GtkList *list, gpointer data);
	select-child unselect-child	void callback_func(GtkList *list, GtkWidget *widget, gpointer data);
GtkComboBox	changed	void callback_func(GtkComboBox *combobox, gpointer data);

下面举例说明 GTK+事件、信号和回调函数的用法。

【例 9-3】扩展例 9-2 的程序功能，增加两个事件：单击按钮事件，单击按钮弹出一对话框；窗口关闭事件，单击关闭按钮，可以完全退出程序。其详细操作过程可扫描二维码查看。

```
 1 #include <gtk/gtk.h>
 2 void closeApp(GtkWidget *widget,GdkEvent *event,gpointer data)
 3 {
 4          gtk_main_quit();
 5 }
 6 void button_clicked(GtkWidget *widget,gpointer data)
 7 {
 8          GtkWidget *dialog;
 9          dialog=gtk_message_dialog_new(NULL,GTK_DIALOG_MODAL|GTK_DIALOG_DESTROY_
WITH_PARENT,GTK_MESSAGE_INFO,GTK_BUTTONS_OK,(gchar*)data);
10          gtk_dialog_run(GTK_DIALOG(dialog));
11          gtk_widget_destroy(dialog);
12 }
13 int main(int argc,char *argv[])
14 {
15          GtkWidget *window,*button;
16          gtk_init(&argc,&argv);
17          window=gtk_window_new(GTK_WINDOW_TOPLEVEL);
18          gtk_window_set_title(GTK_WINDOW(window),"Hello World!");
```

```
    19          gtk_container_set_border_width(GTK_CONTAINER(window),10);
    20          gtk_window_set_position(GTK_WINDOW(window),GTK_WIN_POS_CENTER);
    21          gtk_window_set_default_size(GTK_WINDOW(window),200,200);
    22          g_signal_connect(G_OBJECT(window),"delete_event",G_CALLBACK(closeApp),
NULL);
    23          button=gtk_button_new_with_label("Hello World");
    24          g_signal_connect(G_OBJECT(button),"clicked",G_CALLBACK(button_clicked),
(gpointer)"Hello Gtk+");
    25          gtk_container_add(GTK_CONTAINER(window),button);
    26          gtk_widget_show_all(window);
    27          gtk_main();
    28          return 0;
    29 }
```

上述程序界面与例 9-2 的相比，增加了第 22 行和第 24 行的 g_signal_connect()函数代码，以及第 2～12 行的回调函数代码。第 22 行定义 window 的 delete-event 信号与回调函数 closeApp()进行关联，即 window 遇到关闭事件就触发 closeApp()函数。要注意的是，g_signal_connect()函数第 1 个参数要用 G_OBJECT()函数来转换一下，即将对象的类型由 GtkWidget 转换为 GObject，第 3 个参数则用 G_CALLBACK()函数来转换类型。参考表 9-1，GtkWidget 的 delete-event 信号对应的回调函数原型是 callback_func（GtkWidget*widget,GdkEventExpose *event , gpointer data），因此在第 2～5 行定义 closeApp()回调函数，该函数是用于关闭 GTK+程序的，函数内部调用了 gtk_main_quit()函数，gtk_main_quit()函数用于结束消息循环，进而退出程序。同理，button 控件的 clicked 信号对应的回调函数如第 6～12 行代码所示，button_clicked()函数实现了弹出一个对话框的功能，对话框显示一个从外部传递进来的字符串 Hello Gtk+。这个字符串是从 g_signal_connect()函数的第 4 个参数传递到回调函数 button_clicked()的第 2 个参数中的，注意传递时的类型转换。所以，每当需要向回调函数传递额外的信息时，都可以使用第 4 个参数。类似地，如果需要访问发出信号的对象，就要使用第 1 个参数。程序运行效果如图 9-5 所示。

图 9-5　带事件的窗口

实际上，连接回调函数没有任何限制，可以将多个信号连接到一个回调函数，也可以将多个回调函数连接到一个信号。当为一个控件的同一个信号定义多个处理函数时，控件将按照这些处理函数的注册顺序依次调用，直至所有的处理函数都被执行。

此外，GTK+面向对象的特性主要是采用宏实现的，GTK+程序中大量地运用了类似的宏，诸如 G_OBJECT()、G_CALLBACK()、GTK_CONTAINER()、GTK_WINDOW()和 g_signal_connect()，严格来说它们并不算函数，它们都是宏，宏定义分别对应着具体函数的调用。

9.6 GTK+界面布局

GTK+中的控件分为容器控件和非容器控件。非容器控件主要是基础的图形用户界面元素，如文字标签、图像、文本框控件等。容器控件有多种，其共同点是可以按一定方式来排放其他控件，GTK+以此形成了独特的图形用户界面布局风格。

在 GTK+中，除了非容器控件外，其他多数控件均属于容器控件，所有容器都是基于 GtkContainer 对象的，它又分为两类：只能容纳一个控件的容器和能容纳多个控件的容器。

1．只能容纳一个控件的容器

只能容纳一个控件的容器是基于 GtkBin 对象的，主要包括以下几种。

（1）窗口类控件（GtkWindow、GtkDialog、GtkMessageDialog，主要是窗口和各种对话框）。

（2）滚动窗口（GtkScrolledWindow）。

（3）框架类控件（GtkFrame，GtkAspectFrame）。

（4）视窗（GtkViewport）。

（5）各种按钮（GtkButton、GtkToggleButton）。

（6）浮动窗口（GtkHandleBox）。

（7）事件盒（GtkEventBox）等。

这些控件的特色是只能容纳一个子控件，要想容纳多个子控件，必须向其中添加一个能容纳多个控件的容器，然后向此容器中添加控件。

2．能容纳多个控件的容器

能容纳多个控件的容器从功能上可分为两种：一种是只能设定子控件的排放次序，不能设定子控件几何位置的容器；另一种是可以设定子控件几何位置的容器。

（1）不能设定子控件几何位置的容器。只能设定子控件的排放次序、不能设定子控件几何位置的容器，是 GTK+中最常用的容器控件之一，它包括以下几类。

① 只能容纳一行或一列子控件的容器——盒状容器（GtkBox），它又分成两种：横向盒状容器（GtkHBox）和纵向盒状容器（GtkVBox）。

② 盒状容器的子类——按钮盒（GtkButtonBox），它分为横向按钮盒（GtkHButtonBox）和纵向按钮盒（GtkVButtonBox）。

③ 能容纳多行多列子控件的容器——格状容器（GtkTable）。

④ 能控制子控件尺寸的容器——分隔面板（GtkPaned），它分成横向分隔面板（GtkHPaned）和纵向分隔面板（GtkVPaned）。

⑤ 能分页显示多个子控件的容器——多页显示控件（GtkNotebook）。

（2）可以设定子控件几何位置的容器，主要包括以下两种。

① 自由布局控件（GtkFixed）：可以按固定坐标放置子控件的容器。

② 布局控件（GtkLayout）：一个无穷大的滚动区域，可以包含子控件，也可以定制绘图。

以上分类列出了 GTK+中各种常用的容器的基本情况，涵盖了 GTK+控件大多数的内容。GTK+中的容器也可以包含容器，这样创建一个复杂的应用程序界面变得非常轻松，也使在 Linux 系统下创建图形用户界面应用程序变得简单。

盒状容器是在布局中常用的一种容器控件，它可以将一系列子控件按顺序组织、摆放到一个特定的矩形区域内，或一行或一列，子控件有相同的宽度或高度；横向盒状容器中子控件的高度是一致的，而纵向盒状容器中的子控件的宽度是一致的。

盒状容器引入了“排放”这一概念，是指要加入盒状容器中的子控件顺序从前向后还是从后向前。对横向盒状容器来说就是从左到右，对纵向盒状容器来说就是从上到下，函数 gtk_box_pack_start()表示从前向后排列子控件，函数 gtk_box_pack_end()表示从后向前排列子控件，两者也可以同时使用。在排列时还要设定容器中子控件的间距（以像素为单位），是否可扩展，是否填充满整个容器空间等。此外，还可以用函数 gtk_container_set_border_width()来设定容器的边框宽度。下面重点讨论横向盒状容器和纵向盒状容器的使用方法。

创建一个新的横向盒状容器，可以调用 gtk_hbox_new()函数，对于纵向盒状容器，则使用 gtk_vbox_new()函数。这两个函数原型如下：

```
GtkWidget* gtk_hbox_new(gboolean homogeneous,gint spacing)
GtkWidget* gtk_vbox_new(gboolean homogeneous,gint spacing)
```

其中，参数 homogeneous 是布尔值，如果为 TRUE，则强制每个窗口部件都占据相同大小的空间，spacing 设置窗口部件间距像素值。

填充盒状容器的函数原型如下：

```
    void  gtk_box_pack_start(GtkWidget  *box,GtkWidget  *child,gboolean  expand,gboolean
fill,guint padding)
    void  gtk_box_pack_start(GtkWidget  *box,GtkWidget  *child,gboolean  expand,gboolean
fill,guint padding)
```

其中参数说明如下。

第一个参数：将被填充的盒状容器。

第二个参数：填入盒状容器的部件。

第三个参数：如果为 TRUE，则窗口部件填充与其他标志为 TRUE 的窗口部件共享的可用空间。

第四个参数：如果为 TRUE，则这个窗口部件填满分配给它的空间，而不是在边缘垫衬，只有 expand 为 TRUE 时才有效。

第五个参数：窗口部件周围垫衬的大小像素值。

【例 9-4】扩展例 9-3 程序的功能，增加标签控件和文本框控件，并使用盒状容器进行布局。其详细操作过程可扫描二维码查看。

```
 1 #include <gtk/gtk.h>
 2 #include <string.h>

 3 GtkWidget *window,*button;
 4 GtkWidget *label,*entry,*hbox,*vbox;
 5
 6 void closeApp(GtkWidget *widget,GdkEvent *event,gpointer data)
 7 {
 8          gtk_main_quit();
 9 }
10 void button_clicked(GtkWidget *widget,gpointer data)
11 {
12          GtkWidget *dialog;
13          gchar temp[100]="Hello ";
14          strcat(temp, gtk_entry_get_text(GTK_ENTRY(entry)));
15          dialog=gtk_message_dialog_new(NULL,GTK_DIALOG_MODAL|GTK_DIALOG_DESTROY
_WITH_PARENT,GTK_MESSAGE_INFO,GTK_BUTTONS_OK,temp);
16          gtk_dialog_run(GTK_DIALOG(dialog));
17          gtk_widget_destroy(dialog);
18 }
19 int main(int argc,char *argv[])
20 {
21          gtk_init(&argc,&argv);
22          window=gtk_window_new(GTK_WINDOW_TOPLEVEL);
23          gtk_window_set_title(GTK_WINDOW(window),"Hello World!");
24          gtk_container_set_border_width(GTK_CONTAINER(window),10);
25          gtk_window_set_position(GTK_WINDOW(window),GTK_WIN_POS_CENTER);
26          gtk_window_set_default_size(GTK_WINDOW(window),200,200);
27          g_signal_connect(G_OBJECT(window),"delete_event",G_CALLBACK(closeApp),
NULL);
28          label=gtk_label_new("UserName:");
29          entry=gtk_entry_new();
30          button=gtk_button_new_with_label("Hello World");
31          g_signal_connect(G_OBJECT(button),"clicked",G_CALLBACK(button_clicked),
NULL);
32          hbox=gtk_hbox_new(TRUE,5);
33          vbox=gtk_vbox_new(FALSE,10);
34          gtk_box_pack_start(GTK_BOX(hbox),label,TRUE,FALSE,5);
35          gtk_box_pack_start(GTK_BOX(hbox),entry,TRUE,FALSE,5);
36          gtk_box_pack_start(GTK_BOX(vbox),hbox,TRUE,FALSE,5);
37          gtk_box_pack_start(GTK_BOX(vbox),button,TRUE,FALSE,5);
38          gtk_container_add(GTK_CONTAINER(window),vbox);
39          gtk_widget_show_all(window);
40          gtk_main();
41          return 0;
42 }
```

上述程序在例 9-3 的基础上增加了标签和文本框控件，程序业务逻辑没有变化，主要在界面布局方面进行了更新。由于 GtkWindow 只能容纳一个元素，因此要想把众多控件放进窗口，需要使用可包含多个控件的容器。本例中添加了一个 GtkHBox 和一个 GtkVBox，嵌套使用盒状容器完成界面布局。首先把 label 和 entry 从左到右装进横向盒状容器，然后把 hbox 和 button 从上到下装进纵向盒状容器，最后把 vbox 添加到 window 中。程序运行后，显示如图 9-6 所示的界面，在文本框中输入“Linux”，单击“Hello World”按钮后弹出对话框，对话框显示“Hello Linux”信息，如图 9-7 所示。

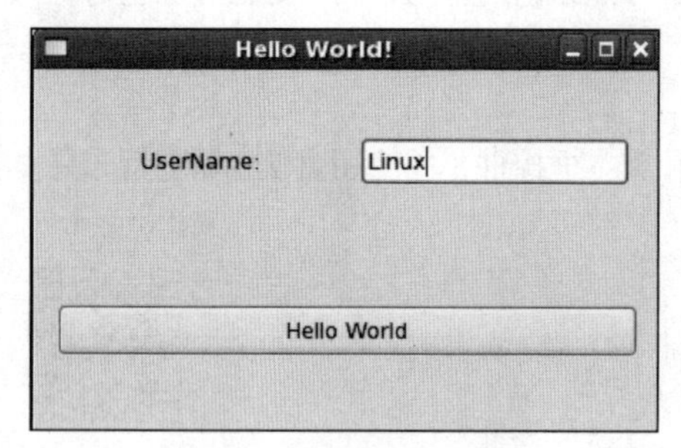

图 9-6　盒装容器布局界面

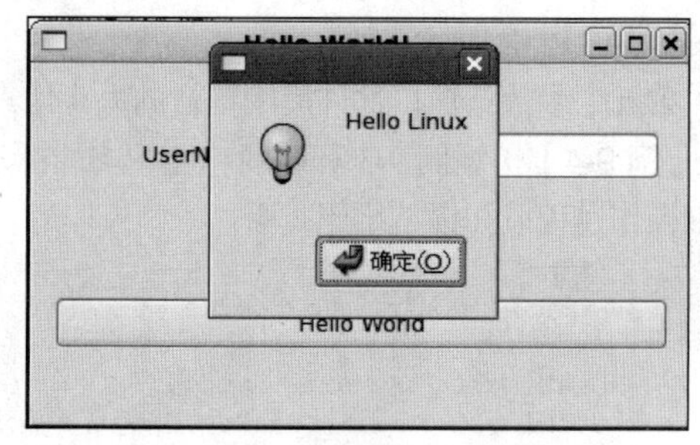

图 9-7　对话框交互界面

盒状容器的布局非常简单，但它是不可任意设定子控件几何位置的容器，有时候使用起来不方便，这时我们可以考虑使用自由布局的容器。下面介绍自由布局容器 GtkFixed 的使用方法。在自由布局控件中可以加入多个子控件，它用坐标的方式来固定要摆放控件的位置。例如，把上例的布局代码修改为以下代码，程序运行后界面如图 9-8 所示。

```
label=gtk_label_new("UserName:");
entry=gtk_entry_new();
button=gtk_button_new_with_label("Hello World");
g_signal_connect(G_OBJECT(button),"clicked",G_CALLBACK(button_clicked),NULL);
GtkWidget *fixed;
fixed=gtk_fixed_new();
gtk_widget_set_usize(fixed,150,150);
gtk_fixed_put(GTK_FIXED(fixed),label,5,5);
gtk_fixed_put(GTK_FIXED(fixed),entry,5,55);
gtk_fixed_put(GTK_FIXED(fixed),button,5,105);
gtk_container_add(GTK_CONTAINER(window),fixed);
```

图 9-8　GtkFixed 容器布局界面

9.7 国际化编程

所谓国际化编程就是编写的软件在界面呈现上可根据操作系统语言版本进行自动化配置，或由用户自行设置软件语言支持。就像上面的程序，运行的主窗口显示为英文，但这样单一的语言版本不利于应用的国际化。如果想把它改造为多语言版本，而又不必为每一种语言版本配备一套源代码，就需要引入国际化编程。GTK+中用 gettext 软件包来实现国际化，使这一问题变得非常简单。gettext 软件包是 GNU 工程中解决国际化问题的重要工具，CentOS 目前版本是 0.19.8.1，支持 C/C++和 Java 语言，它在开源界应用相当广泛，GNOME/GTK+的国际化问题都是用它来解决的，正常的情况下 GNU/LINUX 系统是默认安装这一软件包的。下面我们以例 9-4 的程序为例，说明国际化编程的过程。其详细操作过程可扫描二维码查看。

1．修改源代码，加入国际化编程元素

（1）在主程序中添加头文件和定义宏：

```
#include <libintl.h> //gettext 支持
#include <locale.h> //locale 支持
#define PACKAGE "9-6" //软件包名
#define LOCALEDIR "./locale" //locale 所在目录
#define _(string) gettext(string)
#define N_(string) string
```

（2）在程序的主函数中加入相关函数：

```
bindtextdomain（PACKAGE,LOCALEDIR）； //以上函数用来设定国际化翻译包所在位置
textdomain（PACKAGE）； //以上函数用来设定国际化翻译包名称，省略了.mo
```

（3）将代码中需要国际化输出的字符串改写为_()宏。需要将英文翻译为中文的语句改写如下：

```
gtk_window_set_title(GTK_WINDOW(window),_("Hello World!"));
label=gtk_label_new(_("UserName:"));
button=gtk_button_new_with_label(_("Hello World"));
```

2．提取 po 文件

po 是 Portable Object（可移植对象）的缩写，po 文件是面向翻译人员的、提取于源代码的一种资源文件。当软件升级的时候，通过使用 gettext 软件包处理 po 文件，可以在一定程度上使翻译成果得以继承，减轻翻译人员的负担。输入下面的指令生成 po 文件：

```
[root@linux gtk_demo]# xgettext -k_ -o 9-6.po 9-6.c
[root@linux gtk_demo]#ls -l 9-6*
-rw-r--r-- 1 root root  1676 07-10 01:16 9-6.c
-rw-r--r-- 1 root root   733 07-10 01:19 9-6.po
```

命令 xgettext -k_ -o 9-6.po 9-6.c 的功能是将 9-6.c 中的以下画线开始的括号中（如宏定义所示）的字符串加入 9-6.po 文件中。产生 po 文件后，我们使用 gedit 编辑器打开 9-6.po 文件，在每个“msgid”和“msgstr”标签上写出翻译内容。翻译后的 9-6.po 文件代码如下：

```
# SOME DESCRIPTIVE TITLE.
# Copyright(C) YEAR THE PACKAGE'S COPYRIGHT HOLDER
# This file is distributed under the same license as the PACKAGE package.
# FIRST AUTHOR <EMAIL@ADDRESS>, YEAR.
#
#, fuzzy
msgid ""
msgstr ""
"Project-Id-Version: PACKAGE VERSION\n"
"Report-Msgid-Bugs-To: \n"
"POT-Creation-Date: 2012-07-10 01:19+0800\n"
"PO-Revision-Date: YEAR-MO-DA HO:MI+ZONE\n"
"Last-Translator: FULL NAME <EMAIL@ADDRESS>\n"
"Language-Team: LANGUAGE <LL@li.org>\n"
"MIME-Version: 1.0\n"
"Content-Type: text/plain; charset=CHARSET\n"
"Content-Transfer-Encoding: 8bit\n"
```

```
#: 9-6.c:29
msgid "Hello World!"
msgstr "你好 世界"

#: 9-6.c:34
msgid "UserName:"
msgstr "用户名:"

#: 9-6.c:36
msgid "Hello World"
msgstr "你好 世界"
```

3．生成mo文件

mo是Machine Object（机器对象）的缩写。mo文件是面向计算机的、由po文件通过gettext软件包编译而成的二进制文件。程序通过读取 mo 文件使自身界面转换成用户使用的语言。在命令行界面输入下面的命令：

```
[root@linux gtk_demo]# msgfmt -o 9-6.mo 9-6.po
```

该命令将9-6.po文件格式化为9-6.mo文件，这样程序在运行时就能根据当前locale的设定来正确读取 mo 文件中的数据，从而显示相关语言信息。.mo 文件的位置在./locale 目录下的中文目录zh_CN的LC_MESSAGES目录下，即./locale/zh_CN/LC_MESSAGES目录下，在CentOS中默认的目录是 /usr/share/locale。

将此步骤生成的mo文件复制到相应的目录下，将locale设为简体中文，重新编译，再运行此程序，显示图9-9所示的程序界面，这时，程序已经根据mo文件内容显示翻译后的界面。

```
[root@linux gtk_demo]# mkdir -p locale/zh_CN/LC_MESSAGES
[root@linux gtk_demo]# mv 9-6.mo ./locale/zh_CN/LC_MESSAGES/
[root@linux gtk_demo]#gcc 9-6.c -o 9-6 `pkg-config gtk+-2.0 --cflags --libs`
[root@linux gtk_demo]#./9-6
```

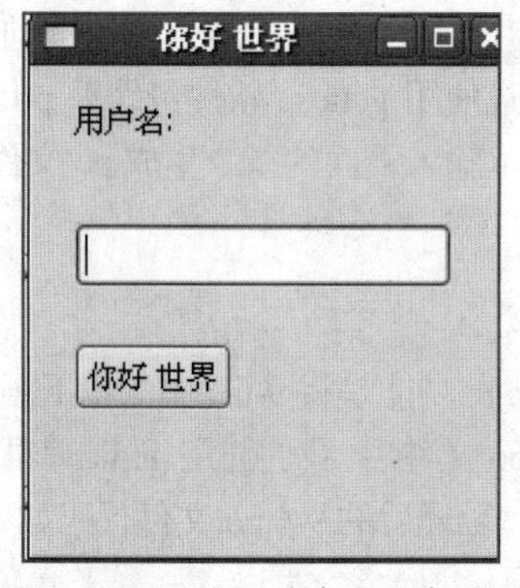

图9-9 国际化后的中文程序界面

9.8 本章小结

GTK+是一个性能优异的、面向对象的、跨平台的、不依赖于具体语言的开发工具包，通过本章学习，读者可以了解 GTK+图形用户界面程序的开发过程。GTK+程序和普通 C 语言程序没什么差别，只是调用了 GTK+工具库。本章讲述的是比较基础的 GTK+编程，掌握 GTK+编程的基本原理后，要想进一步深入学习各种控件、信号和 API 函数的知识，读者可以查看 GTK 官方网站提供的GTK+ Reference Manual。

习题

1. 简述 X Window 的编程架构。
2. 简述 GTK+图形用户界面程序的开发流程。
3. GTK+有什么特点？它由几部分组成？
4. GTK+的对象层次结构是怎样的？
5. 举例说明哪些属于 GTK+的非容器控件。
6. GTK+的容器控件和非容器控件有什么区别？
7. GTK+的容器控件是如何分类的？
8. 简述 GTK+的事件处理机制。
9. 简述 GTK+进行国际化编程的流程。

第三部分

Linux 应用实战

本部分包括第 10 章～第 13 章，针对 Linux 系统在企业中的应用，讲解生产环境下必备的 Linux 系统实战知识，本部分内容主要包括 SSH 服务、Linux 网络防火墙、Linux 日志分析工具及应用、Linux 数据备份等。通过深入学习本部分内容，读者能够掌握企业级 Linux 系统日常运维所需的实用基本技能。

第10章 SSH服务

本章讲述SSH服务的相关内容，首先介绍SSH服务的概述，随后讲解对称加密和非对称加密的基本知识，在此基础上说明SSH服务的连接方式，并引出ssh命令的使用方法；接着阐述SSH服务免密码登录的实现；最后介绍SSH服务相关的常用技巧。

10.1 SSH远程登录服务器

SSH（Secure Shell，安全外壳）是一种基于应用层的可靠安全协议，该协议专门为远程登录会话和其他网络服务提供安全性。FTP服务、POP服务和Telnet服务等传统的网络服务本质上是不安全的，因为它们在网络上用明文传输口令和数据，在传输的过程中可能被监听、拦截。

10.1.1 对称加密与非对称加密

要更好地理解SSH服务的本质，首先需要理解对称加密和非对称加密这两个概念。

1．对称加密

图10-1说明了对称加密和解密的一般过程，整个过程涉及明文s、对称密钥k和密文k(s)这3个要素。对于加密的过程，明文s经过对称密钥k加密之后得到密文k(s)；解密时，使用同样的对称密钥k对密文k(s)进行解密，得到明文s。由于加密和解密都是用同一个密钥，因此这种加密方式称作对称加密。

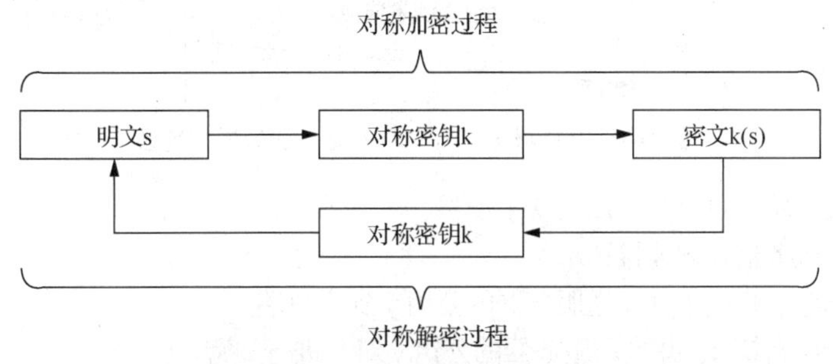

图10-1 对称加密和解密的过程

2．非对称加密

图10-2给出了非对称加密和解密的一般过程，整个过程涉及明文s、公钥y、私钥x和密文y(s)这4个要素。与对称加密和解密不同，非对称加密和解密分别使用不同的密钥。当使用公钥加密时，解密必须使用私钥；而当使用私钥加密时，解密必须使用公钥。一般公钥是可以公开的，而私钥则需要秘密保存。由于加密和解密使用的是不同的密钥，因此这种加密方式称作非对称加密和解密。

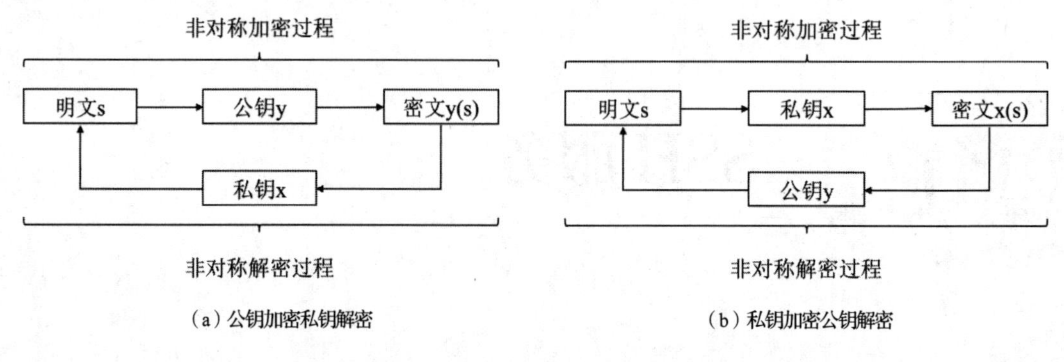

图 10-2 非对称加密和解密的过程

10.1.2 SSH 服务连接过程

SSH 服务提供了两种级别的安全验证方式，即基于口令的安全验证和基于密钥的安全验证。下面分别介绍这两种安全验证方式的连接过程。

1. 基于口令的安全验证

图 10-3 给出了 SSH 服务基于口令安全认证的连接过程。

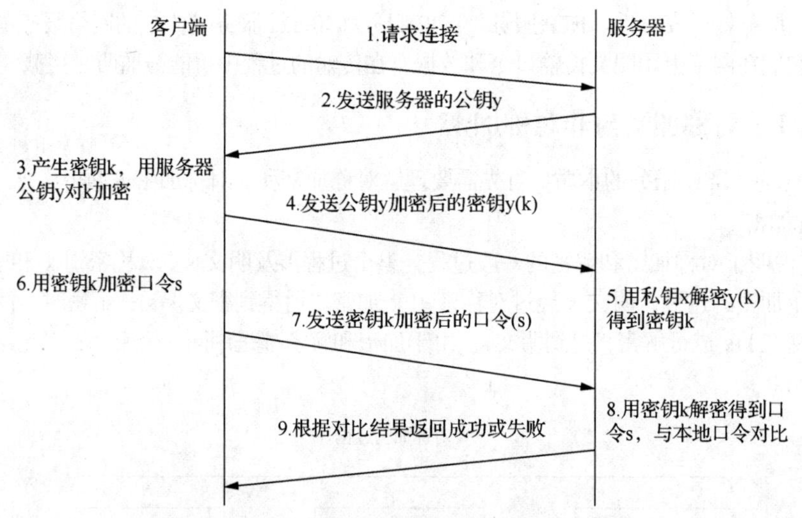

图 10-3 SSH 服务基于口令安全认证的连接过程

基于口令的安全验证可以分为以下 9 个步骤。

（1）客户端向服务器发起连接请求。

（2）服务器响应客户端，并发送服务器的公钥 y 到客户端。

（3）客户端产生密钥 k，并且用服务器的公钥 y 对 k 进行加密。

（4）客户端发送经过公钥 y 加密后的密钥 y(k)给服务器。

（5）服务器接收加密后的密钥 y(k)，并且用私钥 x 解密得到密钥 k。

（6）用户输入口令，客户端使用密钥 k 对口令进行加密。

（7）客户端将加密后的口令 k(s)发送给服务器。

（8）服务器使用密钥 k 对加密后的口令进行解密，并且与本地的口令进行对比。

（9）根据对比的结果返回客户端成功或者失败的响应。

通过上述的过程我们可以看到，步骤（1）到步骤（5）是客户端和服务器进行密钥协商的过程，而步骤（6）到步骤（9）是大家所熟知的口令验证的过程，只是这个口令验证的过程使用了协商出来的密钥进行加密和解密，由于密钥协商和口令验证这两个过程分别属于非对称加密和解密与对称加密和解密，SSH 服务的整个连接过程避免了明文传输。

2．基于密钥的安全验证

图 10-4 说明了 SSH 服务基于密钥安全认证的连接过程。

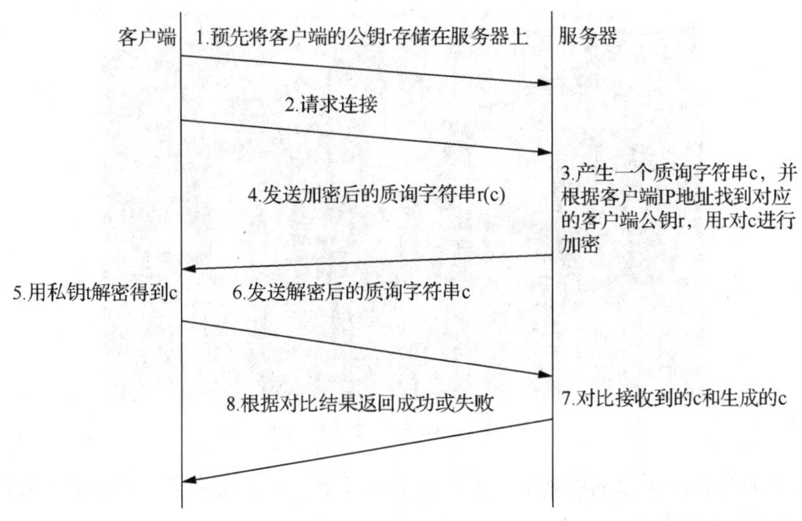

图 10-4 SSH 服务基于密钥安全认证的连接过程

基于密钥的安全验证可以分为 8 个步骤。

（1）客户端预先把自身的公钥 r 存储在服务器上。

（2）客户端向服务器发起连接请求。

（3）服务器产生一个质询（Challenge）字符串 c，并根据客户端的 IP 地址找到预存在服务器上的客户端公钥 r，用 r 对 c 进行加密。

（4）服务器将加密后的质询字符串 r(c)发送给客户端。

（5）客户端使用自身的私钥对接收到的字符串进行解密，得到 c。

（6）客户端将解密后的字符串 c 发送给服务器。

（7）服务器将接收到的字符串与之前生成的质询字符串进行对比。

（8）服务器根据对比的结果返回客户端成功或者失败的响应。

通过上述过程可以看到，基于密钥的安全验证的关键在于对比服务器接收到的字符串和服务器生成的质询字符串，注意由于客户端在服务器上预存了自身的公钥，所以服务器可以采用客户端的公钥对质询字符串进行加密，而客户端证明自己身份的方式则是利用自身的私钥对加密后的质询字符串解密。

10.1.3 使用 ssh 命令登录

一般的 Linux 系统安装后都会默认自带 ssh 命令，ssh 命令用于通过 SSH 服务连接远程服务器，该命令的使用方式十分简便。其详细操作过程可扫描二维码查看。

一般常用的命令格式：

```
ssh <用户名>@<主机域名或 IP 地址>
```

SSH 服务的默认端口号是 22，如果远程服务器使用的端口号不是 22，可以使用-p 来指定端口号。

指定端口号的命令格式：

```
ssh  -p <端口号>  <用户名>@<主机域名或 IP 地址>
```

输入命令后，会提示继续输入用户名对应的密码（口令）进行验证，验证通过后登录成功，如图 10-5 所示。

```
jiamingmai — root@kubernetes-master: ~ — ssh -p 22 root@118.190.26.13 —...
maijiamingdeMacBook:~ jiamingmai$ ssh -p 22 root@118.190.26.13
root@118.190.26.13's password:
Welcome to Ubuntu 18.04.2 LTS (GNU/Linux 4.15.0-52-generic x86_64)

 * Documentation:  https://help.ubuntu.com
 * Management:     https://landscape.canonical.com
 * Support:        https://ubuntu.com/advantage

 * MicroK8s 1.15 is out! It has already been installed on more
   than 14 different distros. Guess which ones?

     https://snapcraft.io/microk8s

 * Canonical Livepatch is available for installation.
   - Reduce system reboots and improve kernel security. Activate at:
     https://ubuntu.com/livepatch

Welcome to Alibaba Cloud Elastic Compute Service !

Last login: Wed Jul 10 12:21:57 2019 from 180.167.174.21
root@kubernetes-master:~#
```

图 10-5　通过 ssh 命令登录远程服务器

此外，在设置免密码登录的场景下，不需要输入口令，直接成功登录。关于免密码登录的内容将会在下一节中进行介绍。

10.2 SSH 服务免密码登录

如果需要频繁地登录到服务器，而每次使用 ssh 命令登录服务器时都需要输入口令，则会十分烦琐。SSH 服务可以通过免密码登录的方式省去输入口令的操作。免密码登录采用的是 10.1.2 小节中所介绍的基于密钥的安全认证方式。接下来介绍 SSH 服务的免密码登录实现过程。

10.2.1 .ssh 目录结构

在讲述 SSH 服务免密码登录的实现之前，让我们先来了解.ssh 这个重要的目录。用户目录下的.ssh 目录路径为 ~/.ssh，下面存放了 SSH 服务相关的文件以及配置信息。该目录中一般有以下几个重要的文件。

（1）id_rsa：该文件存放的内容是用户唯一的私钥，rsa 表示所使用的是 RSA 算法，如果使用 DSA 算法，那么文件名将会是 id_das。

（2）id_rsa.pub：该文件存放的内容是用户唯一的公钥，与 id_rsa 文件存放的内容对应构成一对。

（3）known_hosts：该文件存放访问过的计算机的公钥，当再次访问相同的计算机时，会从 known_hosts 文件中找出并核对公钥。

（4）authorized_keys：该文件存放其他计算机的公钥，每一行存放一台计算机的公钥，以 IP 地址开头进行区分。

10.2.2 SSH 服务公私钥认证

由于 SSH 服务的免密码登录是通过基于密钥的安全认证方式实现的，因此关键在于公私钥认证。其详细操作过程可扫描二维码查看。整个过程可以分为以下 3 个主要步骤。

1．公私钥的生成

ssh-keygen 命令提供生成公私钥的功能，其命令格式为：

```
ssh-keygen  -t <算法名称>
```

该命令会生成一对公私钥，并存放在~/.ssh 目录下。

范例如下。

```
[root@localhost ~]# ssh-keygen -t rsa
Generating public/private rsa key pair.
Enter file in which to save the key (/root/.ssh/id_rsa):
Created directory '/root/.ssh'.
Enter passphrase (empty for no passphrase):
Enter same passphrase again:
Your identification has been saved in /root/.ssh/id_rsa.
Your public key has been saved in /root/.ssh/id_rsa.pub.
The key fingerprint is:
SHA256:B3HWwKdXmIFc/2LW0UMwIDBXWelh7Onm5ebX29/T2F4 root@localhost.localdomain
The key's randomart image is:
+---[RSA 3072]----+
|      oo==BBBo. |
|       o+=.=*+ .|
|       .  o+.+o.|
|         .. .+ oo|
|       S ... + o|
|        .   = o |
|           o ooE|
|            ..+O|
|             o+X|
+----[SHA256]-----+
[root@localhost ~]# ls ~/.ssh
id_rsa  id_rsa.pub
```

2．将公钥存放到服务器上

生成公私钥之后，可以通过 scp（secure copy protocl，安全复制协议）命令将公钥传输、追加到服务器对应用户~/.ssh 目录的 authorized_keys 文件中，这项操作实际上是 10.1.2 小节中基于密钥的安全验证的步骤（1）的具体实现。此外，也可以将 id_rsa 文件中的内容复制出来，然后粘贴到服务器的 authorithed_keys 文件中，例如，通过 ssh 命令输入口令先登录到服务器，然后修改~/.ssh 目录下的 authorized_keys 文件。

范例如下。

```
[root@localhost ~]# cat /tmp/id_rsa.pub >> ~/.ssh/authorized_keys
[root@localhost ~]# cat ~/.ssh/authorized_keys
ssh-rsa
AAAAB3NzaC1yc2EAAAADAQABAAABgQDjy7qbzZFRKkYGQzRGT8tQqgWI4sPMYt2wMoVKzg0xWoAuxkkvcQC+wQj8o
mL293ar7JAr5ACRk78ERKl/5oHdPhMF02B6XOzrXSD1iCotVQX/S9teq1iQb/tdGsN5p7ien8kW8IEoaOHsHSz7sL
OdVZEFz9Vg9i/r4DtnvHzvz4dgS+ZpwvfpV2Cts8tV1Xedke24Q2uN8i1sLR2eqLbLggzWcgtkYJJf/vMvJ/gl4Pv
yMwm+EmsZDInuQ+tB8oeCYXUuVUF9mpzNUGxmxO9hkuyREmxKAuRyZHcR26ao9+yFJf92p/aBCArBqRPqVI6prv8+
qnZPaKohbumONLBsm9kPriivPH2ZMDZOjsMPNku2ceRgSC/4GPuAtr5H5eVD863FeqAcUTQmVX6Ai43VlzLb0K/p1
iKka0UIXbqxNEI8NNlbxw1PDuAd5Wn6UvwCf2ZvZATuYHH6J/H+531jWPkuDdgpPIpK7kOcXHIHJ8NWIH0HrOxYk1
9D2GAPbP8= root@localhost.localdomain
```

3．使用 ssh 命令登录服务器

经过上述步骤后，接下来如果再使用 ssh 命令登录到服务器，则不再需要输入口令。

范例如下。

```
[root@localhost~] # ssh root@192.168.0.3
```

10.3 SSH 服务相关的常用技巧

通过前面内容的学习，我们已经掌握了如何通过 ssh 命令连接远程服务器，除此之外，用户往往还需要使用到更多相关的一些常用技巧，本节将介绍 SSH 服务保持长连接和 scp 命令。

10.3.1 SSH 服务保持长连接

通过 ssh 命令连接远程服务器后，长时间不输入命令会超时自动断开连接，然而很多时候我们往往需要打开多个命令行界面，并同时连接多个服务器进行操作，此时免不了会存在部分 SSH 服务的连接处于闲置状态。为了避免 SSH 服务连接的自动断开，我们可以通过修改配置来保持 SSH 服务长连接。SSH 服务连接的自动断开可以分为两种情况：客户端断开连接；服务器断开连接。针对这两种情况，分别展开说明客户端和服务器保持长连接的策略。

1．客户端保持长连接策略

针对客户端要保持 SSH 服务长连接的情况，有两种配置方法。

（1）针对当前用户的配置

可以在 ~/.ssh 目录下创建或修改 conf 文件，并加入 ServerAliveInterval 60，表示客户端每隔 60 秒自动向服务器发送一次空包，告诉服务器客户端仍然在线，不会超时断开。这里可以将 60 改为任意数字。另外，修改完配置后，需要重新启动 SSH 服务使其生效。

范例如下。

```
[root@localhost~]# echo "ServerAliveInterval 60" >> ~/.ssh/conf
[root@localhost~]# systemctl restart sshd
```

（2）针对所有用户的配置

修改 /etc/ssh/ 目录下的 ssh_conf 文件，并加入 ServerAliveInterval 60。

范例如下。

```
[root@localhost~]# echo "ServerAliveInterval 60" >> /etc/ssh/ssh_conf
[root@localhost~]# systemctl restart sshd
```

2．服务器保持长连接策略

针对服务器要保持 SSH 服务长连接的情况，可以修改服务器/etc/ssh/目录下的 sshd_conf 文件，并加入 ClientAliveInterval 60，表示服务器每隔 60 秒自动向客户端发送一次空包，然后客户端响应，从而保持连接。

范例如下。

```
[root@localhost~]# ssh root@192.168.0.3
[root@localhost~]# echo "ClientAliveInterval 60" >> /etc/ssh/sshd_conf
[root@localhost~]# systemctl restart sshd
```

10.3.2 scp 命令

除了登录远程服务器外，很多时候需要实现本地和服务器之间的文件传输，通过 scp 命令可以方便地实现该功能。其详细操作过程可扫描二维码查看。scp 命令的使用一般分为以下两种情况。

1．将本地文件上传到服务器

将本地文件上传到服务器的命令格式为：

```
scp <本地文件路径> <用户名>@<主机域名或 IP 地址>:<服务器上的文件路径>
```

如果服务器的端口号不为默认端口号 22，则需要指定端口号：

```
scp -P <端口号> <本地文件路径> <用户名>@<主机域名或 IP 地址>:<服务器上的文件路径>
```

范例如下。

```
[root@localhost~]# echo "Hello World" > hello.txt
[root@localhost~]# scp ./hello.txt root@192.168.0.3:/usr/local/
hello.txt                100%   12     0.4KB/s   00:00
[root@localhost~]# ssh root@192.168.0.3 ls -l /usr/local/hello.txt
-rw-r--r-- 1 root root 12 Jul 10 13:21 /usr/local/hello.txt
```

2．将服务器上的文件下载到本地

将服务器上的文件下载到本地的命令格式为：

```
scp <用户名>@<主机域名或 IP 地址>:<服务器上的文件路径> <本地文件路径>
```

如果服务器的端口号不为默认端口号 22，则需要指定端口号：

```
scp -P <端口号> <用户名>@<主机域名或 IP>:<服务器上的文件路径> <本地文件路径>
```

范例如下。

```
[root@localhost~]# scp root@192.168.0.3:/usr/local/hello.txt ./hello.txt
hello.txt                100%   12     0.4KB/s   00:00
[root@localhost~]# cat hello.txt
Hello World
```

10.4 本章小结

无论是在 Linux 系统上进行程序设计、开发，还是对已经开发完的程序进行部署和运维，过程中都免不了进行大量的远程服务器连接操作。FTP 服务、POP 服务和 Telnet 服务等传统的连接方式存在诸多安全性问题，同时不够便捷，SSH 服务是解决该问题的一种更好的选择。

习题

1. SSH 服务的公私钥默认存放在目录_____中。

   A. ~/.ssh　　B. /etc/ssh　　C. ~/ssh　　D. /usr/local/ssh

2. SSH 服务的默认端口号是____。

   A. 22　　B. 8080　　C. 443　　D. 3306

3. 实现本地和服务器之间的文件传输，应该使用____命令。

   A. ssh　　B. scp　　C. cp　　D. copy

4. 使用____命令生成公私钥。

   A. ssh-keygen　　B. ssh-genkey　　C. ssh-keygenerate　　D. ssh-keycreate

5. 文件_____用于存放用户唯一的私钥。

   A. id.rsa　　B. id_rsa　　C. id_rsa.pub　　D. id.rsa.pub

第 11 章 Linux 网络防火墙

本章主要讲解 iptables 的相关知识。首先介绍 iptables 是目前较为常用的 Linux 网络防火墙，它提供灵活的网络数据包过滤和拦截功能；随后对 iptables 的链、表和规则等基本概念进行详细讲解，并引入各种规则的操作方法；最后讨论关于 iptables 自定义链的内容。

11.1 iptables 概述

iptables 是较为常用的 Linux 内核级别的网络防火墙，一般用于对流入和流出的数据包进行过滤和拦截。如图 11-1 所示，实际上我们平时提及的 iptables 涵盖了用户态的配置工具（/sbin/iptables）以及 netfilter 内核模块（/lib/modules/kernel-version/kernel/net/netfilter）。

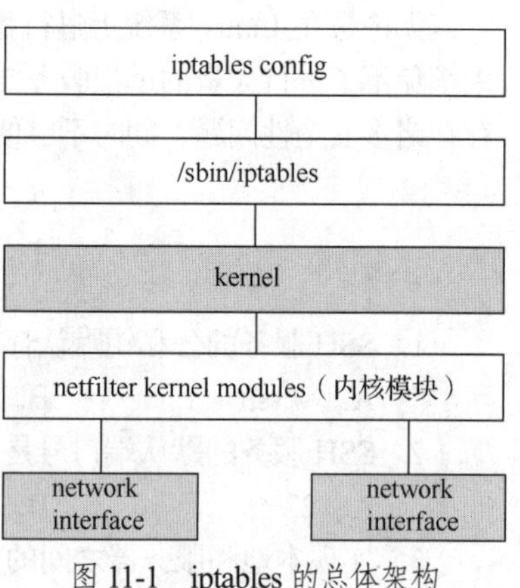

图 11-1 iptables 的总体架构

通常来说，我们会使用 iptables 命令对内核 netfilter 模块进行规则的配置，iptables 的启停控制和配置保存的基本命令主要有以下 4 个。

（1）在线启动和停止 iptables：/etc/init.d/iptables [start | stop]。

（2）设置开机启动和关闭：chkconfig iptables [on | off]。

（3）保存 iptables 规则：/etc/init.d/iptables save。

（4）查看当前 iptables 规则：/etc/init.d/iptables status。

接下来将深入介绍 iptables 的工作原理。

11.2 iptables 的链和表

iptables 中存在链和表的概念，iptables 中的链定义了网络数据包传输过程中所要经过的各个阶段，而 iptables 中的表则定义了网络数据包具体在某个阶段中的处理规则。

11.2.1 iptables 的链

iptables 有 5 条链，如图 11-2 所示，分别为 PREOUTING、INPUT、FORWARD、OUTPUT 和 POSTOUTING。它们的作用类似一道道关卡，流入的网络数据包需要经过其中的一系列关卡到达本地进程（Web 服务），而流出的数据包同样需要经过一系列关卡。在这 5 条链中，分别设置了各种数据包的规则，当符合规则条件时，则进行相应的处理动作，例如拒绝接收数据包、丢弃或忽略数据包等。PREOUTING 链表示路由前的链，是流入的数据包经过的第一条链；随后判断数据包的目标地址是否为本机地址，若是则进入 INPUT 链，若不是则进入 FORWARD 链；INPUT 链表示输入链，主要针对目标地址为本机地址的数据包进行过滤，如果数据包未被拦截则进入本地进程；FORWARD 链表示转发链，在数据包进行转发时进行过滤，主要针对目标地址不为本机地址的数据包；OUTING 链表示输出链，对本地进程发出的数据包进行过滤；POSTOUTING 链表示路由后的链，是数据包流出本机的最后一道关卡。

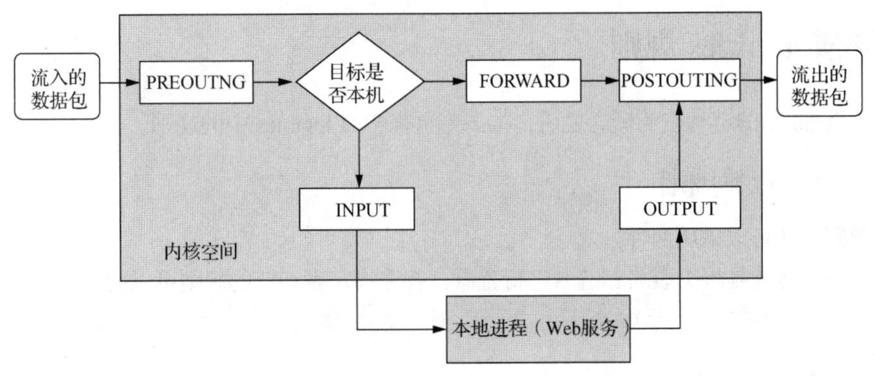

图 11-2　iptables 的 5 条链

11.2.2　iptables 的表

介绍了 iptables 中链的概念之后，我们再来看看表的概念。通过 11.2.1 小节的学习，我们知道链相当于一种用于过滤数据包的关卡，既然用于过滤，那么它必然含有一些过滤的规则。如图 11-3 所示，每条链上都会有一系列的规则，而规则存储在表中。iptables 有 4 种类型的表，分别是 raw 表、mangle 表、filter 表和 nat 表，每条链都会按照一定的顺序经过特定的表，具体如下。

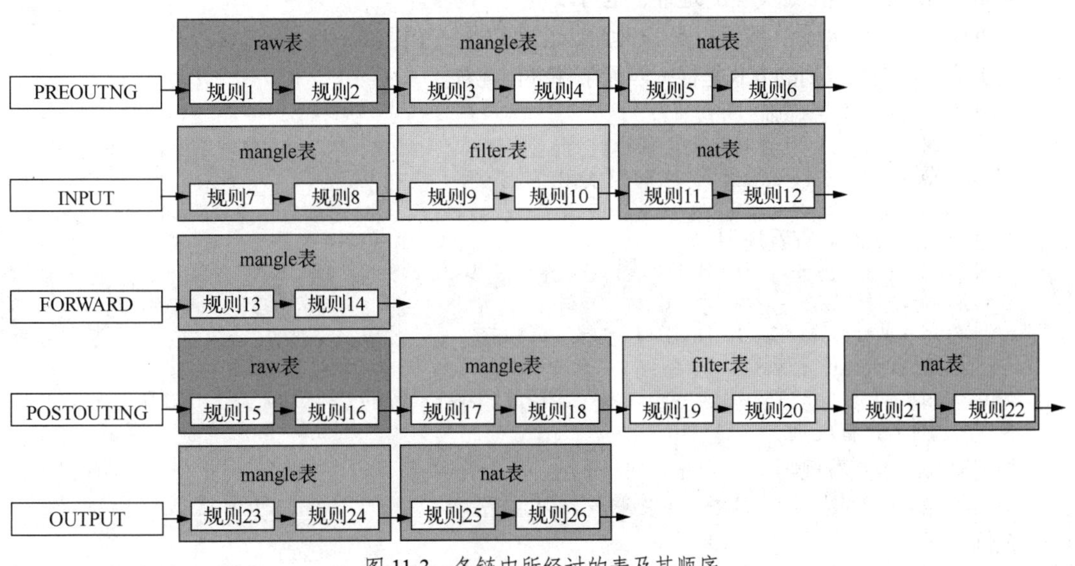

图 11-3　各链中所经过的表及其顺序

（1）PREOUTING 链经过 raw 表、mangle 表和 nat 表。

（2）INPUT 链经过 mangle 表、filter 表和 nat 表。

（3）FORWARD 链只经过 mangle 表。

（4）POSTOUTING 链经过 raw 表、mangle 表、filter 表和 nat 表。

（5）OUTPUT 链经过 mangle 表和 nat 表。

实际应用中，各个表在不同链中的先后顺序一定是 raw 表、mangle 表、filter 表和 nat 表，只是在某些链中有些表不存在。因此，我们可以发现，这些表相当于关卡中的关卡，都会存储一组规则，而规则所表现出来的功能正是表的功能。此外，不同的链共用相同的表提高规则的可复用性。

11.3 iptables 规则

掌握了 iptables 的链和表的概念之后，接下来再来学习 iptables 中的规则。

11.3.1 查看规则

查看规则一般可以采用两种方式。

（1）第一种方式是根据表名和链名进行查看，查看指定表和链的规则可以使用如下命令：

```
ipables -t <表名> -L <链名>
```

范例如下。

```
[root@localhost~]# iptables -t filter -L INPUT
Chain INPUT (policy ACCEPT)
target    prot opt source               destination
```

其详细操作过程可扫描二维码查看。

各个字段的具体含义的命令语法如下。

target：对应的动作，匹配规则后所执行的操作，主要的动作有 ACCEPT、DROP 和 REJECT，分别表示接受、丢弃和拒绝接受数据包。

prot：对应的协议，例如 TCP、UDP、ICMP 等。

source：源地址，既可以是 IP 地址，也可以是一个网段。

destination：目标地址，既可以是 IP 地址，也可以是一个网段。

（2）第二种查看规则的方式是根据匹配条件进行查看。

① 指定 source 查看规则。

```
iptables -t filter -L INPUT -s <IP#1,IP#2,...>
iptables -t filter -L INPUT -s <IP/掩码>
iptables -t filter -L INPUT ! -s <IP#1,IP#2,...>
```

② 指定 destination 查看规则。

```
iptables -t filter -L INPUT -d <IP#1,IP#2,...>
iptables -t filter -L INPUT -d <IP/掩码>
iptables -t filter -L INPUT ! -d <IP#1,IP#2,...>
```

③ 指定协议类型查看规则。

```
iptables -t filter -I INPUT -s <IP#1,IP#2,...> -p tcp -j REJECT
```

④ 指定网卡查看规则。

指定输入网卡查看规则：

```
iptables -t <表名> -I <链名> -i <网卡名> -j <动作名>。
```

范例如下。

```
[root@localhost~]# iptables -t filter -I INPUT -i eth1 -J DROP
```

指定输出网卡查看规则：

```
iptables -t <表名> -I <链名> -o <网卡名> -j <动作名>。
```

范例如下。

```
[root@localhost~]# iptables -t filter -I INPUT -o eth0 -j ACCEPT
```

⑤ 指定端口查看规则。

```
iptables -t filter -I INPUT -p tcp -m tcp --dport 22 -j ACCEPT
```

```
iptables -t filter -I INPUT -p tcp -m tcp --dport 22:55 -j ACCPET
iptables -t filter -I INPUT -p tcp -m tcp --dport :22 -j ACCPET
iptables -t filter -I INPUT -p tcp -m tcp --dport 80: -j ACCPET
iptables -t filter -I INPUT -p tcp -m tcp --sport 22 -j ACCEPT
iptables -t filter -I INPUT -p tcp -m tcp --sport 22:55 -j ACCEPT
iptables -t filter -I INPUT -p tcp -m tcp --sport :22 -j ACCPET
iptables -t filter -I INPUT -p tcp -m tcp --sport 80: -j ACCPET
iptables -t filter -I INPUT -p tcp -m multiport --sports 22,80,443 -j ACCPET
```

11.3.2 增加规则

增加规则有以下 3 种实现方式，其详细操作过程可扫描二维码查看。

（1）在尾部增加规则的命令语法：

```
iptables -t <表名> -A <链名> <匹配条件> -j <动作>
```

范例如下。

```
[root@localhost~] # iptables -t filter -A INPUT -s 192.168.1.146 -j DROP
```

（2）在首部增加规则的命令语法：

```
iptables -t <表名> -I <链名> <匹配条件> -j <动作>
```

范例如下。

```
[root@localhost~] # iptables -t filter -I INPUT -s 192.168.1.146 -j DROP
```

（3）增加规则到指定编号的命令语法：

```
iptables -t <表名> -I <链名> <编号> <匹配条件> -j <动作>
```

范例如下。

```
[root@localhost~] # iptables -t filter -A INPUT -s 192.168.1.146 -j DROP
```

11.3.3 删除规则

删除规则有以下 3 种实现方式，其详细操作过程可扫描二维码查看。

（1）删除指定编号规则的命令语法：

```
iptables -t <表名> -D <链名> <编号>
```

范例如下。

```
[root@localhost~] # iptables -t filter -L INPUT 3
```

（2）删除符合匹配条件规则的命令语法：

```
iptables -t <表名> -D <链名> <匹配条件>
```

范例如下。

```
[root@localhost~] # iptables -D INPUT -s 192.168.1.146 -j ACCEPT
```

（3）删除所有规则的命令语法：

```
iptables -t <表名> -F <链名>
```

范例如下。

```
[root@localhost~] # iptables -t filter -F INPUT
```

11.3.4 修改规则

（1）修改规则的命令语法：

```
iptables -t <表名> -R <链名> <编号> <规则原本的匹配条件> -j <动作>
```

修改规则相对来说比较少用，原因在于每次修改规则时需要指定规则原本的匹配条件，一般采用先删除规则再增加规则的方式代替。其详细操作过程可扫描二维码查看。

范例如下。

```
[root@localhost~] # iptables -t filter -R INPUT 1 -s 192.168.1.146 -j REJECT
```

（2）修改默认规则的命令语法：

```
iptables -t <表名> -P <链名> <默认动作>
```

范例如下。

```
[root@localhost~] # iptables -t filter -P FORWARD REJECT
```

11.4 自定义链

通过 11.3 节的学习，用户已经掌握了如何查看、增加、修改以及删除 iptables 的规则，但这里面的每一条规则都必须放在默认的链中，那么有没有办法创建自己的链，使得它可以复用呢？答案是肯定的，iptables 允许我们创建自定义链。如图 11-4 所示，基于 filter 表创建一个自定义链 MY_LIST，并且向 MY_LIST 链中增加规则 e 和规则 f，然后让规则 d 的动作引用自定义链 MY_LIST，这样符合规则 d 匹配条件的数据包会接着路由到规则 e 和规则 f。接下来将讲解自定义链相关的命令语法。

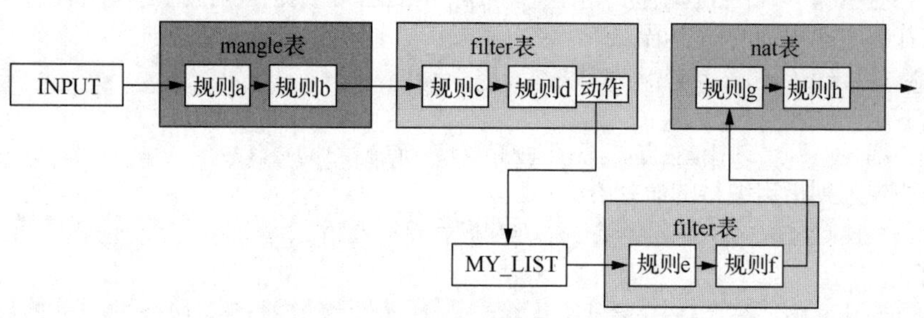

图 11-4 INPUT 链下 filter 表中引用的自定义链

1．创建自定义链

创建自定义表的命令语法：

```
iptables -t <表名> -N <自定义链名>
```

其详细操作过程可扫描二维码查看。

范例如下。

```
[root@localhost~] # iptables -t filter -N MY_LIST
[root@localhost~] # iptables -t filter -L MY_LIST
Chain MY_LIST (0 references)
target     prot opt source               destination
```

2．引用自定义链

引用自定义链的命令语法：

```
iptables -t <表名> -I <链名> <匹配条件> -j <自定义链名>
```

其详细操作过程可扫描二维码查看。

范例如下。

```
[root@localhost~] # iptables -t filter -I INPUT -j MY_LIST
[root@localhost~] # iptables -t filter -L INPUT
Chain INPUT (policy ACCEPT)
target      prot opt source               destination
MY_LIST    all  --  anywhere             anywhere
[root@localhost~] # iptables -t filter -L MY_LIST
Chain MY _LIST (1 references)
target     prot opt source               destination
```

从范例中可以看到，加入引用后，MY_LIST 链的引用计数 references 从 0 变成了 1。

3．重命名自定义链

重命名自定义链的命令语法：

```
iptables -t <表名> -E <旧自定义链名> <新自定义链名>
```

其详细操作过程可扫描二维码查看。

范例如下。

```
[root@localhost~] # iptables -t filter -E MY_LIST MY_OWN_LIST
[root@localhost~] # iptables -t filter -L MY_OWN_LIST
Chain MY_OWN_LIST (1 references)
target     prot opt source               destination
```

4．删除自定义链

删除自定义链的命令语法：

```
ptables -t <表名> -X <自定义链名>
```

其详细操作过程可扫描二维码查看。

范例如下。

```
[root@localhost~] # iptables -t filter -X MY_OWN_LIST
```

这里需要注意的是，删除自定义链要满足以下两个条件。

（1）自定义链没有被任何默认链引用。

（2）自定义链中没有任何规则。

11.5 本章小结

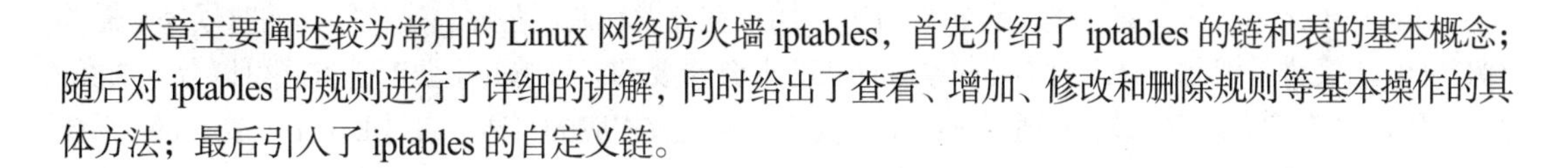

本章主要阐述较为常用的 Linux 网络防火墙 iptables，首先介绍了 iptables 的链和表的基本概念；随后对 iptables 的规则进行了详细的讲解，同时给出了查看、增加、修改和删除规则等基本操作的具体方法；最后引入了 iptables 的自定义链。

习题

1. 利用 iptables 加入相应的规则拦截所有 TCP 下的 3306 端口的请求。

2. 拦截所有 TCP 下的 8080 端口的请求，只保留两个白名单 IP 地址 192.168.0.2 和 192.168.0.3。

3. 通过自定义链的方式实现习题 1 和习题 2。

4. 放行所有 TCP 下的 8080 端口的请求，但同时将两个 IP 地址 192.168.0.2 和 192.168.0.3 加入拦截黑名单。

5. 拦截局域网内 TCP 下的有关 80、443 端口的所有请求。

第12章 Linux日志分析工具及应用

本章主要阐述常用的 Linux 日志分析工具及应用。首先介绍 Linux 日志文件的类型；随后针对系统服务日志进行讲解，其中重点介绍 rsyslogd 服务相关的配置和使用方法；接下来引入日志轮替的概念，介绍 logrotate；最后阐述日志分析套件 logwatch。

12.1 Linux 日志文件的类型

日志是记录系统运行状态的一种重要方式，用户在开发和调试程序、定位问题的时候经常需要借助于日志文件。因此，日志对 Linux 系统而言是非常重要的。日志的主要产生方式可以分成 3 类：应用程序自定义写入产生日志；通过 rsyslogd 服务统一生成相应的日志；通过 klogd 生成 Linux 系统内核相关的日志。

其中，rsyslogd 是最为重要的方式，它涵盖了大部分运维所常用服务的日志，接下来主要介绍 rsyslogd。

12.2 系统服务日志

12.2.1 rsyslogd 简介

为了方便管理日志的记录,用户可使用 rsyslogd 服务。rsyslogd 是一个提供日志记录的系统组件，它支持 Internet 和 UNIX 域套接字，进而能够支持本地和远程的日志记录。rsyslogd 能够为许多现代程序提供日志记录，每条记录都包含一个时间戳字段、一个主机名字段及一个程序名字段。此外，它支持将日志记录直接写入数据库的操作，如果在使用 rsyslogd 服务时设置了数据库的选项，则可以使用 phpLogCon 之类的工具查看日志数据。

12.2.2 rsyslogd 的配置和使用

rsyslog.conf 文件是 rsyslogd 的主要配置文件，可以通过编辑该文件来更改 rsyslogd 的配置，所谓的配置其实就是日志记录的规则。首先来看一下 rsyslog.conf 文件中包含什么样的信息。

```
authpriv.*              /var/log/secure
mail.*                  -/var/log/maillog
cron.*                  /var/log/cron
*.emerg                 :omusrmsg:*
uncp,news.crit           /var/log/spooler
local7.*                /var/log/boot.log
```

这个文件中的每一行可以单独表示一条完整的信息，例如：

```
cron.*                  /var/log/cron
```

就是一条完整的信息，它表示将 cron 服务的所有信息等级的信息都存储在/var/log/cron 日志里。在此以这条信息为例来分析它的结构，这条信息可以分为 3 部分，分别是服务名称、信息等级和日志路径。

1．服务名称

在上面的这条信息中，服务名称是 cron，即 Linux 的 cron 服务，由前面内容的学习我们知道 cron 是一个用于例行工作调度的服务。一般常用的服务名称有：auth、authpriv、cron、daemon、kern、lpr、mail、mark、news、security（与 auth 一样）、syslog、user、uucp，以及 local0 到 local7。其中值得注意的是 security，官方已经建议不再使用，而 mark 不应该在应用程序里使用，local0 到 local7 用于记录计算机本身的一些信息。

rsyslogd 的服务名称是怎样与应用程序关联起来的呢？如图 12-1 所示，应用程序可以调用 rsyslogd 中对应的服务名称，例如 login 和 su 调用 auth，所以与 auth 关联；sendmail、postfix 和 dovecot 调用 mail，所以与 mail 关联；而 contrab 则与 cron 关联。其他更详细的内容，可以参考官方文档。

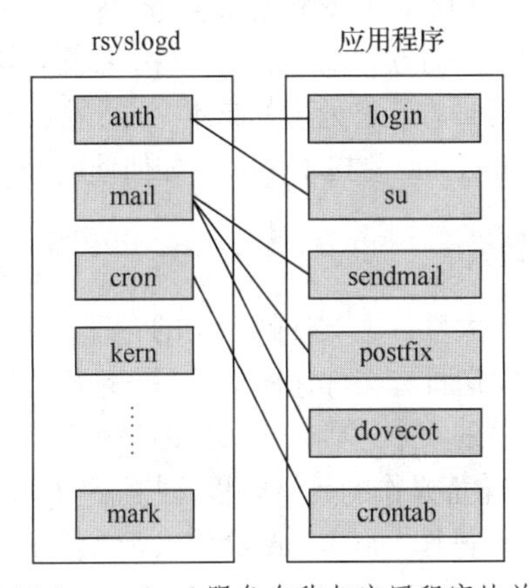

图 12-1　rsyslogd 服务名称与应用程序的关联

2．信息等级

服务所产生的信息可以分为很多个不同的等级，这些等级反映了信息的紧急程度。具体而言，紧急程度从一般到非常严重分为 11 个不同的等级，分别为 debug，info，notice，warning、warn（与 warning 一样），err、error（与 err 一样），crit，alert，emerg、panic（与 emerg 一样），其中 error、warn 和 panic 已经不再使用。此外，还可以使用“*”来表示任意的信息等级，例如 cron.*表示将 cron 服务的所有信息等级的信息都记录到日志当中。

3．日志路径

日志路径指明了日志信息存储的位置，例如上述例子中日志的路径为/var/log/cron，因此我们可以通过以下命令查看 cron 相关的日志，其详细操作过程可扫描二维码查看。

```
[root@localhost ~]# cat /var/log/cron
```

结果如下：

```
Feb 16 04:08:02 localhost run-parts(/etc/cron.daily)[3937] finished logrotate
Feb 16 04:08:02 localhost run-parts(/etc/cron.daily)[3925] starting man-db.cron
Feb 16 04:08:03 localhost run-parts(/etc/cron.daily)[3948] finished man-db.cron
Feb 16 04:08:03 localhost anacron[3906]: Job 'cron.daily' terminated
Feb 16 04:08:03 localhost anacron[3906]: Normal exit (1 job run)
Feb 16 05:01:01 localhost CROND[3984]: (root) CMD (run-parts /etc/cron.hourly)
Feb 16 05:01:01 localhost run-parts(/etc/cron.hourly)[3984]: starting 0anacron
Feb 16 05:01:01 localhost run-parts(/etc/cron.hourly)[3993]: finished 0anacron
```

```
    Feb 16 06:01:01 localhost CROND[4009]: (root) CMD (run-parts /etc/cron.hourly)
    Feb 16 06:01:01 localhost run-parts(/etc/cron.hourly)[40009]: starting 0anacron
    Feb 20 11:21:44 localhost crond[2814]: (CROND) INFO (RANDOM_DELAY will be scaled with
factor 7% if used.)
    Feb 20 11:21:44 localhost crond[2814]: (CRON) INFO (running with inotify support)
```

可以看到，cron相关的日志的确记录在/var/log/cron这个文件当中。另外，日志路径可以设置为远程地址，如可以将上述的例子改为：

```
    cron.*     @192.168.0.99
```

表示将cron服务的所有信息等级的信息发送到IP地址为192.168.0.99的机器上进行记录，“@”表示通过UDP发送，如果想要采用TCP，则将“@”改为“@@”。

12.3 日志的轮替

了解日志如何记录之后，接下来可能遇到的是磁盘的空间有限、日志文件的大小不能无限制地增加等问题。为了解决这些问题，用户需要对日志文件进行管理，一般的做法是对日志进行轮替，即当日志文件的大小达到一定程度的时候重命名日志文件，并且重新创建一个新的文件来存储日志。用户也许已经想到可以写一个进行日志轮替处理的脚本，并通过cron来进行定时调度。实际上，Linux提供了帮助用户做这件事的程序logrotate。接下来介绍如何使用logrotate。

12.3.1 logrotate简介

logrotate用于简化那些会生成大量日志文件的系统的管理，它允许自动对日志文件进行轮替、压缩和删除，并且能够通过邮件发送日志文件，每个日志文件都可以用天、周、月等周期进行轮替，同时可以通过设置使得当日志文件的大小达到一定程度时进行处理。

图12-2所示为logrotate进行轮替操作的具体过程，当经过了一个周期或者日志文件的大小达到了限制时，便触发logrotate的轮替操作，logrotate会将log文件重命名为log.1，此时新记录的日志会重新创建log文件，因此目录下同时存在log和log.1两个文件。更进一步地，在第二次轮替时，logrotate先将log.1重命名为log.2，再将log重命名为log.1，新记录的日志同样会重新创建log文件，因此目录下同时存在log、log.1和log.2这3个文件，以此类推。如果这样无限制地生成新的文件，会不会耗尽磁盘空间呢？事实上，logrotate的配置中允许设置最多保留的日志文件个数，详细的配置内容将在12.3.2小节中进行讨论。

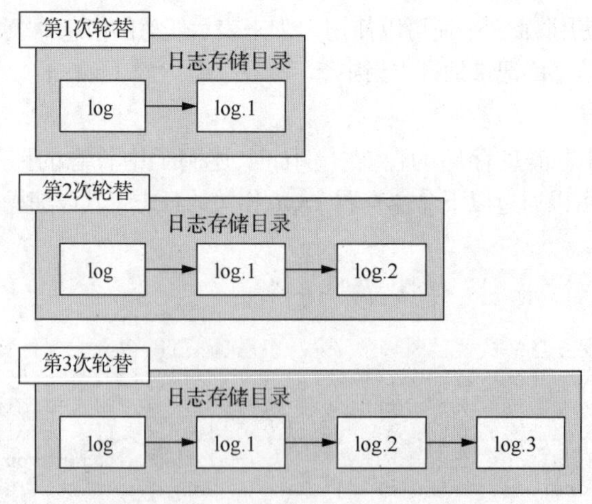

图12-2 logrotate对日志文件进行轮替操作

正常情况下，logrotate 以 cron 任务的形式执行，通常周期为天，一般不会在一天之内对日志进行多次轮替，除非设置了基于日志文件的大小来进行轮替，并且在一天之内达到了日志文件的大小的限制。

12.3.2 logrotate 的配置

logrotate 的配置文件为/etc/logrotate.conf，包含如下内容：

```
weekly
rotate 4
create
compress
dateext

include /etc/logrotate.d

/var/log/wtmp {
   missingok
   monthly
   create 0664 root utmp
      minsize 1M
   rotate 1
}

/var/log/btmp {
   missingok
   monthly
   create 0600 root utmp
   rotate 1
}
```

其中，第 1 行的 weekly 表示以周作为周期进行日志轮替，此处可以设置的选项有：daily、weekly 和 monthly。

第 2 行的 rotate 4 表示最多保留前 4 次轮替的日志文件，第 5 次轮替时会将最早的日志文件删除，例如将 log.4 删除，并将 log.3 重命名为 log.4。

第 3 行的 create 表示在进行轮替后，立即创建新的日志文件。

第 4 行的 compress 表示轮替时对日志文件进行压缩，通常可用于压缩日志占用的空间。

第 5 行的 dateext 表示以时间戳作为日志文件的后缀，图 12-2 中轮替时 log 重命名为 log.1，如果设置了 dateext，log 将会重命名为 log-20200223，其中 20200223 为当天的时间戳。

第 6 行的 include /etc/logrotate.d 表示额外的配置目录，在这个目录下面的文件都作为配置的内容，而该目录下的配置通常用于覆盖默认配置，/etc/logrotate.conf 便是默认配置，它适用于所有日志。

关于/var/log/wtmp 的配置：可以看到这里有一个专门针对/var/log/wtmp 日志的配置，它的配置被一对花括号所包含，花括号里面的配置将会覆盖上面的配置，例如 monthly 将会覆盖默认的 weekly；create 0664 root utmp 指定了创建新文件时所使用的权限、所属账号及用户组；minsize 1M 表示日志文件的大小一定要超过 1MB 后才进行轮替操作；rotate 1 覆盖了默认的 rotate 4。

关于/var/log/btmp 的配置：同样会覆盖默认配置，类似/var/log/wtmp 的配置。

12.3.3 logrotate 的使用

完成 logrotate 的配置之后，用户可以通过 logrotate 命令对其进行启动，其中 -v 选项用于输出详细的信息。其详细操作过程可扫描二维码查看。

```
[root@localhost ~]# logrotate -v /etc/logrotate.conf
```

结果输出如下：

```
reading config file /etc/logrotate.conf
```

```
including /etc/logrotate.d
reading config file alternatives
reading config file apt
reading config file chrony
reading config file dpkg
reading config file mysql-server
reading config file rsyslog
reading config file ufw
Reading state from file: /var/lib/logrotate/status
Allocating hash table for state file, size 64 entries
Creating new state
Creating new state
Creating new state
Creating new state
...
Handling 11 logs

rotating pattern: /var/log/alternatives.log  monthly (12 rotations)
empty log files are not rotated, old logs are removed
switching euid to 0 and egid to 106
considering log /var/log/alternatives.log
  Now: 2020-02-25 21:33
  Last rotated at 2019-09-24 06:25
  log does not need rotating (log is empty)
switching euid to 0 and egid to 0

rotating pattern: /var/log/apt/term.log  monthly (12 rotations)
empty log files are not rotated, old logs are removed
switching euid to 0 and egid to 106
considering log /var/log/apt/term.log
  Now: 2020-02-25 21:33
  Last rotated at 2019-11-02 06:25
  log does not need rotating (log is empty)
switching euid to 0 and egid to 0
...
```

这里只列出一些值得关注的内容，省略了一些冗余的信息。观察结果可以清楚地看到 logrotate 的执行过程，首先读取配置文件/etc/logrotate.conf；再读取 logrotate.d 目录下的所有配置文件；接着读取 logrotate 的状态，创建哈希表来记录日志的状态；最后对每项日志进行是否需要轮替的检查。以/var/log/alternatives.log 为例，从上面的结果中可以看到，这个日志的轮替周期被配置为 monthly，并且可以看到上一次执行轮替操作的时间，以及现在是否需要执行轮替操作等。

此外，也可以使用-f 选项来强制 logrotate 立刻执行轮替操作：

```
[root@localhost ~]# logrotate -vf /etc/logrotate.conf
```

执行结果如下：

```
...
rotating log /var/log/auth.log, log->rotateCount is 4
dateext suffix '-20200225'
glob pattern '-[0-9][0-9][0-9][0-9][0-9][0-9][0-9][0-9]'
compressing log with: /bin/gzip
error: Compressing program wrote following message to stderr when compressing log /var/log/auth.log.1:
switching uid to 0 and gid to 106
renaming /var/log/auth.log.4.gz to /var/log/auth.log.5.gz (rotatecount 4, logstart 1, i 4),
renaming /var/log/auth.log.3.gz to /var/log/auth.log.4.gz (rotatecount 4, logstart 1, i 3),
renaming /var/log/auth.log.2.gz to /var/log/auth.log.3.gz (rotatecount 4, logstart 1, i 2),
renaming /var/log/auth.log.1.gz to /var/log/auth.log.2.gz (rotatecount 4, logstart 1, i 1),
renaming /var/log/auth.log.0.gz to /var/log/auth.log.1.gz (rotatecount 4, logstart 1,
```

```
i 0),
    old log /var/log/auth.log.0.gz does not exist
    renaming /var/log/auth.log to /var/log/auth.log.1
    creating new /var/log/auth.log mode = 0640 uid = 102 gid = 4
    running postrotate script
    switching euid to 0 and egid to 0
    removing old log /var/log/auth.log.5.gz
    switching euid to 0 and egid to 0

    rotating pattern: /var/log/wtmp  forced from command line (1 rotations)
    empty log files are rotated, old logs are removed
    switching euid to 0 and egid to 106
    considering log /var/log/wtmp
      Now: 2020-02-25 23:51
      Last rotated at 2020-02-01 06:25
      log needs rotating
    rotating log /var/log/wtmp, log->rotateCount is 1
    dateext suffix '-20200225'
    glob pattern '-[0-9][0-9][0-9][0-9][0-9][0-9][0-9][0-9]'
    renaming /var/log/wtmp.1 to /var/log/wtmp.2 (rotatecount 1, logstart 1, i 1),
    renaming /var/log/wtmp.0 to /var/log/wtmp.1 (rotatecount 1, logstart 1, i 0),
    old log /var/log/wtmp.0 does not exist
    renaming /var/log/wtmp to /var/log/wtmp.1
    creating new /var/log/wtmp mode = 0664 uid = 0 gid = 43
    removing old log /var/log/wtmp.2
    switching euid to 0 and egid to 0
    ...
```

从上面的结果可以看到/var/log/auth.log 和/var/log/wtmp 的日志轮替信息，logrotate 对日志进行了压缩、重命名、删除旧文件等一系列操作。

12.4 日志分析脚本

有了日志之后，用户需要分析、监控这些日志，但由于系统服务本身非常多，频繁地查阅不同时间段内的各种服务日志是一项繁重的工作。有没有办法能够让系统实现自动监控和分析这些日志呢？用户可能已经想到可以写一个脚本去对日志进行分析，毕竟日志的位置和内容格式都是相对固定的。事实上不需要写一个这样的脚本，因为已经有实用套件可以帮助用户去做类似的监控、分析工作，接下来就介绍一个专门用于日志监控的 logwatch 套件。

12.4.1 logwatch 套件简介

logwatch 实际上是一款开源的日志分析器，采用 Perl 语言实现。它的特色在于能够对原始日志文件进行解析，将其转换为结构化的文档，而输出的文档相当于一份日志分析报告，同时报告的内容可以被定制，用户可以指定其详细程度以及覆盖的服务、时间段等。另外，logwatch 允许用户通过邮件的方式发送日志分析报告，或者以文件的形式存储日志分析报告。

12.4.2 logwatch 的安装

logwatch 一般可采用以下两种方式进行安装，其详细操作过程可扫描二维码查看。

（1）直接通过 Linux 的软件包管理器进行安装，这也是推荐使用的一种方式，非常方便、快捷：

```
[root@localhost ~]# yum install logwatch
```

（2）通过下载源代码安装。可以访问 logwatch 官方项目下载源代码，解压后进行安装：

```
[root@localhost ~]# tar -xzvf logwatch-7.5.3.tar.gz
[root@localhost ~]# cd logwatch-7.5.3
[root@localhost ~]# ./install_logwatch.sh
```

安装完毕后可通过 logwatch -v 来验证是否安装成功：

```
[root@localhost ~]# logwatch -v
Logwatch 7.4.3 (released 12/07/16)
```

当输出上述正确版本信息时则表示已经安装成功。

12.4.3 logwatch 的配置

有以下 3 种方式可以对 logwatch 进行配置。

（1）执行 logwatch 命令时带上参数。

（2）修改/etc/logwatch/conf/logwatch.conf。

（3）修改/usr/share/logwatch/default.conf/logwatch.conf。

其详细操作过程可扫描二维码查看。

三处配置的设置存在优先级关系，优先级高的配置设置会覆盖优先级低的配置设置，命令参数的优先级最高，优先级最低的是/usr/share/logwatch/default.conf/logwatch.conf 中的配置。它们的优先级依次递减，假设同时使用 3 种方式对某个属性设置不同的参数，那么 logwatch 以命令参数为准，以此类推，/usr/share/logwatch/default.conf/logwatch.conf 排在最后，因此正如它的路径名字，也称为默认配置。其中，第二种和第三种方式可以归类为通过配置文件进行配置，这是主要的配置方式，因此我们将首先讲解如何通过配置文件对 logwatch 进行配置，之后在 12.5 节中单独讲解第一种配置方式。

通过配置文件配置 logwatch 是主要的配置方式，配置文件/etc/logwatch/conf/logwatch.conf 和/usr/share/logwatch/default.conf/logwatch.conf 的内容格式是一样的，logwatch.conf 文件里面的内容如下：

```
LogDir = /var/log
TmpDir = /var/cache/logwatch
Output = stdout
Format = text
Encode = none
MailTo = root
MailFrom = Logwatch
Range = yesterday
Detail = Low
Service = All
Service = "-zz-network"
Service = "-zz-sys"
Service = "-eximstats"
mailer = "/usr/sbin/sendmail -t"
```

从内容中可以看到 logwatch.conf 里面有非常多的属性，接下来逐一分析每个属性的作用。

LogDir：用于指定日志的存放位置，logwatch 会从 LogDir 指定的路径下读取所有日志，包括子目录下的所有日志文件。该属性默认为/var/log，正是 rsyslog 生成日志的默认位置。

TmpDir：用于存放 logwatch 的临时文件。

Output：用于指定结果输出的路径，默认情况下是 stdout，表示以文本的形式直接输出到屏幕。Output 还可以设置为 mail 或 file，分别表示输出到邮件或文件。

Format：用于指定输出的格式，默认是 html。

Encode：用于指定编码格式。

MailTo：用于指定接收邮件的对象，该属性可以设置为一个本地账号，也可以设置为一个完整的 E-mail 地址。MailTo=root 表示发送给 root 账号。

MailFrom：用于指定发送邮件的对象，该属性同样可以设置为一个本地账号，也可以设置为一个完整的 E-mail 地址。

Range：用于指定时间范围，抽取指定时间范围内的日志。例如该属性是 yesterday，则 logwatch 只会读取昨天的日志。此外，该属性可以设置为 today 或 all，分别表示时间范围为今天和任意。

Detail：用于指定细节等级，共有 10 个等级，Low 为 0，Med 为 5，High 为 10，等级越高，输出的内容越详细，默认设置为 Low。

Service：用于指定要监控、分析的服务，logwatch 会监控/etc/logwatch/scripts/services 和/usr/share/logwatch/scripts/services 下列出的服务，可以看到/usr/share/logwatch/scripts/services 下面已经涵盖大部分 Linux 常用的服务，具体如下。

```
[root@localhost ~]# ls /usr/share/logwatch/scripts/services
afpd               freeradius      php                  sonicwall
amavis             ftpd-messages   pix                  spamassassin
arpwatch           ftpd-xferlog    pluto                sshd
audit              http            pop3                 sshd2
automount          http-error      portsentry           sssd
autorpm            identd          postfix              stunnel
barracuda          imapd           postgresql           sudo
bfd                init            pound                syslogd
cisco              in.qpopper      proftpd-messages     syslog-ng
citadel            ipop3d          puppet               systemd
clamav             iptables        pureftpd             tac_acc
clamav-milter      kernel          qmail                tivoli-smc
clam-update        knockd          qmail-pop3d          up2date
courier            lvm             qmail-pop3ds         vdr
cron               mailscanner     qmail-send           vpopmail
denyhosts          mdadm           qmail-smtpd          vsftpd
dhcpd              modprobe        raid                 windows
dirsrv             mod_security2   resolver             xntpd
dnssec             mountd          rsnapshot            yum
dovecot            mysql           rsyslogd             zypp
dpkg               mysql-mmm       rt314                zz-disk_space
emerge             named           samba                zz-fortune
evtapplication     netopia         saslauthd            zz-lm_sensors
evtsecurity        netscreen       scsi                 zz-network
evtsystem          oidentd         secure               zz-runtime
exim               omsa            sendmail             zz-sys
eximstats          openvpn         sendmail-largeboxes  zz-zfs
extreme-networks   pam             shaperd
fail2ban           pam_pwdb        slon
fetchmail          pam_unix        smartd
```

logwatch.conf 里面的 Service 设置是用于指定具体启动哪些服务的日志监控，一般会设置为 All，表示对所有服务的日志都进行监控、分析。同时可以设置禁用某些服务的日志监控，例如 Service="-eximstats"表示禁用“eximstats”服务的监控，注意这里的“-”表示禁用。

mailer：用于指定发送邮件所使用的客户端，默认使用的是 sendmail。

12.5 logwatch 的使用方法

logwatch 的使用方法非常简单，直接在命令行中输入 logwatch 即可。其详细操作过程可扫描二维码查看。下面使用 12.4 节所介绍的配置对日志进行监控、分析：

```
[root@localhost ~]# logwatch
```

logwatch 可以在使用时指定参数，以覆盖配置文件中的配置。例如，执行下面的命令指定时间范围为今天，细节等级为 5，以及监控的服务为 sshd：

```
[root@localhost ~]# logwatch --range today --detail 5 --service sshd
```

结果如下：

```
################### Logwatch 7.4.3 (12/07/16) ####################
       Processing Initiated: Sat Feb 29 22:11:53 2020
       Date Range Processed: today
                             ( 2020-Feb-29 )
                             Period is day.
       Detail Level of Output: 5
       Type of Output/Format: stdout / text
       Logfiles for Host: kubernetes-master
##################################################################

-------------------- SSHD Begin ------------------------

Illegal users from:
   171.240.48.8 (dynamic-ip-adsl.viettel.vn): 2 times
      admin: 2 times

Users logging in through sshd:
   root:
      113.109.83.206: 10 times
      113.109.80.208: 3 times

**Unmatched Entries**
Connection reset by 92.118.160.57 port 55713 [preauth] : 1 time(s)

---------------------- SSHD End -------------------------


###################### Logwatch End #########################
```

从结果中可以看到sshd相关的日志信息，包括一些重要的登录日志信息。

12.6 本章小结

本章主要阐述了常用的Linux日志分析与监控方法，分别介绍了Linux日志文件的类型、系统服务日志、日志轮替以及日志分析脚本等几个主题，讲解了rsyslogd、logrotate和logwatch这3个重要的套件。

习题

1. rsyslogd的服务名称怎样与应用程序关联起来？
2. 将rsyslogd配置为通过UDP客户端远程传输日志，在服务器接收日志。
3. 在习题2的基础上，将传输协议改为TCP，并使用其他端口进行传输。
4. 修改logrotate的配置，观察这些参数的改变对结果的影响。
5. 配置logwatch为以E-mail接收日志分析报告，并且执行logwatch通过邮件读取报告。

第13章 Linux数据备份

数据如何备份是企业实战中经常遇到的问题，Linux系统在操作系统层面提供了一种便捷的数据备份方式，即LVM。LVM灵活的管理机制深受运维技术人员的青睐。本章将向读者讲解如何利用LVM的快照功能实现数据备份。

13.1 LVM概述

LVM（Logical Volume Manager，逻辑卷管理器）是Linux系统提供的一种对磁盘分区进行灵活管理的机制。要理解LVM，首先需要从一个Linux用户经常遇到的问题开始，那就是“如何正确评估不同逻辑分区的大小以合理地分配磁盘空间？”通常情况下，逻辑分区划分好后空间大小将无法改变，此时如果存储的文件过大，那么单个逻辑分区无法存储，但该文件也无法跨越多个逻辑分区来存储，这是由上层文件系统限制造成的，以致单个文件不能同时存储在不同的逻辑分区上。当出现某个逻辑分区的空间不足时，通常只能使用符号链接或者调整逻辑分区大小的工具来暂时解决问题，然而，这些临时性的措施都并非有效的解决方法，但LVM的机制则能够很好地解决这个问题，用户可以在不停机的情况下调整各逻辑分区的空间大小。

图13-1所示为LVM的总体架构，从该图中可以看出，LVM自底向上主要由3个部分组成，分别为物理卷、卷组和逻辑卷。物理卷与物理磁盘一一对应；而卷组则相当于一个大池子，将不同的物理卷空间汇聚在一起；逻辑卷在卷组的基础上重新分配空间大小。整个架构就好比一条条河流汇聚于一个湖中，再分流出去。

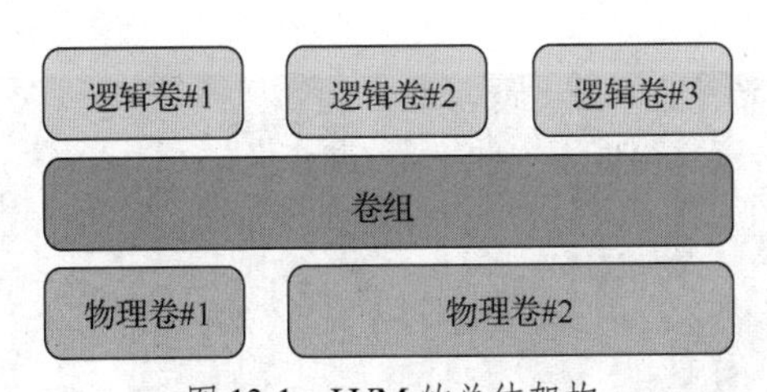

图13-1　LVM的总体架构

下面先介绍如何创建逻辑卷，随后利用LVM的快照功能来实现数据备份。

13.2 创建逻辑卷

如果想要利用LVM的快照功能进行数据备份，必须先在LVM中创建逻辑卷。其具体操作可以分为3步，分别对应图13-1中自底向上的3个部分：创建物理卷（Physicial Volume）、创建卷组（Volume Group）、创建逻辑卷（Logical Volume）。其详细操作过程可扫描二维码查看。下面我们将对这 3 个步骤进行逐一讲解。

13.2.1 物理卷

1．查看物理卷

使用 pvs 命令查看物理卷：

```
[root@localhost ~]# pvs
```

结果如下：

```
PV        VG     Fmt   Attr   PSize   PFree
/dev/sda centos lvm2    a--    <7.00g    0
```

2．新增磁盘分区

（1）新增磁盘

为了创建新的物理卷，我们先增加一块新的磁盘，并且挂载到文件系统。先用 fdisk 命令查看目前系统的所有磁盘：

```
[root@localhost ~]# fdisk -l
```

结果如图 13-2 所示。

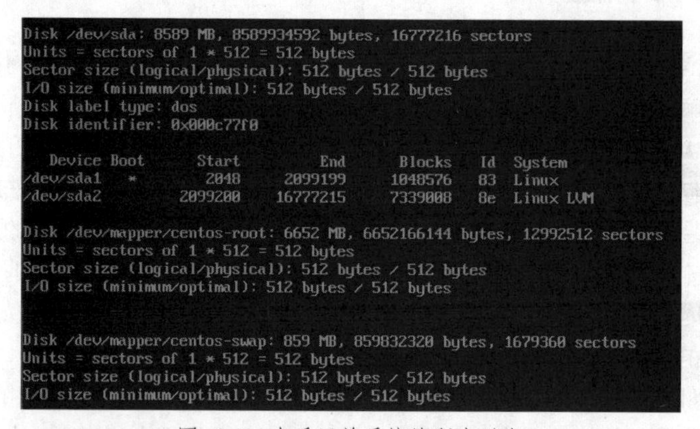

```
Disk /dev/sda: 8589 MB, 8589934592 bytes, 16777216 sectors
Units = sectors of 1 * 512 = 512 bytes
Sector size (logical/physical): 512 bytes / 512 bytes
I/O size (minimum/optimal): 512 bytes / 512 bytes
Disk label type: dos
Disk identifier: 0x000c77f0

   Device Boot      Start         End      Blocks   Id  System
/dev/sda1   *        2048     2099199     1048576   83  Linux
/dev/sda2         2099200    16777215     7339008   8e  Linux LVM

Disk /dev/mapper/centos-root: 6652 MB, 6652166144 bytes, 12992512 sectors
Units = sectors of 1 * 512 = 512 bytes
Sector size (logical/physical): 512 bytes / 512 bytes
I/O size (minimum/optimal): 512 bytes / 512 bytes


Disk /dev/mapper/centos-swap: 859 MB, 859832320 bytes, 1679360 sectors
Units = sectors of 1 * 512 = 512 bytes
Sector size (logical/physical): 512 bytes / 512 bytes
I/O size (minimum/optimal): 512 bytes / 512 bytes
```

图 13-2　查看目前系统的所有磁盘

接下来增加一块新的磁盘，再使用 fdisk 命令，结果如图 13-3 所示，能看到多了一个/dev/sdb，这正是新增的磁盘。

```
Disk /dev/sda: 8589 MB, 8589934592 bytes, 16777216 sectors
Units = sectors of 1 * 512 = 512 bytes
Sector size (logical/physical): 512 bytes / 512 bytes
I/O size (minimum/optimal): 512 bytes / 512 bytes
Disk label type: dos
Disk identifier: 0x000c77f0

   Device Boot      Start         End      Blocks   Id  System
/dev/sda1   *        2048     2099199     1048576   83  Linux
/dev/sda2         2099200    16777215     7339008   8e  Linux LVM

Disk /dev/sdb: 10.7 GB, 10737418240 bytes, 20971520 sectors
Units = sectors of 1 * 512 = 512 bytes
Sector size (logical/physical): 512 bytes / 512 bytes
I/O size (minimum/optimal): 512 bytes / 512 bytes


Disk /dev/mapper/centos-root: 6652 MB, 6652166144 bytes, 12992512 sectors
Units = sectors of 1 * 512 = 512 bytes
Sector size (logical/physical): 512 bytes / 512 bytes
I/O size (minimum/optimal): 512 bytes / 512 bytes


Disk /dev/mapper/centos-swap: 859 MB, 859832320 bytes, 1679360 sectors
Units = sectors of 1 * 512 = 512 bytes
Sector size (logical/physical): 512 bytes / 512 bytes
I/O size (minimum/optimal): 512 bytes / 512 bytes
```

图 13-3　新增磁盘

（2）为新磁盘创建分区

使用 fdisk /dev/sdb 来对其创建分区，结果如图 13-4 所示。

图 13-4　为新磁盘创建分区

这里选择 p 主分区，如图 13-5 所示。

```
Command (m for help): n
Partition type:
   p   primary (0 primary, 0 extended, 4 free)
   e   extended
Select (default p): p
Partition number (1-4, default 1): 1
First sector (2048-20971519, default 2048):
Using default value 2048
Last sector, +sectors or +size{K,M,G} (2048-20971519, default 20971519):
Using default value 20971519
Partition 1 of type Linux and of size 10 GiB is set
```

图 13-5　选择新分区类型

最后，需要输入 w 保存设置，否则不会生效：

```
Command (m for help): w
The partition table has been altered.
Calling ioctl() to re-read partition table
Symcing disks
```

至此，分区就创建完毕了，再次使用 fdisk -l 命令可以看到现在已经存在/dev/sdb1 分区：

```
Device Boot   Start    End        Sectors    Id   Type
/dev/sdb1     2048   20971519    10484736    83   Linux
```

（3）格式化分区

接下来要对分区进行格式化处理，使用 mkfs 命令实现格式化。下面的命令将/dev/sdb1 格式化为 ext4 格式：

```
[root@localhost ~]# mkfs -t ext4 /dev/sdb1
```

（4）挂载新分区

此时通过 df -h 命令查看分区分布，我们可以发现分区没有被挂载：

```
[root@localhost ~]# df -h
Filesystem                Size   Used   Avail   Use%   Mounted on
/dev/mapper/centos-root    6.2G   1007M  5.3G    16%    /
/devtmps                  908M   0      908M    0%     /dev
tmpfs                     920M   0      920M    0%     /dev/shm
tmpfs                     920M   8.6M   911M    1%     /run
tmpfs                     920M   0      920M    0%     /sys/fs/cgroup
/ddev/sda1                1014M  146M   869M    15%    /boot
tmpfs                     184M   0      184M    0%     /run/user/0
```

接下来将新分区/dev/sdb1 挂载到/data 上：

```
[root@localhost ~]# mkdir /data
[root@localhost ~]# mount /dev/sdb1 /data
```

此时再次执行 df -h 命令查看分区分布，可以看到/dev/sdb1 已经挂载到/data 上：

```
Filesystem                Size   Used   Avail   Use%   Mounted on
/dev/mapper/centos-root    6.2G   1007M  5.3G    16%    /
/devtmps                  908M   0      908M    0%     /dev
tmpfs                     920M   0      920M    0%     /dev/shm
tmpfs                     920M   8.6M   911M    1%     /run
tmpfs                     920M   0      920M    0%     /sys/fs/cgroup
/ddev/sda1                1014M  146M   869M    15%    /boot
tmpfs                     184M   0      184M    0%     /run/user/0
/dev/sdb1                 9.8G   37M    9.2G    1%     /data
```

另外，可以修改/etc/fstab 文件，在最后一行加上下列的内容，使系统每次启动都自动挂载/dev/sdb1 分区：

```
/dev/sdb1 /data ext4 defaults 0 0
```

3．创建物理卷

使用 pvcreate 命令创建物理卷：

```
[root@localhost ~]# pvcreate /dev/sdb1
```

注意，如果/dev/sdb1 已经挂载到文件系统上，需要先执行 umount 再执行 pvcreate：

```
[root@localhost ~]# umount /dev/sdb1
```

创建后使用 pvs 命令查看物理卷：

```
PV         VG     Fmt    Attr   PSize    PFree
/dev/sda  centos  lvm2   a--    <7.00g   0
/dev/sdb  centos  lvm2   ---    <10.00g  <10.00g
```

从结果中可以看到刚才新创建的物理卷/dev/sdb。

13.2.2 卷组

1．查看卷组

使用 vgs 命令查看卷组：

```
[root@localhost ~]# vgs
```

结果如下：

```
VG       #PV  #LV   #SN   Attr    VSize    VFree
centos    1    2     0    wz--n-  <7.00g    0
```

2．创建卷组

使用 vgcreate 命令创建卷组，命令格式如下：

```
vgcreate <卷组名> <加入该卷组的空闲分区名>
```

例如，创建一个名为 data_group 的卷组：

```
[root@localhost ~]# vgcreate data_group /dev/sdb1
```

这时再次使用 vgs 命令，可以看到已经创建了一个名为 data_group 的卷组：

```
VG       #PV  #LV   #SN   Attr    VSize    VFree
centos    1    2     0    wz--n-  <7.00g    0
```

```
data_group 1    0     0   wz--n-  <10.00g   <10.00g
```

3. 向卷组中添加物理卷

向卷组中添加物理卷，命令格式如下：

```
vgextend <卷组名> <物理卷名>
```

例如，假设存在物理卷/dev/sdc1，则使用下面的命令可以向 data_group 这个卷组中添加物理卷/dev/sdc1：

```
[root@localhost ~]# vgextend data_group /dev/sdc1
```

结果如下：

```
VG          #PV   #LV    #SN    Attr   VSize    VFree
centos       2     2      0    wz--n-  <7.00g    0
data_group  2     0      0    wz--n-  <19.99g   <19.70g
```

13.2.3 逻辑卷

1. 查看逻辑卷

使用 lvs 命令查看逻辑卷：

```
[root@localhost ~]# lvs
```

结果如下：

```
LV    VG     Attr      LSize    Pool  Origin  Data%  Meta%  Move  Log  Cpy%Sync  Convert
root  centos -wi-ao----   <6.20g
swap  centos -wi-ao----   <820.00m
```

2. 创建逻辑卷

使用 lvcreate 命令来创建逻辑卷，命令格式如下：

```
lvcreate -L <逻辑卷空间大小> -n <逻辑卷名称>  <所属卷组>
```

例如，在 centos 卷组上创建一个名为 data 的逻辑卷：

```
[root@localhost ~]# lvcreate -L 150M -n data data_group
```

接着格式化逻辑卷：

```
[root@localhost ~]# mkfs -t ext4  /dev/mapper/data_group-data
```

依次选择 m、n、p，随后的选项都选择默认选项即可，最后挂载到指定目录：

```
[root@localhost ~]# mkdir /usr/local/data
[root@localhost ~]# mount /dev/mapper/data_group-data /usr/local/data
```

13.3 利用 LVM 实现数据快照备份

掌握 LVM 的物理卷、卷组和逻辑卷相关的基本操作之后，接下来我们可以使用 LVM 的快照功能来实现数据备份。其详细操作过程可扫描二维码查看。

1. 修改 data 逻辑卷

向 data 逻辑卷挂载的目录中添加一个文件夹 python2.7，让其占用一定的空间：

```
[root@localhost data]# ls
lost+found    python2.7
```

2. 创建快照逻辑组

使用 lvcreate 命令来创建用于快照备份的逻辑卷，命令格式如下：

```
lvcreate -L <逻辑卷空间大小> -s -n <快照逻辑卷的名称> <目标逻辑卷的名称>
```

范例如下。

为 data_group 卷组中的 data 逻辑卷创建一个大小为 150MB、名为 backup 的快照逻辑卷：

```
[root@localhost ~]# lvcreate -L 150M -s -n backup /dev/mapper/data_group-data
```

由于 backup 逻辑卷是快照逻辑卷，因此用户不需要对其进行格式化，直接挂载即可：

```
[root@localhost ~]# mkdir /usr/local/backup
```

```
[root@localhost ~]# mount /dev/data_group/backup /usr/local/backup
```

通过 lvs 命令查看逻辑卷的情况，可以发现分别增加了 data 和 backup 两个逻辑卷：

```
LV     VG     Attr     LSize  Pool Origin Data% Meta% Move Log Cpy%Sync Convert
root    centos   -wi-ao----  <6.20g
swap    centos   -wi-ao----  <820.00m
backup  data_group swi-aos---  152.00m      data   0.01
data    data_group owi-aos---  152.00m
```

另外，可以注意到 backup 逻辑卷的 Origin 属性指向 data，说明它作为 data 的快照逻辑卷，Data%属性为 0.01，表示快照所占的空间为 0.01%。

3．利用 backup 逻辑卷恢复数据

删除 data 中的数据：

```
[root@localhost data]# rm -rf /usr/local/data/python2.7
```

此时再使用 lvs 命令查看逻辑卷的情况，会发现 backup 逻辑卷的 Data%从 0.01%变为了 0.15%：

```
LV      VG     Attr      LSize   Pool Origin Data% Meta% Move Log Cpy%Sync Convert
root    centos   -wi-ao----  <6.20g
swap    centos   -wi-ao----  <820.00m
backup  data_group swi-aos---  152.00m      data   0.15
data    data_group owi-aos---  152.00m
```

另外，用户已经在 data 目录下删除了 python2.7，再来看看 backup 目录下是否还有 python2.7 这个目录：

```
[root@localhost backup]# ls /usr/local/backup
lost+found  python2.7
```

从结果上可以看出，backup 目录下依然还有 python2.7，说明实现了快照备份的功能。

4．取消快照

取消快照的方法十分简单，分别执行 umount 和 lvremove 命令，它们对应着取消挂载和删除快照卷的操作：

```
[root@localhost ~]# umount /dev/mapper/data_group-backup
[root@localhost ~]# lvremove /dev/mapper/data_group-backup
```

5．其他实用的命令

（1）重命名卷组

命令格式：

```
vgrename <卷组名> <新卷组名>
```

例如，将逻辑卷 vg1 重命名为 vg2：

```
[root@localhost ~]# vgrename vg1 vg2
Volume group "vg1" successfully renamed to "vg2"
```

（2）删除逻辑卷

命令格式：

```
lvremove <目标逻辑卷名>
```

例如，删除逻辑卷 vg1：

```
[root@localhost ~]# lvremove vg1
Do you really want to remove active logical
volume "vg1"? [y/n]: y
Logical volume "vg1" successfully removed
```

（3）删除物理卷

命令格式：

```
pvremove <物理卷名>
```

例如，删除物理卷/dev/sdb1：

```
[root@localhost ~]# pvremove /dev/sdb1
Labels on physical volume "/dev/sdb1" successfully wiped
```

13.4 本章小结

本章对 Linux 系统常见的利用 LVM 快照功能实现数据备份的方法进行了阐述，分别对物理卷、卷组和逻辑卷等概念进行了阐述，并且讲解了它们的一些基本操作，然后详细介绍了利用 LVM 实现数据快照备份的方法，最后列出了其他一些与 LVM 相关的实用命令。

习题

1. LVM 自底向上的 3 个部分中，不包括_____。
   A. 物理卷　　B. 逻辑卷　　C. 操作系统　　D. 卷组
2. 使用______命令查看目前系统存在的物理卷。
   A. pvs　　B. vgs　　C. fdisk -l　　D. du -h
3. 使用______命令查看目前系统的分区分布。
   A. df -h　　B. du –h　　C. fdisk -l　　D. vgs
4. 使用______命令创建逻辑卷。
   A. lvcreate　　B. vgextend　　C. vgcreate　　D. pvcreate
5. 使用______命令删除逻辑卷。
   A. lvremote　　B. pvremove　　C. vgrename　　D. vgremove

第四部分

实验指导

本部分为前面相关内容的实验指导部分，实验内容大部分基于企业实际应用场景所设计，旨在通过实际操作案例的方式，帮助读者更好、更深刻地理解前面的内容，同时方便读者测验和巩固所学内容。完成本部分实验后，读者应能够掌握全书讲述的 Linux 系统应用与开发的必备知识。

实验 1 Linux 系统常用命令（一）

实验内容：按以下步骤完成指定操作（若所需命令未安装请自行安装，假设当前用户为 root）。

（1）查看 Linux 的 IP 地址信息。

（2）利用 SSH 客户端（如 SecureCRT、XShell 等）进行 Linux 远程连接（以下对 Linux 的操作均在 SSH 客户端上完成）。

（3）测试 Linux 与百度的连通性。

（4）通过 Ctrl+C 组合键强行退出正在运行的程序。

（5）安装上传下载工具 lrzsz（SSH 客户端需要支持 ZModem 协议）。

（6）查看 lrzsz 工具中命令 rz 和 sz 的安装路径。

（7）在 Windows 系统或 macOS 下创建一个名为“实验一.txt”的文件，并在文件第一行写入“Linux 第一次实验”。

（8）把 Linux 下的工作目录切换到当前登录用户的主目录下。

（9）利用 sz 命令，把“实验一.txt”从 Windows 系统或 macOS 传递到 Linux。

（10）复制“实验一.txt”到上一级目录中，并重命名为“实验一.txt.bak”。

（11）把“实验一.txt”文件移动到/tmp 目录下，并重命名为 exam1.txt。

（12）把 exam1.txt 转换为 unix 格式。

（13）利用 vi 编辑器打开 exam1.txt（可能有乱码），并在第一行插入自己的学号，然后保存并退出。

（14）把/etc/passwd 的最后 5 行内容追加到 exam1.txt 文件中。

（15）搜索/usr 目录下所有以.xml 为扩展名的普通文件（不包含目录），并把路径中含有 lib 的文件路径追加到 exam1.txt 中。

（16）把当前时间按照“年-月-日 时:分:秒”（如 2021-02-21 09:32:43）的格式追加到 exam1.txt 中。

（17）对目录/var/log 进行压缩，生成名为 log.tar.gz 的文件。

（18）通过 ls 命令以长格式的形式查看 log.tar.gz 的信息，并把信息追加到 exam1.txt 中。

（19）利用 cut 命令提取上一步中输出的 log.tar.gz 的文件类型和权限信息（第一列），追加到 exam1.txt 中。

（20）把 exam1.txt 转换成 Windows 系统中可正常显示的格式。

（21）把 exam1.txt 传递到 Windows 系统下。

实验 2 Linux 系统常用命令（二）

实验内容：按以下步骤完成指定操作（命令未安装请自行安装，假设当前用户为 root）。

（1）查看 Linux 的 IP 地址信息。

（2）利用 SSH 客户端（如 SecureCRT、XShell 等）进行 Linux 远程连接（以下对 Linux 的操作均在 SSH 客户端上完成）。

（3）查看/tmp 目录下是否存在子目录 myshare，如果没有则建立该目录。

（4）在 myshare 目录下创建一个名为 exam2 的文件夹和一个名为 exam2.txt 的文件。

（5）创建一个名为 test 的新用户，并指定其 uid 为 1024。

（6）把/etc/passwd 和/etc/shadow 中含有用户 test 信息的行追加到 exam2.txt 文件中。

（7）把/etc/passwd 前 13 行的内容追加到 exam2.txt 文件中。

（8）把 exam2.txt 的文件权限修改为 700。

（9）把 myshare 目录下的所有文件和子目录的内容（递归）以长格式的方式追加到 exam2.txt 中。

（10）把 myshare 目录及其下的所有文件和子目录（递归）的拥有者设置为用户 test，组改为 mail。

（11）把 myshare 目录下的所有文件和子目录的内容以长格式的方式追加到 exam2.txt 中。

（12）利用 su 命令切换到用户 test 账号。

（13）进入/tmp/myshare/exam 目录，采用 vi 编辑器编写以下程序，程序名称为 hello.sh：

```
#!/bin/bash
echo "app start"
echo -e
func (){
echo "hello Linux!"
}
func
echo -e
echo "app end"
```

（14）保存 hello.sh 后，给予 hello.sh 拥有者可读、可写和可执行的权限，所属组可读、可执行权限，其他人可执行权限。

（15）以长格式的形式查看 hello.sh 的文件权限信息，并把输出内容追加到 exam2.txt。

（16）输入./hello.sh 执行脚本，查看输出结果，并把输出结果追加 exam2.txt。

（17）在当前登录用户的主目录下创建 hello.sh 的符号链接 myhello.sh，同时复制 hello.sh 到该目录下并重命名为 hello.sh.bak。

（18）以长格式的形式查看当前登录用户主目录下的所有文件并把结果追加到 exam2.txt 中。

（19）执行当前用户主目录下的 myhello.sh 文件，查看链接是否正常。

（20）退出用户 test 用户，回到 root 用户。

（21）以长格式的形式查看用户 test 主目录下的所有文件（含隐藏文件），并把结果追加到 exam2.txt 中。

（22）搜索/usr 目录中扩展名为.conf 的所有文件（含目录），把输出结果追加到 exam2.txt 中。

（23）从上一步找到的.conf 文件中找出文件容量最大的文件，并把这个文件以长格式的形式追加到 exam2.txt 中（可采用反引号实现）。

（24）把上一步中找到的容量最大的文件的大小的数值通过命令的方式获取并追加到 exam2.txt 中。

（25）统计出系统中有多少个用户账号，把用户数量追加到 exam2.txt 中。

（26）把 exam2.txt 文件转换为 Windows 格式。

（27）把 exam2.txt 传送到 Windows 系统下。

（28）删除用户 test 的所有内容（包括主目录）。

（29）删除/tmp/myshare 目录。

实验 3 vi 编辑器的使用方法

实验内容：按以下步骤完成指定操作。

（1）切换到/var/log 目录。

（2）通过长格式输出当前目录下的非隐藏文件。

（3）找到某个文件大小不为空的日志文件（如 messages），复制一份到当前用户的主目录下，重命名为 log.txt。

（4）利用 vi 编辑器打开 log.txt。

（5）在 vi 编辑器中设置显示行号。

（6）把光标定位到文本最后一行，查看整个文本一共有多少行。

（7）把光标定位到文本第一行。

（8）在文本第一行的上方插入一行，输入“I am a student”，完成后回到命令模式。

（9）在当前所在行的下一行，插入“I am a student, too”，完成后回到命令模式。

（10）把当前所在行的单词 too 替换为 TOO。

（11）把光标定位到第 10 行，向右移动 5 个字符，向下移动 5 行。

（12）回到行首，向右移动 3 个字符，向上移动 2 行。

（13）去到行尾，向左移动 3 个字符。

（14）复制光标所在位置到行尾的内容。

（15）把光标定位到文本第一行，粘贴 10 次上一步复制的内容。

（16）把光标定位到文本第一行，删除当前所在行。

（17）删除光标所在行的前 2 个单词。

（18）恢复刚才删除的 2 个单词。

（19）从光标所在行开始，向下搜索 localhost，一共有多少个匹配内容？第一个出现的匹配内容在第几行？如何切换到下一个匹配内容？

（20）把文中所有的 localhost 替换为 LOCALHOST。

（21）把第 1～10 行中所有的小写字母 a 替换为大写字母 A。

（22）将文档另存为一个名为 log.txt.bak 的文件。

（23）清空 log.txt 文档所有内容。

（24）保存退出所有文件。

实验4 常用网络服务

实验内容：按以下步骤完成指定操作。

（1）利用 SSH 客户端远程登录 root 用户。

（2）安装并启动 Telnet 服务（xinetd 模式）。

（3）安装并启动 FTP 服务（stand-alone 模式，注意需要关闭 SElinux 和防火墙）。

（4）创建名为 test4 的用户，并在 sudoers 文件中添加该用户信息，使得该用户可以使用 sudo 命令。

（5）利用 chkconfig 命令查看 Telnet 状态，并把结果追加到当前用户主目录下的 exam4.txt 文件中。

（6）把 vsftpd 的进程信息追加到 exam4.txt 文件中，需要去掉 grep 本身那条记录。

（7）把 Telnet 服务的配置文件内容追加到 exam4.txt 中。

（8）把 Windows 系统下的 Telnet 和 FTP 客户端安装配置好（控制面板→程序和功能→打开或关闭 Windows 功能）。

（9）在 Windows 命令提示符窗口中使用 test4 用户通过 telnet 命令登录 Linux（默认情况下 Telnet 服务不允许 root 远程登录）。

（10）把 root 主目录下的 exam4.txt 文件移动到 test4 的主目录下，重命名为 tmp.txt。

（11）把 tmp.txt 的所属用户和所属组改为当前用户与当前用户所属的组。

（12）在 telnet 命令提示符窗口中，把当前路径和当前时间追加到 tmp.txt 中。

（13）在 telnet 命令提示符窗口中，把/etc/passwd 文件中的第 1 个、第 3 个、第 4 个字段内容（用户名、UID 和 GID 信息）追加到 tmp.txt 中。

（14）保留当前 telent 命令窗口，新打开一个命令提示符窗口。

（15）在新打开的命令提示符窗口中使用 ftp 命令进行匿名登录（用户名为 ftp，密码为空），查看匿名用户默认的 ftp 目录。

（16）退出 ftp 用户登录，并登录 test4 用户（如果提示“425 Failed to establish connection.”请关闭 Windows 防火墙）。

（17）登录成功后，切换到/usr 目录并查看目录内容（发现用户可以访问其他目录）。

（18）修改 vsftp 的配置文件，禁止匿名用户登录，同时锁定登录用户的目录，使 FTP 服务的登录用户不能进行目录切换。

（19）测试匿名用户是否可以登录。测试普通用户是否可以进行目录切换。

（20）把 C:\Windows\System32\drivers\etc\hosts 文件复制并粘贴到桌面。

（21）利用 lcd 命令进行 Windows 所在目录切换，切换到 Windows 系统下的桌面。

（22）然后把 hosts 文件上传到 test4 用户的主目录中。

（23）切换到 telnet 命令提示符窗口，把 hosts 文件的内容追加到 tmp.txt 中。

（24）把 tmp.txt 重命名为 exam4.txt。

（25）把 exam4.txt 进行 Windows 格式的转换，同时把 unix2dos 的输出内容追加到 tmp.txt。

（26）把 tmp.txt 最后一行的内容追加到 exam4.txt 中。

（27）把 exam4.txt 通过 FTP 服务传递到 Windows 下。

（28）彻底删除 test4 用户信息。

实验5 Shell 程序设计（一）

实验内容：按以下步骤完成指定操作。

（1）设计如下菜单驱动程序，完成以下功能。

Use one of the following options:

P : To display current directory

S : To display the name of running file

D : To display today's date and present time（如 2024-01-26 05:45:12）

L : To see the list of files in your present working directory

W : To see who is logged in

I : To see the ip address of this local machine

Q : To quit this program

Enter your option and hit:

要求如下。

① 对用户的输入忽略大小写，对于无效选项的输入则显示“Usage Error”提示。

② 输入相应的选项后执行相应的命令完成每项功能，如输入 P 或 p，执行 pwd 命令。

③ 根据用户输入的选择项给出相应信息，直到输入 Q 或 q 才退出程序（循环），否则一直提示操作信息。

（2）编写一段 bash 程序，完成以下功能：通过键盘输入的学生成绩，显示相应的成绩等级。其中，60 分以下为"Failed!"；60～69 分为"Passed!"；70～79 分为"Medium!"；80～89 分为 "Good!"；90～100 为 "Excellent!"；如果输入超过 100，则显示“Input Error”提示；如果输入负数，则退出程序，否则一直提示用户输入成绩。

（3）编写一段 bash 程序，完成以下功能：判断用户输入是否为有效目录。如果不是，提示“Not a Directory”。如果是，则按照“文件路径_文件类型”的格式输出目录下的内容。直到用户输入 q 退出，否则一直提示用户输入。

假设：

```
[root@localhost ~]# ls  -l  /etc/abc
drwxr-xr-x   3 root root  101      Apr 30 16:14 abrt
-rw-r--r--   1 root root  16       Apr 30 15:29 adjtime
lrwxrwxrwx   1 root root  12288    Apr 30 15:47 aliases ->/tmp/aliases
brwxr-xr-x   3 root root  65       Apr 30 16:16 alsa
```

程序运行效果：

```
input a directory: /etc/abc
/etc/abc/abrt_d
/etc/abc/adjtime_-
/etc/abc/aliases_l
/etc/abc/alsa_b
```

实验 6 Shell 程序设计（二）

实验内容：按以下步骤完成指定操作。

（1）编写一个 bash 程序，完成以下执行过程：

```
[root@localhost ~]# ./script1.sh
input a number:
5 (enter)
5 4 3 2 1
4 3 2 1
3 2 1
2 1
1
input a number:
-1(enter)
[root@localhost ~]#
```

（2）编写一个 bash 程序，完成以下执行过程：

```
[root@localhost ~]# ./script2.sh
Input a list of number:
1 2 3 4 5 6
the result is 21
Input a list of number:
1 1 1
the result is 3
Input a list of number:
q
[root@localhost ~]#
```

（3）编写一个 Shell 程序完成如下功能（必须在程序中使用函数）。

① 程序最多可接受$1、$2 和$3 这 3 个参数，每个参数都是一个具有可读、可写的普通文件。

② 如果输入参数中的某一个不符合以上要求，那么输出第 i（$0<i<4$）个参数文件类型错误的提示，程序终止。

③ 如果参数数量为 3，则把$1 和$2 的内容合并（注意不是覆盖）到$3 中。

④ 如果参数数量为 2，则先报告文件$3 不存在，然后将$1 和$2 合并后的内容输出到/tmp/mydoc.txt。

⑤ 如果参数数量为 1，则报告缺少$2 和$3，只显示$1 的内容。

⑥ 如果参数数量为 0，则提示“Usage Error”。

实验 7 GCC 程序设计

实验内容：按以下步骤完成指定操作。

（1）C 程序 sum.c 源代码如下：

```
1    #include<stdio.h>
2    int sum(int num)
3    {
4        int i;
5        int sum =0;
6        for(i = 1; i <= num; i++){
7            sum += i;
8    }
9    return sum;
10   }
11   int main()
12   {
13       int num, result;
14       result = 0;
15       printf("Input a number:");
16       scanf("%d", &num);
17       result = sum(num);
18       printf("the sum of %d is %d\n", num, result);
19       return 0;
20   }
```

要求如下。

① 使用 gcc -E sum.c -o sum.i 生成预处理文件，观察在本目录中生成的 sum.i 文件。

② 使用 gcc -S sum.c -o sum.s 生成汇编文件，观察在本目录中生成的 sum.s 文件。

③ 使用 gcc -c sum.c -o sum.o 生成目标文件，观察在本目录中生成的 sum.o 文件。

④ 使用 gcc sum.c -o sum 生成可执行文件，观察在本目录中生成的 sum 文件。

（2）gdb 工具使用。

① 利用-g 选项对 sum.c 文件进行编译，生成可调试的二进制文件 sum_g。

② 打开 gdb 工具，并加载 sum_g 文件。

③ 输出 sum_g 文件的源代码列表，并在第 7 行和第 17 行设置断点。

④ 运行程序，停在第 17 行的断点处，通过单步执行（进入函数）的方式进入 sum 函数。

⑤ 继续运行程序，直到在第 7 行断点处停止。

⑥ 输出当前变量 sum 的值。

⑦ 单步执行到下一次断点停止处，输出当前变量 i 的值。

⑧ 继续执行代码，直到程序结束。

（3）根据以下项目文件结构，编写对应的 makefile 文件内容。现有一个程序由以下 5 个文件组成。

① 存放的目录：/。

文件内容：

```
/*main.c*/
#include "mytool1.h"
#include "mytool2.h"

int main()
{
    mytool1_print("hello mytool1!");
    mytool2_print("hello mytool2!");
    return 0;
}
```

② 存放的目录：/tool1。

文件内容：

```
/*mytool1.c*/
#include "mytool1.h"
#include <stdio.h>

void mytool1_print(char *print_str)
{
    printf("This is mytool1 print : %s ",print_str);
}
```

③ 存放的目录：/tool1。

文件内容：

```
/*mytool1.h*/

#ifndef _MYTOOL_1_H
#define _MYTOOL_1_H
    void mytool1_print(char *print_str);
#endif
```

④ 存放的目录：/tool2。

文件内容：

```
/*mytool2.c*/

#include "mytool2.h"
#include <stdio.h>

void mytool2_print(char *print_str)
{
   printf("This is mytool2 print : %s ",print_str);
}
```

⑤ 存放的目录：/tool2。

文件内容：

```
/*mytool2.h*/

#ifndef _MYTOOL_2_H
#define _MYTOOL_2_H
   void mytool2_print(char *print_str);
#endif
```

实验8 GTK+程序设计

实验内容：按以下步骤完成指定操作。

（1）GTK 环境配置

① 安装 GNOME 桌面。

```
[root@localhost ~]# yum groupinstall -y 'X Window System'
[root@localhost ~]# yum groupinstall -y 'GNOME Desktop'
[root@localhost ~]# reboot
[root@localhost ~]# startx
```

② 检查 GTK+和 GNOME 在系统中的版本和配置情况。

```
[root@localhost ~]# pkg-config --modversion gtk+-2.0
[root@localhost ~]# pkg-config gtk+-2.0 --cflags --libs
```

③ 如果所需命令没有安装，先执行以下命令进行安装。

```
[root@localhost ~]# yum install -y gtk2 gtk2-devel gtk2-devel-docs
```

④ 再次检查 GTK+和 GNOME 的环境。

⑤ 测试本机是否可以编译 GTK+程序，输入以下程序：

```
#include <gtk/gtk.h>
int main(int argc, char *argv[])
{
    GtkWidget *window;
    gtk_init(&argc, &argv);
    window=gtk_window_new(GTK_WINDOW_TOPLEVEL);
    gtk_widget_show(window);
    gtk_main();
    return 0;
}
```

⑥ 编译 GTK+程序。

```
[root@localhost ~]# gcc hello.c -o helloworld `pkg-config gtk+-2.0 --cflags --libs`
```

⑦ 运行程序，查看效果。

```
[root@localhost ~]# ./helloworld
```

⑧ 查看官方的帮助文档。

```
[root@localhost ~]# gtk-demo
```

（2）实现基于 GTK+的单词数值计算器

该计算器功能如下：

① 按照规则计算单词的值，如果 A～Z 这 26 个字母（全部用大写）的值分别为 1～26，则：

```
HARDWORK= H+A+R+D+W+O+R+K = 8+1+18+4+23+15+18+11 = 98
KNOWLEDGE=K+N+O+W+L+E+D+G+E = 11+14+15+23+12+5+4+7+5 = 96
LOVE=L+O+V+E=12+15+22+5=54
LUCK=L+U+C+K = 12+21+3+11 = 47
ATTITUDE=A+T+T+I+T+U+D+E = 1+20+20+9+20+21+4+5 = 100
```

② 程序的界面布局参考实验图 8-1，在第一个文本框输入一个单词，单击“计算”按钮，按照以上算法计算出该单词的值。

请输入单词：

该单词值： 计算

输入文件路径：

计算

实验图 8-1　单词计算器界面

③ 若在实验图 8-1 最下面的文本框输入一个文件路径，则此文件每行记录一个单词，程序计算出各个单词的值，并把结果输出到当前目录下的 result.txt 文件中。如果文件不存在，则提示错误。

实验 9 进阶应用

实验内容：按以下步骤完成指定操作。

（1）SSH 服务应用

准备 2 台计算机，处于同一个局域网内，方便相互访问。在其中一台计算机 A 上通过 ssh 命令的两种不同的验证方式登录到另外一台计算机 B 中，并尝试从计算机 B 中再使用 ssh 命令访问计算机 A。随后使用 scp 命令从计算机 A 中上传一个文件到计算机 B 中的指定位置，再从计算机 B 中下载文件到计算机 A 本地。具体如下。

① 使用基于口令的方式通过 ssh 命令远程登录到另外一台计算机。

② 使用基于公私钥验证的方式通过 ssh 命令远程登录到另外一台计算机。

③ 使用 scp 命令将一个本地文件传输到另外一台远程计算机上。

④ 使用 scp 命令将一个远程计算机的文件传输到本地。

（2）iptables 应用

① 练习使用 iptables 规则对请求进行拦截，拦截所有 TCP 下的 3306 端口的请求。

（a）输入 iptables -L 查看 INPUT 链的规则。

（b）输入 iptables -A INPUT -p tcp --dport 3306 -j REJECT 增加拦截规则。

（c）输入 iptables -L 再次查看 INPUT 链的规则。

② 练习设置 iptables 的白名单，拦截所有 TCP 下的 8080 端口的请求，只保留两个白名单 IP 地址 192.168.0.2 和 192.168.0.3。

（a）输入 iptables -L 查看 INPUT 链的规则。

（b）输入 iptables -A INPUT -p tcp --dport 8080 -j REJECT 增加拦截规则。

（c）输入 iptables -A INPUT -s 192.168.0.2 -j ACCEPT 增加白名单规则。

（d）输入 iptables -A INPUT -s 192.168.0.3 -j ACCEPT 增加白名单规则。

（e）输入 iptables -t filter -I INPUT 再次查看 INPUT 链的规则。

③ 练习设置 iptables 的黑名单，放行所有 TCP 下的 8080 端口的请求，但同时将两个 IP 地址 192.168.0.2 和 192.168.0.3 加入拦截黑名单。

（a）输入 iptables -L 查看 INPUT 链的规则。

（b）输入 iptables -A INPUT -p tcp --dport 8080 -j ACCEPT 增加通过规则。

（c）输入 iptables -A INPUT -s 192.168.0.2 -j REJECT 增加黑名单规则。

（d）输入 iptables -A INPUT -s 192.168.0.3 -j REJECT 增加黑名单规则。

（e）输入 iptables -L 再次查看 INPUT 链的规则。

④ 练习 iptables 自定义链的基本操作，利用自定义链的方式实现拦截所有 TCP 下的 3306 端口的请求。

（a）输入 iptables -L 查看 INPUT 链的规则。

（b）输入 iptables –N MY_LIST 创建自定义链 MY_LIST。

（c）输入 iptables -I INPUT -j MY_LIST 引用自定义链。

（d）输入 iptables -A MY_LIST -p tcp --dport 3306 -j REJECT 增加拦截规则。

（e）输入 iptables-L 查看 INPUT 链的规则。

（3）日志监控应用

安装并配置好rsyslogd用于记录通过ssh命令登录相关的信息。首先使用logrotate进行日志轮替，要求设置压缩形式，保留前2次轮替的日志文件，并在配置好logrotate之后尝试立即执行，观察、对比轮替操作前后的结果。然后安装、配置logwatch，并且用它来生成有关sshd的日志分析报告，并将报告生成为文件存储到本地磁盘。最后尝试使用其他不同的计算机利用ssh命令方式登录，再使用logwatch生成报告，观察、对比前后报告的不同。详细步骤如下。

① 安装、配置 rsyslogd，并且使其运行起来。

② 适当设置 logrotate，使得日志轮替生效。

③ 安装、配置 logwatch，生成日志分析报告。

④ 通过其他计算机进行 ssh 登录。

⑤ 利用 logwatch 重新生成日志分析报告，对比前后的结果差异。

（4）利用 LVM 快照备份

基于LVM新增一块磁盘，同时为其创建对应的物理卷，随后创建卷组并命名为data_group，接着创建逻辑卷data，将其挂载到/usr/local/data，并往其中存储一些文件使这些文件占用一定的存储空间（文件大小最好大于10MB），接着为逻辑卷data创建一个快照逻辑卷并命名为backup，挂载到/usr/local/backup。下一步，删除data中的文件，并从backup中恢复所有文件。最后取消逻辑卷backup的挂载并删除逻辑卷backup。详细步骤如下。

① 向系统中添加新的磁盘。

② 创建对应的物理卷。

③ 创建卷组，并将物理卷添加到卷组中。

④ 创建逻辑卷 data，并往其中存储一些文件。

⑤ 创建与逻辑卷 data 对应的快照逻辑卷 backup。

⑥ 删除逻辑卷 data 中的内容，并从逻辑卷 backup 中恢复。

⑦ 取消挂载，删除逻辑卷 backup。